1000MW
超超临界火电机组运行技术问答

锅炉运行

李学忠 孙伟鹏 编著
张俊伟 主审

内 容 提 要

为帮助广大火电机组生产运行人员快速掌握机组运行实操技能、提供解决生产实际问题的思路和优化机组节能运行的方法，特组织具有丰富运行经验的专家编写本套《1000MW 超超临界火电机组运行技术问答》丛书。

本套丛书采用问答形式编写，以运行岗位技能为主线，以火力发电厂热力系统及电气系统为切入点，具有针对性、有效性和可操作性的特点。

本书为《锅炉运行》分册，主要内容有：锅炉基础知识、锅炉设备、锅炉启动、锅炉运行、辅机系统、汽动引风机、脱硝系统及事故处理等。

本书可供从事火电机组生产运行工作的专业技术人员及管理人员学习参考，以及为考试、现场考问等提供题库；也可供相关专业的高等院校师生参考阅读。

图书在版编目(CIP)数据

锅炉运行/李学忠，孙伟鹏编著. —北京：中国电力出版社，2014.5（2019.4 重印）

（1000MW 超超临界火电机组运行技术问答）

ISBN 978-7-5123-5155-4

Ⅰ.①锅… Ⅱ.①李…②孙… Ⅲ.①锅炉运行-问题解答 Ⅳ.①TK227-44

中国版本图书馆 CIP 数据核字(2013)第 260867 号

中国电力出版社出版、发行

（北京市东城区北京站西街 19 号 100005 http://www.cepp.sgcc.com.cn）

三河市百盛印装有限公司印刷

各地新华书店经售

*

2014 年 5 月第一版 2019 年 4 月北京第二次印刷

850 毫米×1168 毫米 32 开本 10.125 印张 277 千字

印数 3001—4000 册 定价 **36.00** 元

前　言

百万级超超临界火电机组自 2006 年底在我国投运以来，因其热效率高、能耗低、环境污染小等优点，正逐步成为我国火力发电的主力机组。

根据大型火力发电厂生产岗位的实际要求及生产培训的实际需求，特组织电厂具有丰富经验的专家编写了《1000MW 超超临界火电机组运行技术问答》丛书。

本丛书全面、系统地介绍了火力发电厂生产运行中遇到的各方面技术问题和解决方法。丛书涵盖了大型火力发电厂所有专业，共分《汽轮机运行》、《锅炉运行》、《电气运行》、《辅控运行》四册，其内容以百万机组的生产工艺为例，以设备原理、结构特点、运行操作、控制策略四个主要方面为选材重点，参考火力发电厂设备原理、设备说明书、运行技术、运行规程、专业技术论著等相关文献，结合现场调试与实际运行经验进行归纳总结，突出运行实际操作的技术特点。

本丛书内容翔实，简洁明了，理论联系实际，力求达到帮助生产运行人员快速掌握机组运行实操技能、提供解决生产实际问题的效果，并提供优化机组节能运行的方法，具有针对性、有效性和可操作性的特点，为广大火电机组生产运行专业技术人员及管理人员提供了全面的理论指导和实践指导。

本书为《锅炉运行》分册，全书共十一章，对锅炉基础知识、锅炉设备、锅炉启动、锅炉运行、辅机系统、汽动引风机、脱硝系统等方面的知识点进行了详细讲解。本书由李学忠、孙伟鹏主要编写，冯庭有、谷伟、林楚伟、李振扬、李勇、林修鹿、吴少杰、杨宝锷、杨博、曾壁群、钟少伟参加编写，张俊伟主审。

在本书编写过程中，华能海门电厂生产一线人员无私地提供了自行整理的学习笔记、大量技术资料、生产运行实践经验总结等，并得到众多专家的帮助和指导。同时，本书在出版过程中，得到华能海门电厂领导的大力支持，在此表示衷心感谢！

由于时间紧迫，加之水平有限，书中难免有疏漏之处，恳求广大读者批评指正。

编　者

2014 年 4 月

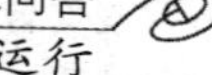

目 录

第六章 制粉系统 …… 114

第九章 脱硝系统

第十章　锅炉启动前准备 …………………………………… 183

第一章 基础知识

1-1　临界点参数是多少？水和水蒸气状态在临界点的特性是什么？

答：临界状态点参数：22.12MPa，374.15℃，0.00317m^3/kg。

临界点的状态特性：在临界参数以上，水和蒸汽的比体积一样，状态一样，水的温度到374.15℃以后直接进入过热状态，不存在饱和区。

1-2　超超临界机组的定义是什么？

答：国际上通常把主蒸汽压力在28MPa以上，主蒸汽、再热蒸汽温度在580℃及其以上的机组定义为超超临界（高效临界）机组。

1-3　朗肯循环在火力发电厂生产过程中如何实践？

答：火力发电厂生产过程是将燃料的化学能通过锅炉转变为蒸汽的热能，又通过汽轮机将蒸汽的热能转变为机械能，最后通过发电机将机械能转变为电能。这个能量转变的热力循环过程便是一个朗肯循环。

朗肯循环由四个主要设备组成，即蒸汽锅炉、汽轮机、凝汽器和给水泵，见图1-1。

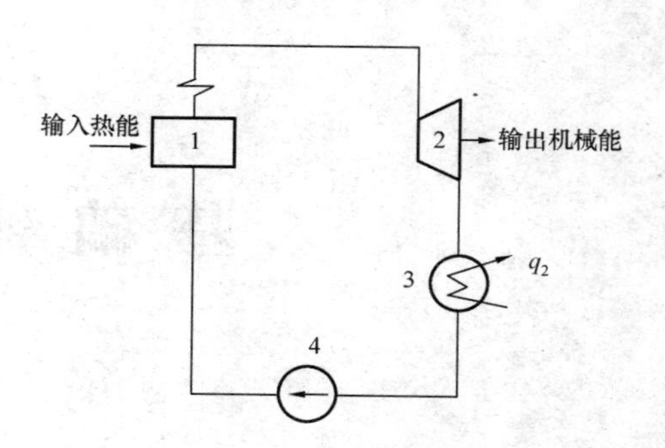

图 1-1 朗肯循环构成图

q_2—冷端损失热量

1—蒸汽锅炉；2—汽轮机；3—凝汽器；4—给水泵

1-4 提高朗肯循环热效率的有效途径有哪些？

答：（1）提高过热器出口蒸汽压力与温度。

（2）降低排汽压力（即工质膨胀终止时的压力）。

（3）改进热力循环方式，如采用中间再热循环、给水回热循环和供热循环等。

1-5 水蒸气在 *p-V* 图和 *T-s* 图上分哪三个区？这些区中的点表示什么？

答：水蒸气在 *p-V* 图（见图 1-2）和 *T-s* 图（见图 1-3）上分为：

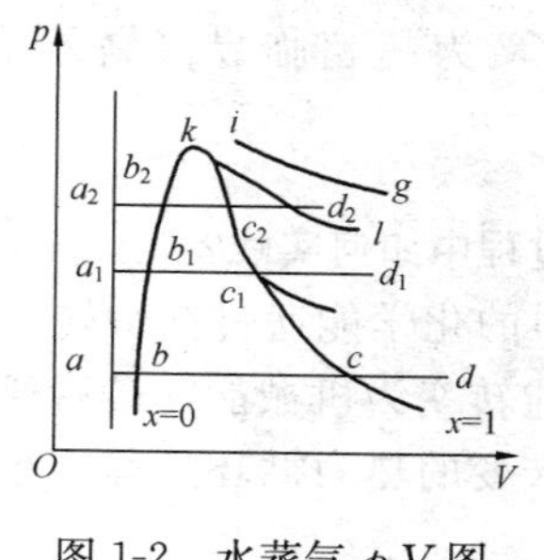

图 1-2 水蒸气 *p-V* 图

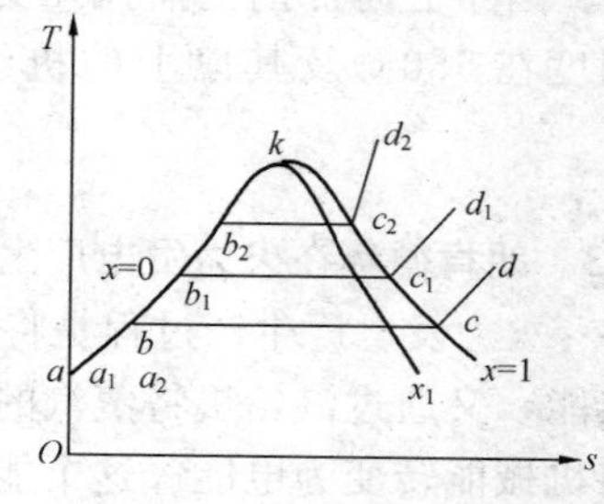

图 1-3 水蒸气 *T-s* 图

（1）未饱和水区：饱和水线 bb_1b_2k 左侧的区域。这个区域内的任何一点都是未饱和水。

(2) 湿蒸汽区：bb_1b_2k 线与 cc_1c_2k 线之间的区域。靠近 bb_1b_2k 线湿度大，靠近 cc_1c_2k 线干度大。此区域内任何一点（不包括线上的点）都处于湿蒸汽状态。

(3) 过热蒸汽区：cc_1c_2k 线的右侧区域。这一区域的每一点都表示过热蒸汽的状态。

1-6 水蒸气液体热、汽化热、过热热在 *T-s* 图上如何表示？

答： 图 1-4 中 *a-b* 过程线下面的面积表示液体热，又称预热热，*b-c* 过程线下面的面积表示汽化热，*c-d* 过程线下面的面积表示过热热。

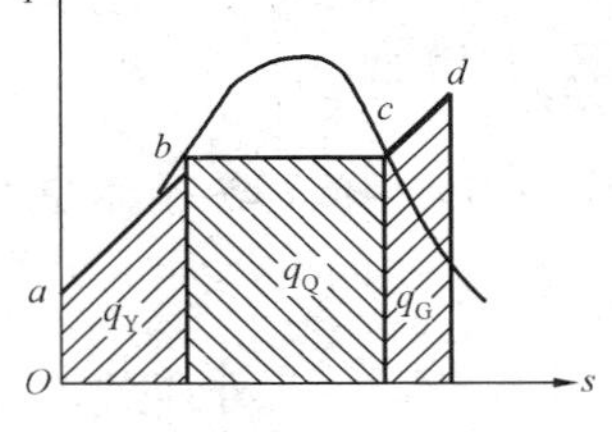

图 1-4 水蒸气 *T-s* 图

1-7 朗肯循环在 *T-s* 图上如何表示？各热力过程的参数如何变化？

答： 如图 1-5 所示。

1-2 为蒸汽在汽轮机中的绝热膨胀做功过程，*p*、*T*、*h* 降低，*V* 增加，*s* 不变。

2-3 为汽轮机排汽在凝汽器中的定压凝结放热过程，*p*、*T* 不变，*V*、*h*、*s* 减小。

3-4 为凝结水在水泵中的绝热压缩过程，*V* 基本不变，*T*、*h* 略升，*s* 不变，3、4 两点相距较近，可视为一点，则得朗肯循环简化图（见图 1-6）。

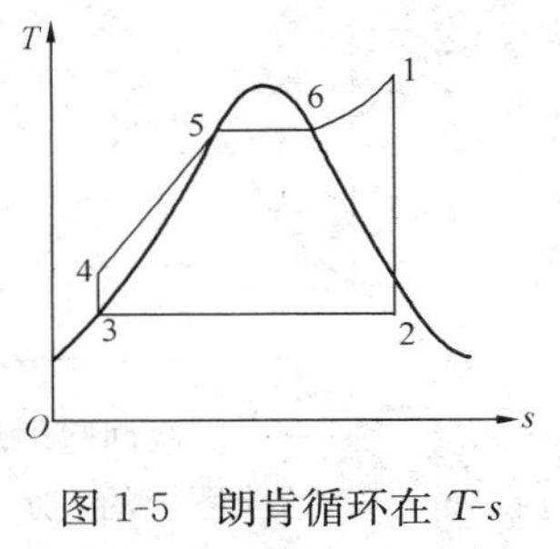

图 1-5 朗肯循环在 *T-s* 图上的表示

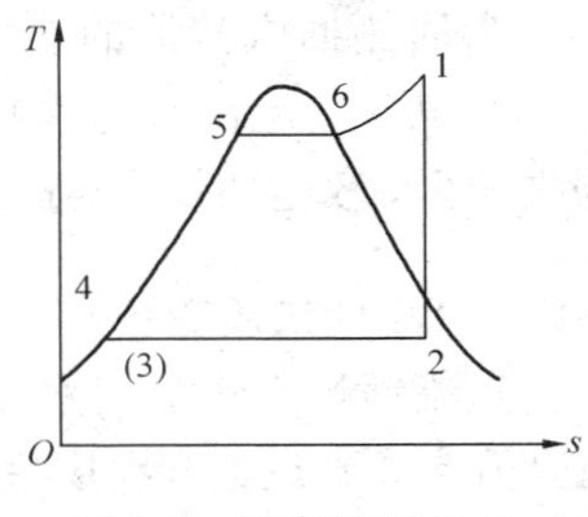

图 1-6 朗肯循环在 *T-s* 图上的简化表示

4-1 为水在锅炉中的定压吸热过程，其中 4-5 是从未饱和水到饱和水的过程，p 不变，T、V、h、s 都增加。

5-6 是定压、定温沸腾过程，p、T 不变，V、h、s 增加，饱和水变饱和蒸汽的过程。

6-1 为干饱和蒸汽加热至过热蒸汽的定压过程，p 不变，T、V、h、s 都增加。

1-8　中间再热循环在 *T-s* 图上如何表示？与朗肯循环有何不同？

答：中间再热循环见图 1-7。

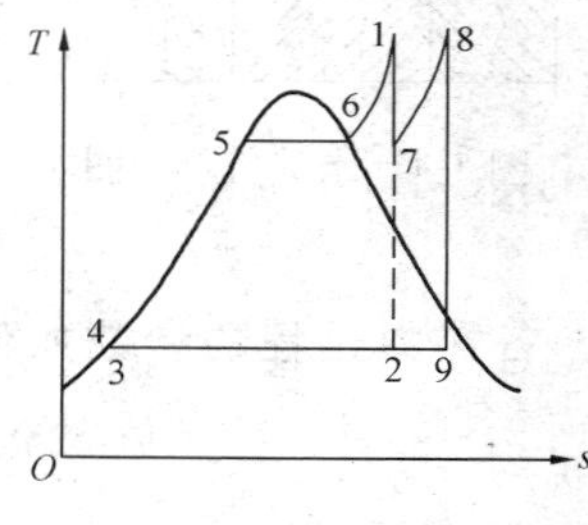

图 1-7　中间再热循环

图 1-7 中 1-7 为蒸汽在汽轮机高压缸内的绝热膨胀过程，7-8 为蒸汽在再热器中等压加热过程，而 8-9 为蒸汽在汽轮机低压缸内的绝热膨胀过程，9-3 为乏汽在凝汽器中的定压、定温凝结过程。其他过程与朗肯循环意义相同。

这里可把 1-2-3-4-5-6-1 看成朗肯循环，而把 8-9-2-7-8 看成附加循环，只要附加循环的平均吸热温度高于朗肯循环的平均吸热温度，就可使整个循环的平均吸热温度升高，从而提高循环效率。同时，排汽状态点 9 较点 2 干度增加，循环的理想焓降也有所增加。

1-9　一次回热循环在 *T-s* 图上如何表示？与朗肯循环有何不同？

答：图 1-8 中 1-2-3-4-5-6-1 为凝汽汽流的朗肯循环，而图中 1-7-8-9-5-6-1 为回热抽汽汽流的热力循环，也可视为朗肯循环，但没有冷源损失。由于冷源损失减少，故循环效率提高。

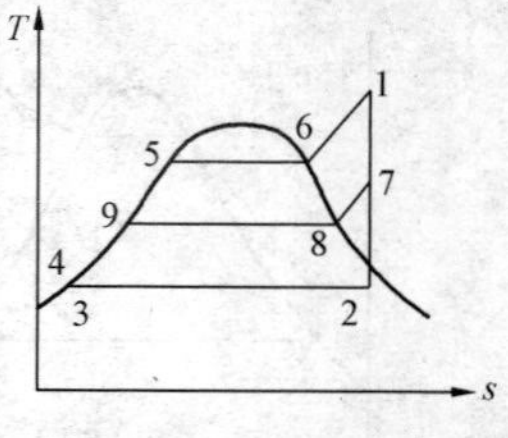

图 1-8　一次回热循环在 *T-s* 图上的表示

1-10　什么叫工质膨胀？

答：直流锅炉点火后，水冷壁内工质温度逐渐升高，到达饱和温度后开始汽化，这时比体积突然增大很多。汽化点以后的水将从锅炉内被排挤出去。这时进入分离器的工质流量要比给水量大得多，这种现象称为启动中的工质膨胀现象。

1-11 什么叫节流？什么叫绝热节流？

答： 工质在管内流动时，由于通道截面突然缩小，使工质流速突然增加、压力降低的现象称为节流。

节流过程中如果工质与外界没有热交换，则称为绝热节流。

1-12 什么是热电联合循环？其优点是什么？

答： 把已在汽轮机中做过功并具有一定压力和温度的蒸汽，直接或间接地输送到工业或民用蒸汽热用户，有效利用其热能，这种既发电又供热的热力循环方式称为热电联合循环。这种热力循环方式的优点是减少了凝汽器中的排汽热损失，提高了热能的利用率，具有很高的经济效益。

1-13 什么叫中间再热循环？

答： 中间再热循环是指将汽轮机高压缸内做了功的蒸汽引到锅炉的中间再热器重新加热，使蒸汽的温度又得到提高，然后再引到汽轮机中压缸内继续做功，最后的乏汽排入凝汽器的热力循环过程。

1-14 为什么采用蒸汽中间再热、给水回热和供热循环能提高火力发电厂的经济性？

答：（1）蒸汽中间再热。因为提高蒸汽初参数，就能够提高火力发电厂的热效率。而提高蒸汽初压时，如果不采用蒸汽中间再热，那么要保证蒸汽膨胀到最后，湿度在汽轮机末级叶片允许的限度以内，就需要同时提高蒸汽的初温度。但是提高蒸汽的初温度受到锅炉过热器、汽轮机高压部件和主蒸汽管道等钢材强度的限制，所以若降低终湿度，就必须采用中间再热。由此可见，采用中间再热，实际上为进一步提高蒸汽初压力的可能性创造了条件，而不必担心蒸汽的终湿度会超出允许限度。因此采用中间再热能提高火力发电厂的热经济性。

（2）给水回热。一方面这是由于利用了在汽轮机中部分做过功的蒸汽来加热给水，使给水温度提高，减少了由于较大温差传热带来的热损失；另一方面因为抽出了在汽轮机中做过功的蒸汽来加热给水，使得进入凝汽器的排汽量减少，从而减少了工质排向凝汽器中的热量损失，所以节约了燃料，提高了火力发电厂的热经济性。

（3）供热循环。一般火力发电厂只生产电能，除了从汽轮机中抽出少量蒸汽加热给水外，绝大部分进入凝汽器，仍将造成大量的热损失。如果把汽轮机排汽不引入或少引入凝汽器，而供给其他工业、农业、生活等热用户加以利用，这样就会大大减少排汽在凝汽器中的热损失，提高火力发电厂的热效率，即采用供热循环能提高火力发电厂的热经济性。

1-15　什么叫热力循环？火力发电厂的基本热力循环有哪几种？

答：工质从原始状态点出发，经过一系列的状态变化后又回到初态的热力过程，称为热力循环。热能转化为机械能的循环称为正向热力循环，机械能转换为热能的循环称为逆向热力循环。

火力发电厂的最基本热力循环是朗肯循环，在朗肯循环的基础上发展出给水回热循环和蒸汽再热循环。

1-16　定压下水蒸气的形成过程分为哪三个阶段？各阶段所吸收的热量分别叫什么？

答：（1）未饱和水的定压预热过程，即从任意温度的水加热到饱和水，所加入的热量叫液体热或预热热。

（2）饱和水的定压定温汽化过程，即从饱和水加热变成干饱和蒸汽，所加入的热量叫汽化热。

（3）蒸汽的过热过程，即从干饱和蒸汽加热到任意温度的过热蒸汽，所加入的热量叫过热热。

1-17　火力发电厂常用的换热器有哪几种？举例说明。

答：有表面式、混合式和蓄热式三种。

（1）冷热流体分别于换热器壁内、外流动，通过管壁进行热交换，而流体本身不相互接触，这种换热器称为表面式换热器。例如锅炉的大部分受热面，如省煤器、管式空气预热器以及汽轮机的回热加热器、油冷却器等。

（2）冷热流体相互混合，伴随热交换的同时质量也混合，这种换热器称为混合式换热器。例如冷却塔、除氧器和锅炉的喷水减温器。

（3）冷热流体周期交替经过蓄热元件实现换热的换热器称为蓄热式换热器。例如回转式空气预热器等。

1-18 为什么国内火力发电厂一般只采用1～2级中间再热系统？

答：采用一次中间再热可提高循环热效率2%～3.5%，如果增加再热次数，可以进一步提高热效率，但这将使系统变得非常复杂，初投资增大，运行维护不便，反而降低了机组的经济性。因此，国内火力发电厂一般只采用1～2级中间再热系统。

1-19 风机按其工作原理是如何分类的？

答：（1）叶轮式包括离心式风机、轴流式风机。

（2）容积式包括空气压缩机、叶氏风机、罗茨风机、螺杆风机。

1-20 泵按其工作原理是如何分类的？

答：（1）叶轮式，包括离心泵、轴流泵、混流泵、旋涡泵等。

（2）容积式，包括活塞泵、齿轮泵、螺杆泵和滑片泵等。

（3）其他形式，包括真空泵、射流泵等。

1-21 什么是离心式风机的工作点？

答：由于风机在其连接的管路系统中输送流量时，它所产生的全风压恰好等于该管路系统输送相同流量气体时所消耗的总压头，因此它们之间在能量供求关系上是处于平衡状态的，故风机的工作点是管路特性曲线与风机的流量Q-风压p特性曲线的交点。

1-22 轴流式风机有何特点？

答：（1）在同样流量下，轴流式风机体积可以大大缩小，因而其占地面积也小。

（2）轴流式风机叶轮上的叶片可以做成能够转动的，在调节风量时，借助转动机械将叶片的安装角改变一下，即可达到调节风量的目的。

1-23 离心泵与轴流泵的工作性能有何区别?

答: 总体上，离心泵能头高，流量小。轴流泵能头低，流量大。具体表现为：离心泵流量改变对扬程影响小，轴流泵则是流量改变对扬程影响大。离心泵功率随流量增加而增加，轴流泵功率随流量增加而减小。离心泵高效工况区宽，轴流泵高效工况区窄。

1-24 离心泵与轴流泵的工作原理有何区别?

答: 在泵内充满液体的情况下，离心泵靠叶轮产生离心力，叶轮槽道中的液体在离心力的作用下甩向外围，流进泵壳，使叶轮中心形成真空，液体在大气的作用下，由吸入池流入叶轮。这样液体就不断地吸入和打出。在叶轮里获得能量的液体流出叶轮时具有较大的动能，这些液体在螺旋形泵壳中被收集起来，并在后面的扩散管内把动能变成压力能。

轴流泵的工作原理是在泵内充满液体的情况下，叶轮旋转时对液体产生提升力，把能量传递给液体，使水沿着轴向前进，同时跟着叶轮旋转。轴流泵常用作炉水循环泵。

1-25 什么是离心式风机的特性曲线?

答: 当风机转速不变时，可以表示出风量 Q-风压 p，风量 Q-功率 P，风量 Q-效率 η 等关系的曲线，叫做离心式风机的特性曲线。

1-26 离心泵的 Q-H 性能曲线有哪三种类型? 各有何特点?

答: (1) 平坦形状的性能曲线，流量变化比较大，扬程（全压）变化较小。

(2) 陡降的性能曲线，流量变化不大，而扬程变化较大。

(3) 驼峰状的性能曲线，上升段工作是不稳定的。

1-27 已知某型号风机的 Q-p 曲线，请画出两台相同风机串联运行时的 Q-p 曲线。

答: 如图 1-9、图 1-10 所示。

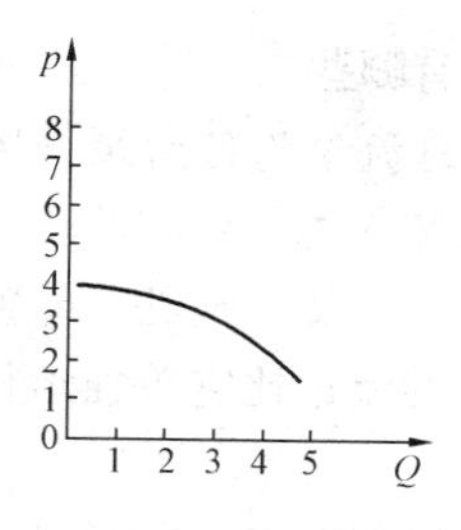

图 1-9 某型号风机的 Q-p 曲线

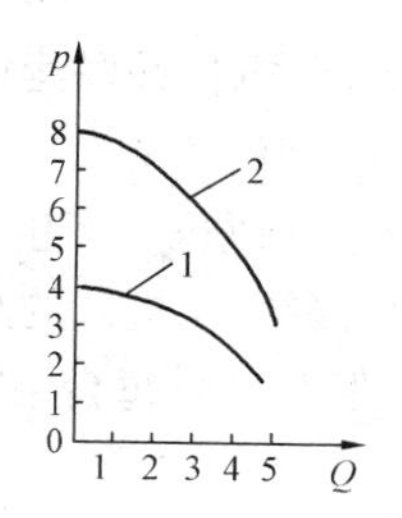

图 1-10 两台相同风机串联运行 Q-p 曲线

1—单台风机特性曲线；
2—两台风机串联运行曲线

1-28 已知某型号风机 Q-p 特性曲线如图 1-11 所示，试画出两台相同风机并联运行时的 Q-p 特性曲线图。

答： 如图 1-12 所示。

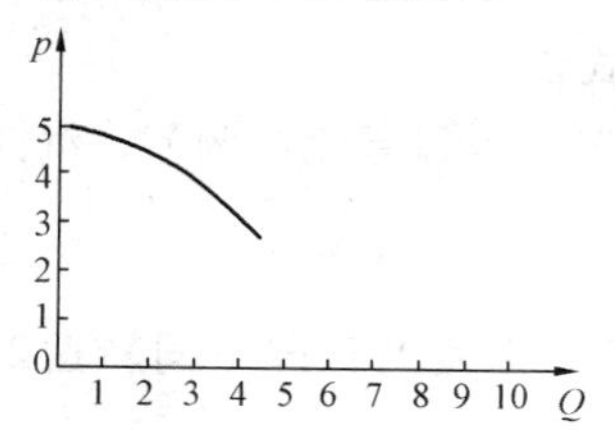

图 1-11 某风机 Q-p 特性曲线

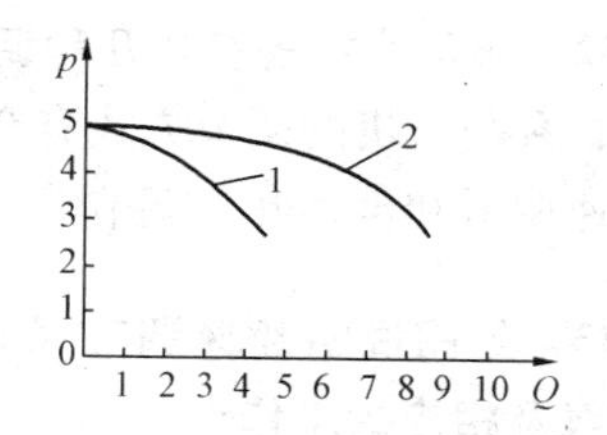

图 1-12 两台相同风机并联运行 Q-p 特性曲线

1—单台风机特性曲线；2—两台相同风机并联运行特性曲线

1-29 如何选择并联运行的离心式风机？

答： (1) 最好选择两台特性曲线完全相同的风机并联。

(2) 每台风机流量的选择应以并联工作后工作点的总流量为依据。

(3) 每台风机配套电动机容量应以每台风机单独运行时工作点所需的功率来选择，以便发挥单台风机工作时最大流量的可能性。

1-30 泵（风机）并联运行的特点有哪些?

答: (1) 两台泵（风机）并联时，总流量为各台泵（风机）的流量之和，各台泵（风机）产生的扬程之和与总扬程相等。

(2) 并联后泵（风机）的总流量比一台泵（风机）单独运行时的流量增加了，但并联时每台泵（风机）的流量比它单独运行时的流量减少了。

(3) 并联后的总扬程比一台泵（风机）单独运行时的扬程提高了。

1-31 简述离心式风机的调节原理。

答: 风机在实际运行中流量总是跟随锅炉负荷发生变化，因此需要对风机的工作点进行适当的调节。所谓调节原理就是通过改变离心式风机的特性曲线或管路特性曲线，人为地改变风机工作点的位置，使风机的输出流量和实际需要量相平衡。

1-32 泵与风机各有哪几种调节方式?

答: 泵与风机的调节方式有节流调节、入口导流器调节、汽蚀调节、变速调节和可动叶片调节等。

1-33 绘图说明变速调节风机在同一管道上三种不同转速时的 *Q-p* 曲线及相应的工作点。

答: 图 1-13 中变速调节风机不同转速时的 Q-p 曲线为 1、2、3，管道特性为曲线 4。曲线 1、2、3 与曲线 4 的交点分别为 A_1、A_2、A_3，即风机在三种不同转速下的工作点，对应的流量分别为 Q_1、Q_2、Q_3。

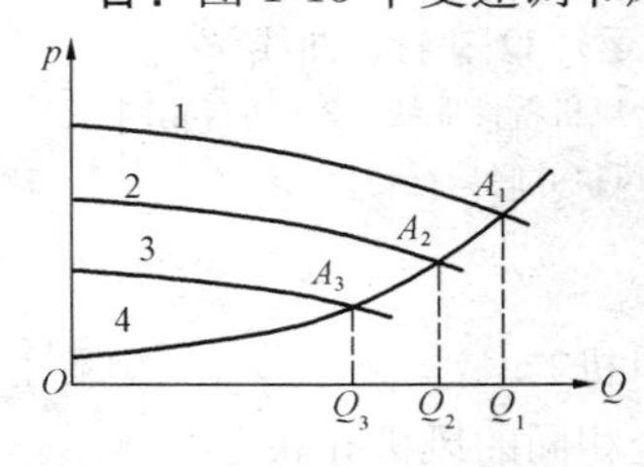

图 1-13 变速调节风机的工作点

1-34 离心式水泵为什么要定期切换运行?

答: (1) 水泵长期不运行，会由于介质（如灰渣、泥浆）的沉淀、侵蚀等使泵件、管路及阀门生锈、腐蚀或被沉淀物及杂物所堵塞、卡住（特别是进口滤网）。

(2) 除灰系统的灰浆泵长期不运行时，最易发生灰浆沉淀堵塞的故障。

(3) 电动机长期不运行也易受潮，使绝缘性能降低。水泵经常切换运行可以使电动机绕组保持干燥，设备保持良好的备用状态。

1-35 简述液力耦合器的工作原理。

答：当液力耦合器工作腔室充满工作油时，泵轮在原动机带动下高速旋转，泵轮上的叶片将驱动工作油高速旋转，对高速油做功，使油获得能量（旋转动能）。高速旋转的工作油在惯性离心力的作用下，被甩向泵轮的外围形成高速的油流，在出口处径向冲入蜗轮的进口径向流道，并沿着径向流道推动蜗轮旋转。在蜗轮出口处又以径向进入泵轮的进口径向流道，重新在泵轮中获得能量。泵轮不停地运转，也就把原动机的力矩通过工作油和蜗轮不间断地传给了水泵或风机。

1-36 什么是钢的屈服强度、极限强度和持久强度？

答：在拉伸试验中，在试样应力超过弹性极限后，继续增加拉力达到某一数值时，拉力不增加或开始有所降低，而试样仍然能继续变形，这种现象称为“屈服”。钢开始产生屈服时的应力称为屈服强度。钢能承受最大载荷（即断裂载荷）时的应力，称为极限强度。钢在高温长期应力作用下，发生断裂的应力，称为持久强度。

1-37 什么是蠕变？它对钢的性能有什么影响？

答：金属在高温和应力作用下逐渐产生塑性变形的现象叫蠕变。对钢的性能影响：钢的蠕变可以看成是缓慢的屈服。由于蠕变产生塑性变形，使应力发生变化，甚至整个钢件中的应力重新分布。钢件的塑性不断增加，弹性变形随时间逐渐减少。蠕变使得钢的强度、弹性、塑性、硬度、冲击韧性下降。

1-38 20号优质碳素钢的耐受温度限制是多少？分别用在哪些受热面上？

答：20号优质碳素钢普遍使用于金属温度不大于500℃的受热面管，以及金属温度不大于450℃的导管、联箱。其分别用在水冷壁、省煤器、低温过热器、低温再热器等受热面上。

1-39 流动阻力分为哪几类？阻力是如何形成的？

答：实际液体在管道中流动时的阻力可分为两种类型：一种是沿程阻力，它是由于液体在管内流动，液体层间以及液体与壁面间的摩擦力而造成的阻力；另一种是局部阻力，它是液体流动时，因局部障碍（如阀门、弯头、扩散管等）引起液流显著变形以及液体质点间的相互碰撞而产生的阻力。

1-40 层流、紊流的定义是什么？液体的流动状态用什么来判别？

答：层流：是指液体流动过程中，各质点的流线互不混杂、互不干扰的流动状态。

紊流：是指液体流动过程中，各质点的流线互相混杂、互相干扰的流动状态。

液体的流动状态是用雷诺数 Re 来判别的。实验表明，液体在圆管内流动时的临界雷诺数 $Re_{cr}=2300$。当 $Re\leqslant 2300$ 时，流动为层流；当 $Re>2300$ 时，流动为紊流。

1-41 什么是仪表活动分析？仪表活动分析有何作用？

答：锅炉运行时的工作状态是通过各种仪表的指示来反映的。根据仪表的指示数据及其变化趋势，分析锅炉工作状况是否正常的工作，即称为仪表活动分析。

锅炉控制室装有各种热工检测仪表，这些仪表的测点取自锅炉的有关部位，能测知不同部位的有关数据（如压力、温度、流量、水位、电流等），根据这些数据就可分析、判断锅炉的工作状况。一旦发现某个仪表指示不正常，就应检查与之相关的其他仪表指示是否正常，根据相互对比，可分析、判断出是锅炉运行状态不正常，还是仪表本身指示不正常。仪表活动分析在运行中可起到消除事故隐患的作用。因为事故发生时，从各种仪表的异常反应可分析判断出事故的部位及性质，这就为正确和及时处理事故创造了条件。

1-42 什么是耗差分析法？

答：根据机组主要运行参数的实际值与基准值的偏差，通过计算，得出热耗率、煤耗率、厂用电率等经济指标的变化称为耗差分析法。

1-43 什么是顺序控制？

答：顺序控制又称为开关控制，是一种开关量信号的控制技术。根据预定的顺序和条件，使工艺过程中的设备依次进行系列操作，主要用于主辅机的自动启停和局部系统的运行操作。

1-44 锅炉事故处理的总原则是什么？

答：（1）运行人员应准确判断事故原因；正确消除事故根源；解除人身、设备威胁；防止引起事故扩大。

（2）在保证人身及设备安全的前提下，尽量维持锅炉运行，必要时转移负荷至其他机组，保证用户供电及厂用供电。

（3）紧急停炉时应及时通知调度系统，以便统一调配负荷。

1-45 运行中辅机跳闸处理的原则是什么？

答：（1）迅速启动备用电动辅机。

（2）对于重要的辅机跳闸后，在没有备用辅机或不能迅速启动备用辅机的情况下，为保证锅炉安全运行，且本机组运行规程明确规定可以重合闸时，可以谨慎进行重合闸跳闸设备，具体重合闸次数规定如下：

1）6kV 电动辅机：1 次。

2）380V 电动辅机：2 次。

（3）故障处理完毕后，运行人员应实事求是地把故障发生的时间、现象及所采取的措施记录在交接班记录簿内。

跳闸的辅机存在下列情况之一者，禁止重新启动：

（1）存在电气故障。

（2）存在热控装置故障。

（3）存在机械部分故障。

（4）威胁人身安全现象未消除。

(5) 机组运行工况不允许启动该设备。

1-46　电动机跳闸后应如何进行检查处理？

答：检查备用设备是否联启，否则立即启动备用设备。检查保护动作情况，熔断器容量是否正确，摇测电动机绝缘及通路，判明电动机有无故障，检查所带动的机械有无犯卡，联轴器、轴承是否损坏，再决定是否启动。

1-47　不同转速的转机振动合格标准是什么？

答：(1) 额定转速 750r/min 以下的转机，轴承振动值不超过 0.12mm。

(2) 额定转速 1000r/min 的转机，轴承振动值不超过 0.10mm。

(3) 额定转速 1500r/min 的转机，轴承振动值不超过 0.085mm。

(4) 额定转速 3000r/min 的转机，轴承振动值不超过 0.05mm。

1-48　什么情况下应紧急停止风机的运行？

答：(1) 人身受到伤亡威胁。

(2) 风机有异常噪声。

(3) 轴承温度急剧上升超过规定值。

(4) 风机发生剧烈振动和有撞击现象。

(5) 电动机有严重故障。

1-49　转动机械在运行中发生什么情况时应立即停止运行？

答：(1) 发生人身事故，无法脱险时。

(2) 发生强烈振动，危及设备安全运行时。

(3) 轴承温度急剧升高或超过规定值时。

(4) 电动机转子和定子严重摩擦或电动机冒烟起火时。

(5) 转动机械的转子与外壳发生严重摩擦撞击时。

(6) 发生火灾或被水淹时。

第二章

锅 炉 设 备

2-1 比较超超临界 1000MW 锅炉与超超临界 600MW 锅炉受热面钢材。

答：见表 2-1。

表 2-1 超超临界 1000MW 锅炉与超超临界 600MW 锅炉受热面钢材

<table>
<tr><th>序号</th><th>受热面</th><th>1000MW 锅炉</th><th>600MW 锅炉</th></tr>
<tr><td rowspan="3">1</td><td rowspan="3">屏式过热器</td><td rowspan="5">外三圈管子材质均为HR3C，其余管子材料为 Super304H</td><td>SA-213T22</td></tr>
<tr><td>SA-213T23</td></tr>
<tr><td>SA-213T91</td></tr>
<tr><td>2</td><td>高温过热器</td><td>SA-213T347H</td></tr>
<tr><td>3</td><td>高温再热器</td><td>SA-213T347H</td></tr>
<tr><td>4</td><td>螺旋水冷壁</td><td>SA-213T12</td><td>SA-213T2</td></tr>
<tr><td>5</td><td>垂直水冷壁</td><td>SA-213T12</td><td>15CrMoG</td></tr>
<tr><td>6</td><td>顶棚过热器</td><td colspan="2">SA-213T2</td></tr>
<tr><td>7</td><td>低温过热器</td><td colspan="2">15CrMoG，12Cr1MoVG</td></tr>
<tr><td>8</td><td>低温再热器</td><td colspan="2">SA-210C，15CrMoG，12Cr1MoVG</td></tr>
<tr><td>9</td><td>包墙过热器</td><td colspan="2">SA-213T2</td></tr>
<tr><td>10</td><td>省煤器</td><td colspan="2">SA-210C</td></tr>
</table>

2-2 锅炉钢管材料的性能有哪些要求？

答：（1）有足够的持久强度、蠕变极限和持久断裂塑性。

（2）有良好的组织稳定性。

（3）有较高的抗氧化性。

（4）有良好的热加工工艺性，特别是可焊性能要好。

2-3 过热器如何分类？

答：（1）根据不同的传热方式，过热器可分为对流式、辐射式、半辐射式三种形式。

（2）对流过热器可分为顺流、逆流及混合流布置三种方式。顺流布置方式多用于高温过热器（高温再热器）。

（3）根据管子的布置方式，对流过热器可分为立式和卧式两类。

（4）根据管子的排列方式，对流过热器可分为顺列和错列布置两种方式。

2-4 1000MW机组锅炉受热面分布情况如何？

答：（1）水冷壁。炉膛水冷壁分上、下两部分，下部水冷壁采用全焊接的螺旋上升膜式管屏，螺旋水冷壁管采用内螺纹管，上部水冷壁采用全焊接的垂直上升膜式管屏，螺旋水冷壁与上部垂直水冷壁的过渡方式采用中间混合集箱形式。

（2）过热器。采用辐射—对流型布置，屏式过热器为半辐射式过热器。

1）过热器受热面由四部分组成：第一部分为顶棚及后竖井烟道四壁、后竖井分隔墙；第二部分是位于尾部竖井后烟道内的水平对流低温过热器；第三部分是位于炉膛上部的屏式过热器；第四部分是位于折焰角上方的末级过热器。

2）过热器系统按蒸汽流程分为：顶棚过热器、包墙过热器、分隔墙过热器、低温过热器、屏式过热器及高温过热器。

3）按烟气流程依次为：屏式过热器、高温过热器、低温过热器。

4）在屏式过热器与高温过热器之间进行一次左右交叉。

(3) 再热器。再热器受热面采用纯对流型布置。

整个再热器系统按蒸汽流程依次分为两级：低温再热器、高温再热器。低温再热器布置在后竖井前烟道内，高温再热器布置在水平烟道内，低温再热器和高温再热器之间，完成了再热器蒸汽的一次交叉和一次减温过程。

2-5 主、再热蒸汽在受热面中的流程如何？

答： 东方锅炉厂生产制造的锅炉为例。

(1) 主蒸汽流程：AB汽水分离器→1个顶棚入口联箱→2个顶棚出口联箱（疏水1个）→2个侧包墙入口联箱、5个后竖井入口联箱（侧包墙2个、前后中各1个，顶棚来的蒸汽在前、中、后包墙有交叉混合）→2个侧包墙出口联箱、5个后竖井出口联箱→2个包墙出口混合集箱（疏水2个）→1个低温过热器进口集箱→1个低温过热器出口集箱→一级减温水→6个安全门→1个屏式过热器进口集箱（疏水1个）→7片屏式过热器→1个屏式过热器出口集箱（疏水1个）→二级减温水→交叉→高温过热器进口集箱（疏水1个）→高温过热器出口集箱（疏水1个）→2个PVC阀→2个弹簧安全门→蒸汽取样→汽轮机。

(2) 再热蒸汽流程：高压缸排汽→8个安全门→低温再热器进口集箱→2个低温再热器出口集箱（疏水2个）→交叉→减温水→高温再热器进口集箱（疏水1个）→高温再热器出口集箱（疏水1个）→2个安全门→汽轮机。

2-6 超超临界1000MW机组锅炉屏式过热器在炉内如何布置？有什么特点？其汽温特性是什么？

答： 屏式过热器布置在炉膛上部区域，在深度方向布置2排，每一排屏沿炉宽方向布置19屏，共38片。其特点是采用了分配集箱和混合集箱结合的方式；为减小流量偏差使同屏各管的壁温比较接近；在屏式过热器进口分配集箱上管排的入口处除最外圈管子外均设置了不同尺寸的节流圈；为防止吹灰蒸汽对受热面的冲蚀，在吹灰器附近蛇形管排上均设置有防蚀盖板。其汽温特性是辐射式。

2-7 水冷壁传热恶化和哪些因素有关？为保证水冷壁的质量流速，防止膜态沸腾和核态沸腾，百万机组锅炉厂家采取了哪些措施？

答：传热恶化时水冷壁壁温的影响因素。

(1) 质量流速。提高管内工质的质量流速，可以有效降低发生传热恶化时管壁温度上升的幅度，同时使此时发生传热恶化的界限含汽率有所增加。

(2) 热负荷。受热面的热负荷越高，则发生传热恶化后所出现的壁温上升的幅度越大，同时开始传热恶化点和壁温峰值点都向含汽率较小的方向移动。

(3) 含汽率。如传热恶化推迟到较高含汽率时发生，因为蒸汽量较大，流速较高，换热系数较高，发生传热恶化时管壁温度的上升幅度稍有降低。

(4) 压力。压力越高，汽水密度差越小，传热恶化造成的壁温上升幅度越小。有试验表明，在一定条件下，压力由14MPa增加到19MPa，发生传热恶化时管壁温度的上升幅度约降低4.5倍。

现以东方锅炉厂为例，介绍采取的主要措施：

(1) 采用小管径管以提高循环流速，但阻力增加，直流锅炉水冷壁管多为38.1mm（螺旋水冷壁）和31.8mm（垂直水冷壁），汽包锅炉管径比较大。

(2) 螺旋水冷壁采用内螺纹管。

(3) 限制最低质量流速：保证启动时最低给水流量不小于25%额定流量。

(4) 采用较大容积炉膛以降低的炉膛容积热负荷，容积热负荷为80kW/m^3。

(5) 为充分保证水冷壁各回路的流量分配，垂直水冷壁进口集箱上每根水冷壁管进口处均设有节流孔，其中上炉膛前墙和侧墙节流孔直径为9.5mm，后墙节流孔直径为10.5mm，水平烟道侧墙节流孔直径为8.0mm。

2-8 简述螺旋水冷壁管圈的优、缺点。

答：优点如下：

(1) 能根据需要获得足够的质量流速，保证水冷壁的安全。

(2) 管间吸热偏差小。当螺旋管盘绕数为1.5～2.0时，吸热偏差不会超过0.5。

(3) 抗燃烧干扰的能力强。

(4) 可以不设置水冷壁进口的分配节流圈。

(5) 适应于锅炉变压运行的要求。

缺点如下：

(1) 因为螺旋管圈的承重能力弱，故需要附加炉室悬吊系统。

(2) 螺旋管圈制造成本高。

(3) 螺旋管圈炉膛四角上需要进行大量单弯头焊接作业，且工地吊装次数增加给工地安装增加了难度和工作量。

(4) 螺旋管圈管子长度较长，阻力较大，增加了给水泵的功耗。

2-9 上部水冷壁设计为垂直上升管有哪些优点？

答：(1) 炉膛上部已离开高热负荷区域，把上部设计成为简单的垂直上升管较为经济。

(2) 过渡段水冷壁设置中间联箱，可使螺旋水冷壁出口工质混合均匀，减少工质偏差，同时还可以使上部垂直水冷壁的流量均匀分配。

(3) 便于水冷壁焊接，便于悬吊，承载能力强。

2-10 再热器的作用是什么？

答：(1) 提高热力循环的热效率。

(2) 提高汽轮机排汽的干度，降低汽耗，减小蒸汽中的水分对汽轮机末几级叶片的侵蚀。

(3) 提高汽轮机的效率。

(4) 进一步吸收锅炉烟气热量，降低排烟温度。

2-11　再热器损坏的现象有哪些？

答：（1）再热器附近有泄漏声，严重时炉膛负压变正，从检查孔向外喷烟和蒸汽。

（2）再热蒸汽流量不正常地减小，再热汽压下降。

（3）再热器泄漏侧烟气温度降低。

2-12　过热器及再热器的形式有哪些？

答：（1）按照不同的传热方式，可分为对流式、辐射式和半辐射式三种形式。

（2）根据烟气和管内蒸汽的相对流动方向可分为顺流、逆流和混合流三种形式。

（3）根据管子的布置方式可分为立式和卧式两种形式。

（4）根据管圈数量可分为单管圈、双管圈和多管圈三种形式。

2-13　为什么直流锅炉是超临界锅炉必选炉型？

答：由于压力高于临界点后，水和汽的状态一样，重度没有差别，自然循环锅炉基于重度差形成的自然循环基础没有了，无法形成自然循环，所以直流锅炉是超临界、超超临界锅炉唯一能采用的炉型。

2-14　简述直流锅炉的工作原理。

答：直流锅炉依靠给水泵的压头将锅炉给水依次通过预热、蒸发、过热各受热面而变成过热蒸汽。在水的加热受热面与蒸发受热面间、蒸发受热面与过热受热面间无固定的分界点。

2-15　对流过热器、辐射过热器和半辐射过热器分别位于锅炉内什么部位？

答：对流过热器安装在对流烟道内，辐射式过热器布置在炉膛上部，半辐射式过热器布置在炉膛出口处。

2-16　指出图 2-1 中的烟气、蒸汽相对流动形式。

答：如图 2-1 中箭头所示流动方向是：图（a）为顺流，图（b）为逆流，图（c）为双逆流，图（d）为混合流。

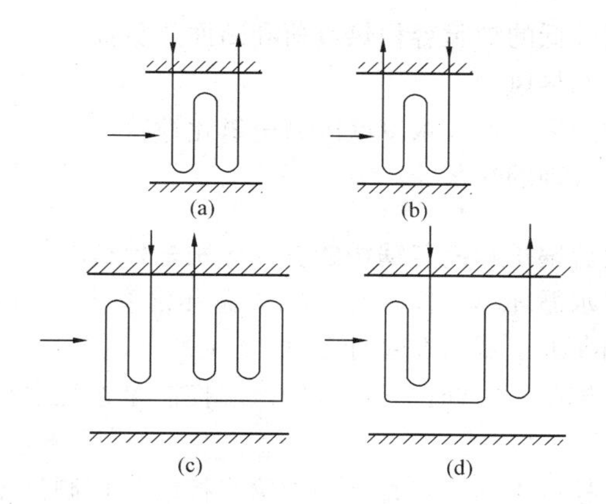

图 2-1 锅炉对流受热面烟气与蒸汽的相对流动

2-17 超超临界锅炉设计需要解决哪几个主要问题？

答：（1）减小水冷壁的温差问题。

（2）水冷壁管子的膜态沸腾和类核态沸腾问题。

（3）适应机组变压运行的问题。

（4）减少锅炉结渣问题。

（5）低负荷燃烧稳定性问题。

2-18 锅炉在哪些受热面管子内设有节流管圈？起什么作用？

答：受热面管子内设有节流管圈的有：

（1）垂直水冷壁管入口。

（2）包墙过热器入口。

（3）屏式过热器管进口处除最外圈管子。

（4）高温过热器管进口处除最外圈管子。

作用：都是为了均衡各管子的质量流速，减小流量偏差，使各管的壁温比较接近，提高管内工质的质量流速。

2-19 超超临界机组锅炉在防止结焦方面采取了哪些措施？

答：（1）采用 HT-NR3 型燃烧器。

（2）采用较低的炉膛容积热负荷和断面热负荷。

（3）设置燃尽风。

（4）合理配风，保证水冷壁区域呈氧化性特性。

（5）设置合理的吹灰器。

2-20　直流锅炉和汽包锅炉的主要区别是什么？

答：（1）水循环不一样：直流锅炉循环倍率为1，而汽包锅炉是利用自然循环原理，循环倍率小于1。

（2）汽温控制不一样：直流锅炉汽温控制是按煤水比，汽包锅炉不是。

（3）给水控制不一样：直流锅炉给水控制是控制汽温，汽包锅炉给水控制是控制汽包水位。

（4）水质控制不一样：直流锅炉由于没有汽包排污，因此有严格的汽水品质要求。

（5）给水保护不一样：直流锅炉为了确保水冷壁的质量流速，限定有最低给水保护，汽包锅炉是水位保护。

（6）为了保护水冷壁质量流速，防止发生膜态沸腾和防止水冷壁管子的水动力不稳定以及脉动的产生，直流锅炉在汽轮机冲转时设有最低主汽压，有压力限制，汽包锅炉没有。

（7）汽包锅炉水冷壁有自补偿能力，直流锅炉没有。

（8）直流锅炉为了保证启动的最低流量和工质的清洗，必须设立启动系统，汽包锅炉不用。

2-21　试画图对自然循环锅炉与直流锅炉系统进行对比。

答：如图2-2、图2-3所示。

2-22　直流锅炉运行调节与汽包锅炉有什么区别？

答：（1）汽包锅炉的汽压调节是依靠改变锅炉的燃料量来实现的，而直流锅炉在调节汽压时，必须使给水流量和燃料量同时按一定比例进行调节，控制适当的煤水比。

（2）汽包锅炉过热汽温的调节一般以减温水为主，而直流锅炉的汽温调节首先要通过给水流量和燃料量的比例来进行粗调，再辅以喷

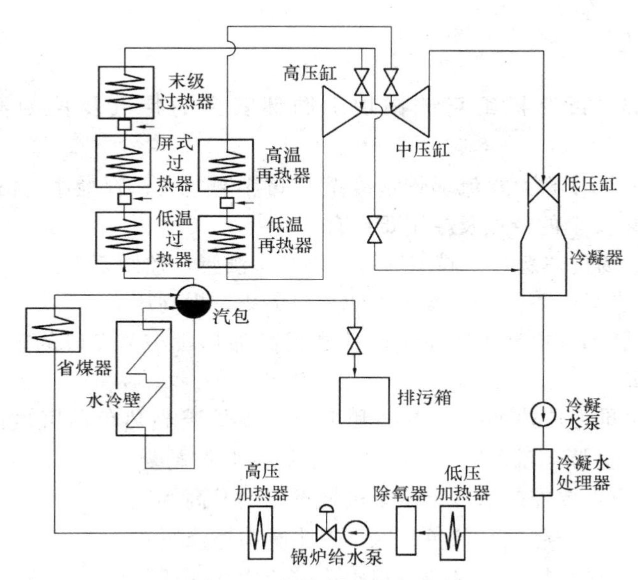

图 2-2 自然循环汽包锅炉

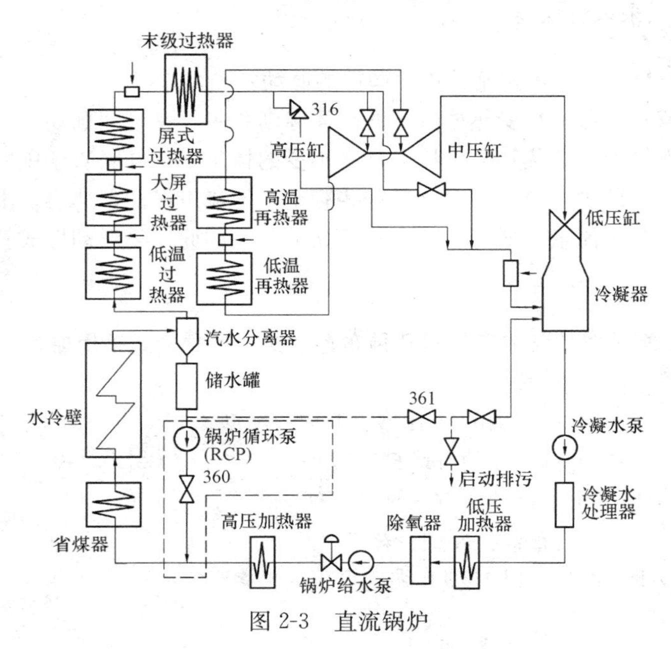

图 2-3 直流锅炉

水减温进行细调。

2-23 百万机组直流锅炉水循环安全的特点及控制要点是什么?

答：由于百万直流锅炉水冷壁管间热偏差大、管径小、流速快，其水循环安全的特点及控制要点有：

（1）易传热恶化：膜态沸腾、类膜态沸腾，控制要点：

1）水动力不稳定：减少工质进口欠焓、提高压力。

2）脉动：提高工质质量流速和提高加热段与蒸发段的阻力，以减小脉动。

（2）推迟传热恶化：上部和下部对下炉膛高热负荷区域的水冷壁，要防止膜态沸腾的发生，在上炉膛区域控制要点：

1）重点要控制水冷壁蒸干区域壁温的升高幅度。

2）必须控制在高热负荷区不发生类膜态沸腾。

3）在亚临界区域必须重视水冷壁管内两相流的传热和流动。

4）采取省煤器沸腾保护（分离器压力小于22.06MPa）。

2-24 什么是直流锅炉水循环的脉动?

答：直流锅炉受热面管子的流体脉动：主要是管间脉动，特点是在蒸发管组进口集箱内，压力基本不变的情况下，并联管子中的某些管子流量减少，与此同时，另一些管子中的流量增加，然后，本来流量少的管子流量又增加，其余管子又减少，如此反复波动形成管子间的流量脉动。

2-25 锅炉整体布置有几种布置形式？哪种形式采用最多?

答：（1）单烟道布置：

1）烟气下行流动的有Π型、T型、N型。

2）烟气上行流动的有塔型、U型。

3）烟气水平流动的有Γ型、L型。

（2）多烟道布置：N型、箱型。

以上形式中，以Π型和塔型采用的最多。

2-26 锅炉容量对锅炉整体布置有什么要求？

答： 随着锅炉容量的增大，炉膛的线性尺寸增加，炉膛壁表面积增大比容积增大得少。因此大容量锅炉比小容量锅炉的炉膛壁表面积相对减小，此时在炉膛内单靠布置水冷壁已不能有效降低炉膛出口烟温，所以一些大容量锅炉采用了双面水冷壁或增设辐射式、半辐射式过热器来降低炉膛出口烟温到允许值。

随着锅炉容量的增大，锅炉单位宽度上的蒸发量迅速增大。为了保证规定的过热汽流速和烟气流速，需采用多管圈的过热器和省煤器。管式空气预热器也应采用双面进风结构，防止风速过大。

2-27 影响锅炉整体布置的因素有哪些？

答： 影响锅炉整体布置的因素主要有蒸汽参数、锅炉容量、燃料性质以及热风温度等。

2-28 有折焰角与无折焰角锅炉烟气的流动情况有何不同？

答： 见图 2-4 所示。

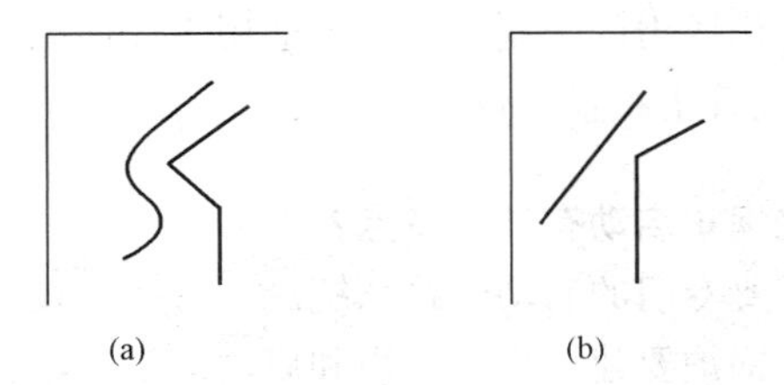

图 2-4 有折焰角与无折焰角锅炉烟气的流动情况比较

(a) 有折焰角锅炉烟气流动情况；(b) 无折焰角锅炉烟气流动情况

2-29 画出直流锅炉工作原理示意图。

答： 如图 2-5 所示。

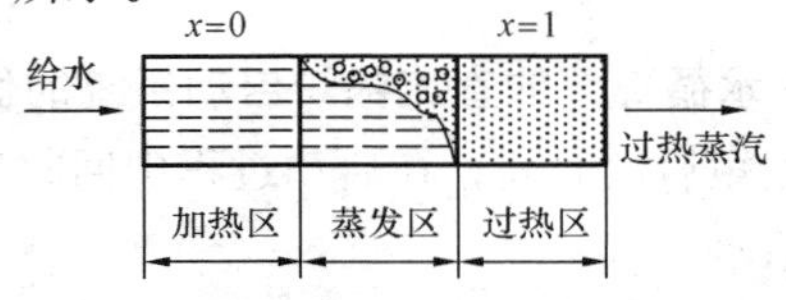

图 2-5 直流锅炉工作原理示意图

2-30 直流锅炉有哪些主要特点？

答：（1）蒸发部分及过热器阻力必须由给水泵产生的压头克服。

（2）水的加热、蒸发、过热等受热面之间没有固定的分界线，随着运行工况的变动而变动。

（3）在热负荷较高的蒸发区，易产生膜态沸腾。

（4）蓄热能力比汽包锅炉差许多，对内外扰动的适应性较差，一旦操作不当，就会造成出口蒸汽参数的大幅度波动，故需要较灵敏的调整手段，自动化程度要求高。

（5）没有汽包不能排污，给水带入炉内的盐类杂质会沉积在受热面上和汽轮机中，因此对给水品质要求高。

（6）在蒸发受热面中，由于双相工质受强制流动，特别是在压力较低时，会出现流动不稳定和脉动等问题。

（7）因没有厚壁汽包，启、停炉速度只受联箱及管子或其连接处的热应力限制，故启、停炉速度大大加快。

（8）因无汽包，水冷壁管多采用小管径管子，故直流锅炉一般比汽包锅炉省钢材。

（9）不受工作压力的限制，理论上适用于任何压力。

（10）蒸发段管子布置比较自由。

2-31 直流锅炉启动有什么特点？

答：（1）需要专门的启动旁路系统。

（2）启动前锅炉要建立启动压力和启动流量。

（3）直流锅炉的启动必须进行系统水清洗：①冷态清洗；②热态清洗。清洗的目的是洗去系统内的杂质，提高汽水品质。

（4）启动速度快。

（5）启动过程中工质膨胀。

2-32 配有炉水循环泵的直流锅炉启动系统的优、缺点是什么？

答：优点：缩短启动时间；在启动过程中回收热量；机组冷态清洗时可以减少补给水。

缺点：运行和维护要求高；系统控制复杂。

2-33　直流锅炉在启动时应主要注意哪些问题?

答: 直流锅炉启动系统有内置式分离器启动系统和外管式分离器启动系统两大类型，主要注意的问题有：

（1）无汽包，启动一开始就必须不间断地向锅炉送给水，有必要设置专门的回收工质与热量的系统。

（2）直流锅炉启动必须与汽轮机的启动密切配合。

（3）汽水的热膨胀问题。

（4）再热器保护。

2-34　锅炉为了减少过热器热偏差，在设计上一般采取哪些措施?

答:（1）屏式过热器出口一次左、右交叉流动。

（2）二级减温水分左、右送入。

（3）设置各级混合联箱。

（4）在联箱进入管子中加入节流孔圈。

2-35　锅炉中进行的三个主要工作过程是什么?

答: 为实现能量的转换和传递，在锅炉中同时进行着三个互相关联的主要过程。分别为：

（1）燃料的燃烧过程。

（2）烟气向水、汽等工质的传热过程。

（3）蒸汽的产生过程。

2-36　提高直流锅炉水动力稳定性的方法有哪些?

答:（1）提高质量流速。

（2）提高启动压力。

（3）采用节流圈。

（4）减小入口工质欠焓。

（5）减小热偏差。

（6）控制下辐射区水冷壁出口温度。

2-37　直流锅炉蒸发管脉动有何危害?

答：（1）在加热、蒸发和过热段的交界处，交替接触不同状态的工质，这些工质的流量周期性变化，使管壁温度发生周期变化，引起管子的疲劳损坏。

（2）由于过热段长度周期性变化，出口汽温也会相应变化，汽温极难控制，甚至出现管壁超温。

（3）脉动严重时，由于受工质脉动性流动的冲击力和工质比体积变化引起的局部压力周期性变化的作用，易引起管屏机械振动，损坏管屏。

2-38 闸阀和截止阀各有什么优、缺点？适用范围是什么？

答：闸阀用于切断和接通介质的流动，不能作为调节阀用，且必须处于全开或全关位置，不改变介质的流动方向，因而流动阻力较小，但密封面易磨损和泄漏，且开启行程大，检修较为困难。闸阀通常安装在直径大于 100mm 的管路上。

截止阀具有严密性好、检修维护方便等优点，但流动阻力大，开关困难，所以一般用于直径小于 100mm 的管路上，作为启闭装置。直径小于 32mm 的截止阀，可以作为节流装置。

2-39 画出喷水式减温器的结构示意图。

答：如图 2-6 所示。

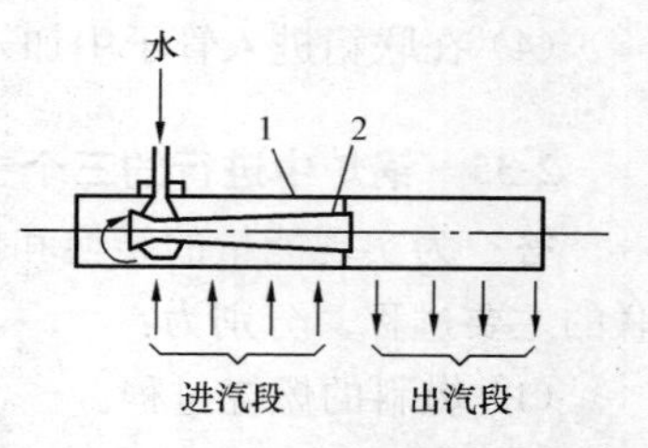

图 2-6 喷水式减温器的结构示意图

1—联箱；2—文丘里喷射管

2-40 减温器故障的原因及处理思路是什么？

答：原因：

（1）减温器喷嘴内结垢或杂物堵塞。

（2）减温水温变化幅度太大，使金属产生较大的应力，造成减温器套管损坏。

（3）制造、安装和检修质量不良。

处理：

（1）锅炉喷水减温出现异常时，要先判断是喷水减温门还是减温

器故障，若汽温或者金属壁温超限，应先降低锅炉运行负荷。

（2）如减温器喷嘴堵塞或者损坏，由于在线无法隔离，均需停炉处理。

（3）锅炉大小修期间，要检查减温器套管是否有裂纹或损坏，可以抽出或用内窥镜检查。

2-41　什么是长期超温爆管？其破口有什么特点？

答：运行中由于某种原因，造成管壁温度超过设计值，只要超温幅度不太大，就不会立即损坏。但管子长期在超温下工作，会造成钢材金相组织发生变化，蠕变速度加快，持久强度降低，在使用寿命未达到预定值时，即提早爆破损坏。这种损坏称长期超温爆管，或叫长期过热爆管，也称一般性蠕变损坏。

特点：

（1）破口并不太大。

（2）破口的断裂面粗糙、不平整，破口边缘是钝边，且不锋利。

（3）破口附近有众多的平行于破口的轴向裂纹。

（4）破口外表面会有一层较厚的氧化皮，这些氧化皮较脆，易剥落。

2-42　什么是短期超温破管？其破口有什么特点？

答：受热面管子在运行过程中，由于冷却条件恶化，管壁温度在短时间内突然上升，使钢材的抗拉强度急剧下降。在介质压力作用下，温度最高的向火侧，首先发生塑性变形，管径胀粗，管壁胀薄，随后发生剪切断裂而爆破。这种爆管称短时超温爆管，也称短时过热爆管，或者称为加速蠕变损坏。

特点：破口张开很大，边锋利，破口附近管子胀粗较大，没有轴向裂纹，管子外壁呈蓝黑色。

2-43　什么是直流锅炉启动时的膨胀现象？造成膨胀现象的原因是什么？启动膨胀量的大小与哪些因素有关？

答：直流锅炉一点火，蒸发受热面内的水便在给水泵推动下强迫流动。随着热负荷的逐渐增大，水温不断升高，一旦达到饱和温度，水就开始汽化，工质比体积明显增大。这时会将汽化点以后管内工质向锅炉出口排挤，使进入启动分离器的工质容积流量比锅炉入口的容积流量明显增大，这种现象即称为膨胀现象。

产生膨胀现象的基本原因是蒸汽与水的比体积差别太大。启动时，蒸发受热面内流过的全部是水，在加热过程中水温逐渐升高，中间点的工质首先达到饱和温度而开始汽化，体积突然增大，引起局部压力升高，猛烈地将其后面的工质推向出口，造成锅炉出口工质的瞬时排出量很大。

启动时，膨胀量过大将使炉内工质压力和启动分离器的水位难于控制。影响膨胀量大小的主要因素有：

(1) 启动分离器的位置。启动分离器越靠近出口，汽化点到分离器之间的受热面中蓄水量越多，汽化膨胀量越大，膨胀现象持续的时间也越长。

(2) 启动压力。启动压力越低，其饱和温度也越低，水的汽化点前移，使汽化点后面的受热面内蓄水量大，汽水比体积差别也大，从而使膨胀量加大。

(3) 给水温度。给水温度高低影响工质开始汽化的迟早。给水温度高，汽化点提前，汽化点后部的受热面内蓄水量大，使膨胀量增大。

(4) 燃料投入速度。燃料投入速度即启动时的燃烧率。燃烧率高，炉内热负荷高，工质温升快，汽化点提前，膨胀量增大。

2-44 百万机组锅炉热膨胀零点设置在什么位置？其作用是什么？

答：锅炉热膨胀零点设在距后墙水冷壁 3232.6mm 炉膛中心线处与标高 75700mm 的顶护板的交点。锅炉设置膨胀零点，通过水平和垂直方向的导向与约束，实现以锅炉某一高度为中心的三维膨胀，并防止炉顶、炉墙开裂和受热面变形。

2-45 为什么要做超温记录？

答：当实际壁温超过钢材最高使用温度时，金属的机械性能、金相组织就会发生变化，蠕变速度加快，最后导致管道破裂。为此，运行时对主蒸汽管道、过热汽管道及再热器管道和相应的导汽管道要做好超温记录，统计超温时间及超温程度，以便分析管道的寿命，加强对管道的监督，防止出现过热及突然损坏。

2-46 锅炉常用的测量仪表有哪些？

答：锅炉常用的测量仪表有测量水位、流量、压力、温度、烟气含氧量、CO、NO_x 等物理量的表计。

2-47 温度测量有几种方式？一般用在什么地方？

答：热电偶：一般用于锅炉的烟温测点、壁温测点，主汽温、再热汽温度测点。

热电阻：测量精度高，适用于给水、排烟、热风等温度较低的介质。

2-48 热电偶测温计的测温原理是什么？常用的热电偶有哪些？

答：把两种不同的导体或半导体连接成闭合回路，回路的两个接点温度不同时，回路内就会产生热电势，这种现象称为热电效应。热电偶测温计就是利用这个原理工作的。

常用的热电偶有铂铑—铂、镍铬—镍硅、铜—铜镍（康铜）等。

2-49 简述热电阻测温仪表的工作原理和特点。

答：大多数金属材料的电阻随着温度的升高而增大，只要取得测温原件的电阻值，并将其加以折算，即可得到温度值。

热电阻是电阻输出型感温元件，测温范围较热电偶低，在－200～＋650℃之间，与贵金属制成的热电偶相比，具有灵敏度高、价格便宜的特点。另外，由于热电阻元件的感应区域大，反应时间长，因此它不适宜用于点区域温度测量和温度变化剧烈的地方。

2-50 简述测量锅炉烟气含氧量的目的和氧化锆氧量计的工作原理。

答：锅炉燃烧调整的首要任务是调整好燃料和风量的配合。烟气中的含氧量能够直观地反映风量的大小，指导运行人员或自动调节系统合理地调配风、粉比例。

氧化锆氧量计是应用了添加了氧化钙或氧化钇的氧化锆氧离子导体，在两侧氧浓度不同时，氧离子由浓度高的一侧向浓度低的一侧迁移过程中在电极上产生电荷累积，从而建立电场。氧化锆氧量计就是利用这个原理进行工作的。

2-51 锅炉为什么要进行流量测量？需要进行哪些流量测量？测量的仪表有哪些？

答：锅炉运行时，为了及时了解锅炉的出力，控制运行工况以及取得进行热效率计算与成本核算的数据，必须经常检测各种介质的流量。流量是保证锅炉安全、经济运行的重要参数。

锅炉上的流量测点主要有：给水流量、主蒸汽流量、供热蒸汽流量。有减温器的锅炉还要测量减温水流量，燃油锅炉需要测量燃油流量。在进行锅炉试验时还需要测量空气和烟气的流量。

用于测量流量的仪表很多，在锅炉上测量汽水流量广泛采用差压式流量计，测量空气、烟气量时，常采用可移动的动压测定管（笛形管或毕托管）。

2-52 锅炉为什么要进行温度测量？需要进行哪些温度测量？其目的是什么？

答：温度是锅炉生产蒸汽质量的重要指标之一，也是保证锅炉设备安全的重要参数，同时，温度是影响锅炉传热过程和设备效率的主要因素。因此温度检测对于保证锅炉的安全、经济运行，提高蒸汽产量和质量，减轻工人的劳动强度，改善劳动条件具有极其重要的意义。

锅炉上的主要测温点有：

(1) 给水系统：给水温度，其高低反映了回热加热器是否适当，以及抽气系统是否正常。

(2) 主蒸汽系统：过热器出口汽温，监视它是为了使汽温保持在规定值。减温器出口汽温，监视它有两个方面的意义：一是控制此汽温不致过高，以保证高温段过热器管壁温度不至于过高，同时还可以控制过热器出口温度；二是此点温度可作汽温调节的前导信号。

(3) 烟风系统：空气预热器出口风温，监视它可说明空气预热器的运行效果；排烟温度，可以监控锅炉运行经济性和安全性；过热器高温段的温度，监视它可判断炉膛燃烧工况，如结渣、火焰偏斜等情况；过热器低温段烟气温度，监视它可判断过热器积灰程度，一次风温度和二次风温度，可以监控空气预热器的运行效果，以及空气预热器的密封情况。

2-53 画图说明重锤式安全门的工作原理。

答：由 $W(a+b)=\pi d^2 p/4$

得 $W=\pi d^2 p/4(a+b)$

式中 p——蒸汽压力动作压力，Pa；

W——重锤质量，kg；

a，b——杠杆长度，m；

d——节流孔直径，m。

工作原理见图 2-7。

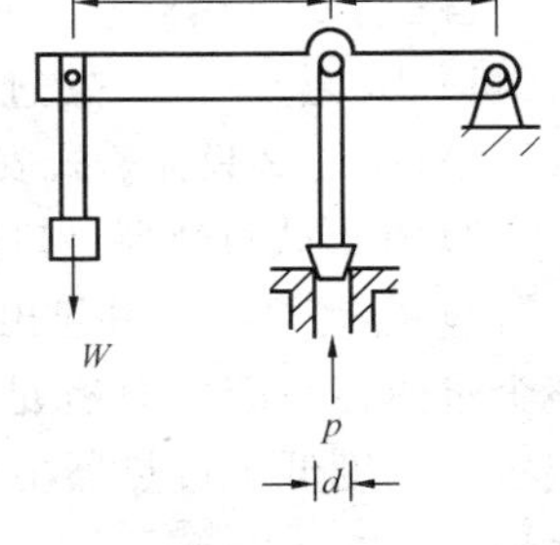

图 2-7 重锤式安全门工作原理示意图

2-54 过热器安全门的启座压力值和排汽量是如何规定的？

答：过热器安全门的启座压力值应低于汽包安全门的启座压力值，并应按过热器安全门安装地点的工作压力来调整。这样，当汽压升高时，过热器安全门最先开启，以保证过热器内有蒸汽不断流动而使过热器免遭烧坏。

过热器安全门的排汽量应保证在该排汽下过热器有足够的冷却，不至于烧坏，有些锅炉将汽包和过热器安全门的排汽都由过热器出口联箱排出，启动冲量可分别来自汽包和过热器出口，或都来自过热器出口，这样就使过热器更安全了。

2-55 百万机组锅炉过、再热器安全阀是如何设置的？

答：见表 2-2。

表 2-2　　过、再热器安全阀设置

安装位置	高温过热器出口	屏式过热器进口	PCV 阀*	高温再热器出口	低温再热器进口
阀门数量	2	6	2	2	8

* 动力控制泄放阀。

2-56　百万机组锅炉受热面安全保护如何设置?

答: (1) 过热器系统的保护。

1) 压力保护：在过热器出口管道上设置了 2 只 PCV 阀 (27.5MPa)、2 只弹簧式安全阀 (30.85MPa)。

2) 在屏式过热器进口管道上装设了 6 只安全阀 (32.0MPa)。

3) 当锅炉超压引起出口管道 PCV 阀和安全阀启跳时，能确保整个过热器系统中总有足够的蒸汽流过。而出口管道 PCV 阀的整定压力幅度低于过热器出口安全阀，使安全阀免于经常动作而得到保护。

4) 启闭的压差：安全门 4MPa，PCV 阀 3MPa。

(2) 再热器系统的保护。

1) 再热器进、出口管道上分别设置了 8 只和 2 只弹簧安全阀。再热器进口 8 只安全阀分别为 1 只 6MPa、1 只 6.1 MPa、6 只 6.15MPa；出口 2 只安全阀分别为 1 只 5.7MPa、1 只 5.85MPa。

2) 再热器出口管道上的安全阀整定压力低于再热器进口管道上的安全阀整定压力。

2-57　过热器出口 PCV 阀的作用是什么?

答: (1) 泄压、保护过热器。

(2) 防止超压。

(3) 在过热器出口处设置 PCV 阀，在锅炉弹簧式安全阀开启前开启泄压，能减少弹簧安全阀的开启次数，保证安全阀的安全。

2-58　旁路系统的作用是什么?

答: (1) 保证锅炉最低负荷的蒸发量。

（2）保证再热器通过必要的冷却蒸发量，避免超温。

（3）通过旁路系统来满足主蒸汽和再热蒸汽管道暖管的需要，并起调节蒸汽温度的作用，从而提高机组运行的安全性。

（4）事故和紧急停炉时，排出炉内蒸汽，以免超压引起安全阀动作。

（5）回收工质和部分热量并减小排汽噪声。

（6）在汽轮机冲转前建立一个汽水清洗系统，待蒸汽品质达到规定标准后，方可进入汽轮机，以免汽轮机受到侵蚀。

2-59　热力设备检修时执行安全措施的要求是什么？

答：（1）热力检修需要断开电源时，应在拉开的断路器、隔离开关和检修设备控制开关的操作把手悬挂“禁止合闸，有人工作”的警告牌，并取下操作保险。

（2）热力设备、系统检修需加堵板时，应按下列要求执行。

1）氢气、瓦斯及油系统等易燃易爆或可能引起人员中毒的系统的检修，必须在关严有关截门后，立即在法兰上加装堵板并保证严密不漏。

2）汽水、烟风系统，公用排污、疏水系统检修，必须将应关闭的截门、闸门、挡板关严加锁，挂警告牌。如阀门不严，必须采取关严前一道截门并加锁，挂警告牌或采取经领导批准的其他安全措施。

2-60　简述瓦斯管道检漏方法及安全注意事项。

答：（1）瓦斯管道（或天然气）泄漏情况，应当用仪器或肥皂水检查，禁止用火焰检查。

（2）瓦斯管道内部的凝结水发生冻结时，应用蒸汽或热水溶化，禁止用火把烤。

（3）禁止用捻缝和打卡子的方法，消除瓦斯管道的不严密处。

2-61　锅炉四管泄漏监测系统运行中有何注意事项？

答：（1）锅炉管道泄漏系统监测装置一般安装在锅炉电子间，正常运行由运行值班员检查画面各个测点声谱是否在正常范围内。

（2）锅炉泄漏监测系统报警接至锅炉监视屏上，当管道监测系统某测点监测到声谱在红色区，并且持续100min时，则锅炉泄漏报警。

（3）当发生锅炉四管泄漏报警时，运行人员应在监视屏上检查报警测点，确认报警测点在锅炉位置，就地确认锅炉是否泄漏，确认是否测点误报，并通过锅炉有关参数进行分析确认锅炉是否泄漏。

（4）锅炉吹灰时管道泄漏监测报警自动闭锁。

（5）如确认锅炉泄漏，及时分析原因。

2-62　如何防止锅炉四管泄漏？

答：（1）运行过程中要加强对受热面壁温的监视，加大超温的考核力度。当发生锅炉受热面壁温有超温的危险时，应及时查明原因，针对原因及早进行调节，确保受热面不超温。

（2）当锅炉受热面壁温达到或超过规定的报警值时，应采取一切措施来防止（如加大水燃比、开大减温水、调低总风量、切换煤层、加强炉膛吹灰、降低出口汽温等，必要时采取减低负荷或压力等方法）受热面壁温超温。

（3）严格做好机组水质监督，机组精处理装置要投入正常。严格执行水质三级事故处理，当发现水质变坏时要及时进行处理，采取措施将其降下来，当处理无效水质严重恶化达停炉要求时，应按紧急停炉处理。

（4）定期进行受热面吹灰，吹灰器要到位，当燃用结渣性较强的煤炭时，要加强受热面吹灰，防止大量结渣产生。

（5）加强吹灰器的维护，确保吹灰器的投入率为100%。

（6）锅炉吹灰器必须定期进行泄漏检查，防止吹灰器泄漏吹坏管子。当吹灰器在吹灰过程中卡涩退不出时，应立即处理退出。

（7）锅炉停炉检修，要成立专门四管防磨防爆检查小组，全面检查受热面。

（8）锅炉运行过程中泄漏监视装置应能正常投入。

2-63　锅炉省煤器泄漏的现象有哪些？如何处理？

答：现象：

（1）给水流量不正常地大于蒸汽流量。

（2）省煤器附近有泄漏声。

(3) 省煤器灰斗有漏水或水迹现象。

(4) 省煤器两侧烟温差增大，空气预热器两侧出口风温差增大，省煤器、空气预热器出口烟温下降或摆动。

(5) 炉膛负压偏正，在相同的负荷下引风机入口动叶开度增大，引风机电流增大。

(6) 机组补水量增加。

处理：

(1) 将锅炉主控切至手动，及早申请停炉。

(2) 若泄漏不严重，允许锅炉短时运行，锅炉改为滑压运行，适当降低压力，加强泄漏的监视。

(3) 若泄漏严重，达到紧急停炉条件应紧急停炉。

(4) 增加对空气预热器吹灰次数。

(5) 停炉后，保留一组送、引风机运行，如需抢修则锅炉按照强制冷却要求控制冷却速度。

2-64　简述锅炉水冷壁爆管事故的现象、处理方案及安全措施。

答：现象：

(1) 水冷壁泄漏初期，在锅炉减漏处听到轻微泄漏声。随着锅炉泄漏点的扩大，泄漏声逐渐加大，给水流量不正常地大于蒸汽流量。

(2) 炉膛负压变为正压，从看火孔、人孔、炉墙不严密处向外喷烟气和水蒸气。

(3) 燃烧不稳定、火焰发暗，严重时锅炉灭火。

(4) 烟气及排烟温度下降，蒸汽流量减小，蒸汽压力下降，引风机电流增大。

(5) 判断泄漏位置，主要根据炉膛内部测温点及声音来判断。

处理方案：

(1) 如水冷壁爆管不严重，则维持正常水位和燃烧，不致很快扩大事故，可以降压降负荷，短时间运行，请示停炉。

(2) 如不能维持正常水位，或燃烧急剧恶化，应紧急停炉。

(3) 停炉后留一台引风机运行，维持炉膛负压。

安全措施：

（1）停止电除尘器运行。

（2）锅炉排污停止，严格按照操作规程操作。

2-65 锅炉过热器泄漏的现象有哪些？如何处理？

答：现象：

（1）炉膛负压变小或变正，严重时从炉墙不严密处向外喷烟气。

（2）给水流量不正常地大于蒸汽流量。

（3）过热器泄漏侧烟气温度下降。

（4）过热汽温偏差大，若炉顶棚、包覆或低温过热器泄漏，则使后面过热汽温升高和管壁温度升高，若屏式过热器、末级过热器泄漏使主蒸汽温度有所降低。

（5）主汽压力下降。

（6）引风机进口动叶不正常地开大，引风机电流增大。

（7）机组补水量增加。

处理：

（1）降低运行参数，及早申请停炉，锅炉主控切至手动，如燃烧不稳，应投油助燃。

（2）在维持运行期间，应加强对泄漏点的监视，防止故障扩大。

（3）若过热器管损坏严重，汽温无法控制，并危及设备安全时，应立即停炉。

（4）增加对空气预热器吹灰次数。

（5）停炉后，保留一组送、引风机运行，如需抢修则锅炉按照强制冷却要求控制冷却速度。

第三章

汽 水 系 统

3-1　简述百万机组锅炉的汽水流程。

答：自给水管路来的给水由炉前右侧进入位于尾部后竖井后烟道下部的省煤器进口集箱中部两个引入口，水流经水平布置的省煤器蛇形管后由叉形管引出省煤器吊挂管至顶棚以上的省煤器出口集箱。由省煤器出口集箱两端引出集中下水管进入位于锅炉左、右两侧的集中下降管分配头，再通过下水连接管进入螺旋水冷壁入口集箱。工质经螺旋水冷壁管、螺旋水冷壁出口集箱、混合集箱、垂直水冷壁入口集箱、垂直水冷壁管、垂直水冷壁出口集箱后进入水冷壁出口混合集箱汇集，经引入管引入汽水分离器进行汽水分离。循环运行时从分离器分离出来的水从下部排进储水罐，蒸汽则依次经顶棚管、后竖井/水平烟道包墙、低温过热器、一级减温器、屏式过热器、二级减温器和高温过热器。转直流运行后水冷壁出口工质已全部汽化，汽水分离器仅作为蒸汽通道用。

蒸汽在汽轮机高压缸做功后排汽进入位于后竖井前烟道的低温再热器、再热器微量喷水减温器和水平烟道内的高温再热器。后从再热器出口集箱引出至汽轮机中压缸做功。

3-2　简述百万机组锅炉启动系统的组成。

答：锅炉采用带再循环内置式启动循环系统，由 2 个启动分离器、1 个储水罐、1 个炉水循环泵（BCP）、1 个炉水循环泵流量调节阀（360 阀）、3 个储水罐水位控制阀（361 阀）等组成。

3-3　画出火力发电厂的汽水系统流程图。

答： 见图 3-1。

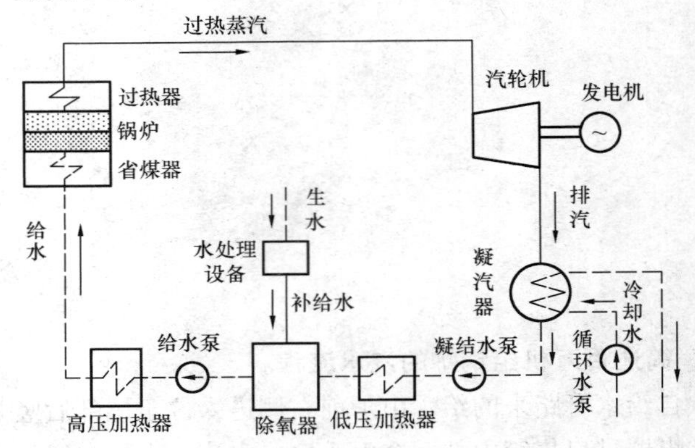

图 3-1　火力发电厂汽水系统流程图

3-4　蒸汽含杂质对机炉设备安全运行有何影响？

答： 蒸汽含杂质过多，会引起过热器受热面、汽轮机通流部分或蒸汽管道沉积盐垢。盐垢如沉积在过热器受热面管壁上，会使传热能力降低，轻则使蒸汽吸热减少，排烟温度升高，锅炉效率降低；重则使管壁超温以致烧坏。盐垢如沉积在汽轮机的通流部分，将使通流截面减小，叶片粗糙度增加，甚至改变叶片的叶型，使汽轮机阻力增大，出力和效率降低，此外还将引起叶片应力和汽轮机轴向推力增加及振动增大，造成汽轮机事故。盐垢如沉积在蒸汽管道的阀门处，可能引起阀门卡涩、动作失灵和漏汽。

3-5　水冷壁管材允许温度为 502℃，为什么水冷壁能在 1000℃以上的炉内安全运行？

答： 因为水在一定压力下加热到饱和状态后其温度就不再升高，最高为 374.15℃，并且水在流动过程中传热效果很好，因此水冷壁不会超温，如果缺水、结垢或水循环破坏，水冷壁将会很快被烧坏。

3-6 水的汽化方式有哪几种？

答：（1）蒸发：是在水的表面进行的较为缓慢的汽化过程。可以在任意温度下进行。

（2）沸腾：是在液体表面和内部同时进行的较为强烈的汽化现象。只有在液体温度达到其对应压力下的饱和温度时才会发生。例如一个大气压力下，水温达到 100℃时开始沸腾。

3-7 什么是沸点？沸腾有哪些特点？

答：在定压下，液体只有在温度升高到一定值时才开始沸腾。这一温度值称为该压力下的沸点或饱和温度。

（1）沸腾时汽液两相共存，温度相等，并均等于对应压力下的饱和温度。

（2）整个沸腾过程中，流体不断吸热，但温度始终保持饱和温度。一旦温度开始上升，则意味着沸腾过程结束，进入了过热阶段。

3-8 什么是膜态沸腾？

答：水冷壁在受热时，靠近管内壁处的工质首先开始蒸发产生大量小汽泡，正常情况下这些汽泡应能及时被带走，位于水冷壁管中心的水不断补充过来以冷却管壁。但若管外受热很强，管内壁产生汽泡的速度远大于汽泡被带走的速度，汽泡就会在管内壁聚集起来形成所谓的“蒸汽垫”，隔开水与管壁，使管壁得不到及时的冷却。这种现象称为膜态沸腾。

3-9 什么是超临界锅炉的类膜态沸腾现象？

答：水在临界压力 22.1 MPa 下加热到 374.15℃时即被全部汽化，水变成蒸汽不需要汽化潜热，即水没有蒸发现象就变成蒸汽，该温度称为临界温度，或称之为相变点温度（超临界压力为 24.5～27.5MPa 时的相变点温度为 380～410℃）。在相变点温度附近存在着一个最大比热区，在该区内工质物性发生突变：紧靠管壁的工质密度有可能比流动在管中心的工质密度小得多，即在流动截面中存在着工质的不均匀性。当受热面热负荷高到某一数值时，在紧贴壁面的地方可能造成传热恶化，这一现象称为类膜态沸腾现象。为避免这一现象，锅炉相变点区域通常设计在热负荷相对较低的地方，或提高工质的质量流速。

3-10　水蒸气的凝结有什么特点？

答：（1）一定压力下的水蒸气只有温度降低到对应压力下的饱和温度时才开始凝结。随压力的降低，饱和温度也降低；反之，则饱和温度升高。

（2）凝结的全过程中，蒸汽不断放热并凝结成水，但温度始终保持不变。

3-11　什么是水锤？水锤的危害有哪些？防止措施有哪些？

答：水锤：在压力管路中，由于液体流速地急剧变化，从而造成管中液体的压力显著、反复、迅速的变化，对管道有一种“锤击”的特征，称这种现象为水锤（或叫水击）。

危害：水锤有正水锤和负水锤危害。

（1）发生正水锤时，管道中的压力升高，可以超过管中正常压力的几十倍至几百倍，使管道产生很大的应力，同时，管道中的压力将反复变化，并引起管道和设备的振动。管道的应力升高、变化，都将造成管道、管件和设备的损坏。

（2）发生负水锤时，管道中的压力降低，也会引起管道和设备振动，如压力降得过低，可能使管中产生不利的真空，会将管道挤扁。同时，管道中的应力交递变化，对设备有不利的影响。

防止措施：为了防止水锤现象的出现，可采取增加阀门启闭时间，尽量缩短管道的长度，以及管道上装设安全阀门或空气室的方法，以限制压力突然升高的数值或压力降得太低的数值。

3-12　什么是锅炉的蒸汽品质？蒸汽中的杂质主要有哪些？

答：火力发电厂锅炉生产的蒸汽必须符合设计规定的压力和温度，蒸汽中的杂质含量也必须控制在规定的范围内。通常所说的蒸汽品质是指杂质在蒸汽中的含量，换句话说就是蒸汽的洁净程度。蒸汽中的杂质主要有：

（1）气体杂质：O_2、N_2、CO_2、NH_3 等，可能引起金属腐蚀，且 CO_2 还参与沉淀过程。

（2）非气体杂质：钠盐、硅酸等。

3-13　锅炉对给水和炉水品质有哪些要求？

答：（1）对给水品质的要求：硬度、溶解氧、pH 值、含油量、含盐量、联氨、含铜量、含铁量、电导率必须合格。

（2）对炉水品质的要求：悬浮物、总碱度、溶解氧、pH 值、磷酸根、氯根、固形物（导电度）等必须合格。

3-14　杂质在直流锅炉中的哪些区域沉淀？

答：给水中的杂质可能沉积在直流锅炉的炉管内，主要沉积在残余水分最后被蒸干及蒸汽微过热的一段管内。沉积的结束为蒸汽微过热 20～25℃处，沉积的开始点随压力的增大而前移，沉积区域也随压力的增大而扩大。

对于中间再热直流锅炉，铁的氧化物可能在再热器中沉积，因为铁的溶解度随汽温升高而降低。

3-15　简述炉水水质三级异常的规定及处理方法。

答：（1）pH 值正常值 9.2～9.4。

（2）一级异常 pH 值 9.5～10.5 或 8.5～9.0，应在 72h 内恢复正常。

（3）二级异常 pH 值 10.5～11.0 或 8.0～8.5，应在 24h 内恢复正常。

（4）三级异常 pH 值小于 8.0，应在 4h 内恢复正常。

3-16　什么是直流锅炉的中间点温度？

答：在汽包锅炉中，汽包是加热、蒸发和过热三过程的枢纽和分界点。对于直流锅炉，它的加热、蒸发和过热是一次完成的，没有明确的分界。人们人为地将其工质具有微过热度的某受热面上一点的温度（一般取自蒸发受热面出口或第一级低温过热器的出口汽温）作为衡量煤水比例是否恰当的参照点，即为所谓的中间点温度。

3-17 锅炉运行中，为什么要经常进行吹灰、排污和保证合格的汽水品质？

答：这是因为烟灰和水垢的导热系数比金属小得多，也就是说，烟灰和水垢的热阻较大。如果受热面管外积灰或管内结水垢，不但影响传热的正常运行，浪费燃料，而且还会使金属壁温升高，以致过热烧坏，危及锅炉设备安全运行。因此，在锅炉运行中，必须经常进行吹灰、排污和保证合格的汽水品质，以保证受热面管子内外壁面的清洁，利于受热面正常传热，保障锅炉机组安全运行。直流锅炉严格控制入口水质，采用单元精处理来控制水垢。

3-18 炉水循环泵有什么结构特点？

答：（1）炉水循环泵是将泵的叶轮与电动机转子装在同一主轴上，置于相互连通的密封压力壳体内，泵与电动机结合成一整体，没有泵与电动机之间连接的联轴器结构，没有轴封，这就从根本上消除了泵泄漏的可能性。

（2）炉水循环泵电动机的定子和转子用耐水耐压的绝缘导线做成绕组，浸沉在高压冷却水中，电动机运行时所产生的热量就由高压冷却水带走，并且该高压冷却水通过电动机轴承的间隙，既是轴承的润滑剂又是轴承的冷却介质。

（3）泵体与电动机是被分隔的两个腔室，存在间隙，未设密封装置，压力是可以相通的，但泵体内的炉水与电动机腔内的冷却水是两种不同的水质，两者不可混淆。

（4）由于电动机的绝缘材料是一种聚乙烯塑料，不能承受高温，温度过高绝缘性能就明显恶化，因此绕流电动机内部的高压冷却水温度必须加以限制。由于绕组与轴承的间隙极为紧密，因此高压冷却水中不得含有颗粒杂质，在高压水管路中必须设有过滤器。高压冷却水的水质要比炉水干净得多，其水温也要比炉水的温度低得多，为不带走电动机运行产生的热量和泵侧传到电动机的热量，保证电动机的安全运行，必须配有一套冷却高压水的低温冷却水系统。

3-19 简述炉水循环泵的主要结构。

答：炉水循环泵的主要结构如图 3-2 所示。

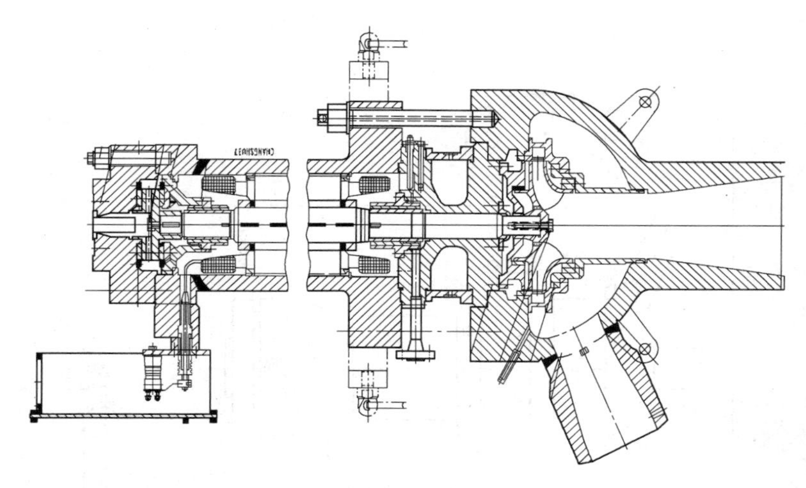

图 3-2 炉水循环泵示意图

（1）泵壳体和叶轮。泵壳为半球形的结构，特点是壁厚度较小，相应热应力较小。叶轮属于高比转数离心式，接近于混流式的单级离心式泵。叶轮出口处装有导叶使部分动能转换成压力能。

（2）轴承。在电动机上下端各装一只支承轴承，在轴的下端还装设了一只推力轴承，而泵侧不装轴承。支承轴承和推力轴承都是采用水润滑。

（3）隔热体。其作用是使泵壳中的高温炉水与电动机腔内的高压冷却水隔开，并阻止高温炉水热量通过泵壳和轴传递到电动机内。

3-20 炉水循环泵冷却水系统的作用是什么？

答：（1）使炉水循环泵电动机腔口的冷却水温度不超过 60℃。

（2）消除电动机在运转时绕组的铜损和铁损发热、转动件的摩擦生热，以及从高温的泵壳侧传来的热量。

（3）在进入每台电动机的高压冷却水管道入口装设了精细过滤器过滤杂质。在一次冷却器出口高压冷却水管路上装设了过滤器，这是较细的过滤器，用来过滤高压给水可能带来的锈蚀杂质。过滤器较脏或堵塞，都可能引起炉水循环泵电动机温度较高。

炉水循环泵冷却水系统如图 3-3 所示。

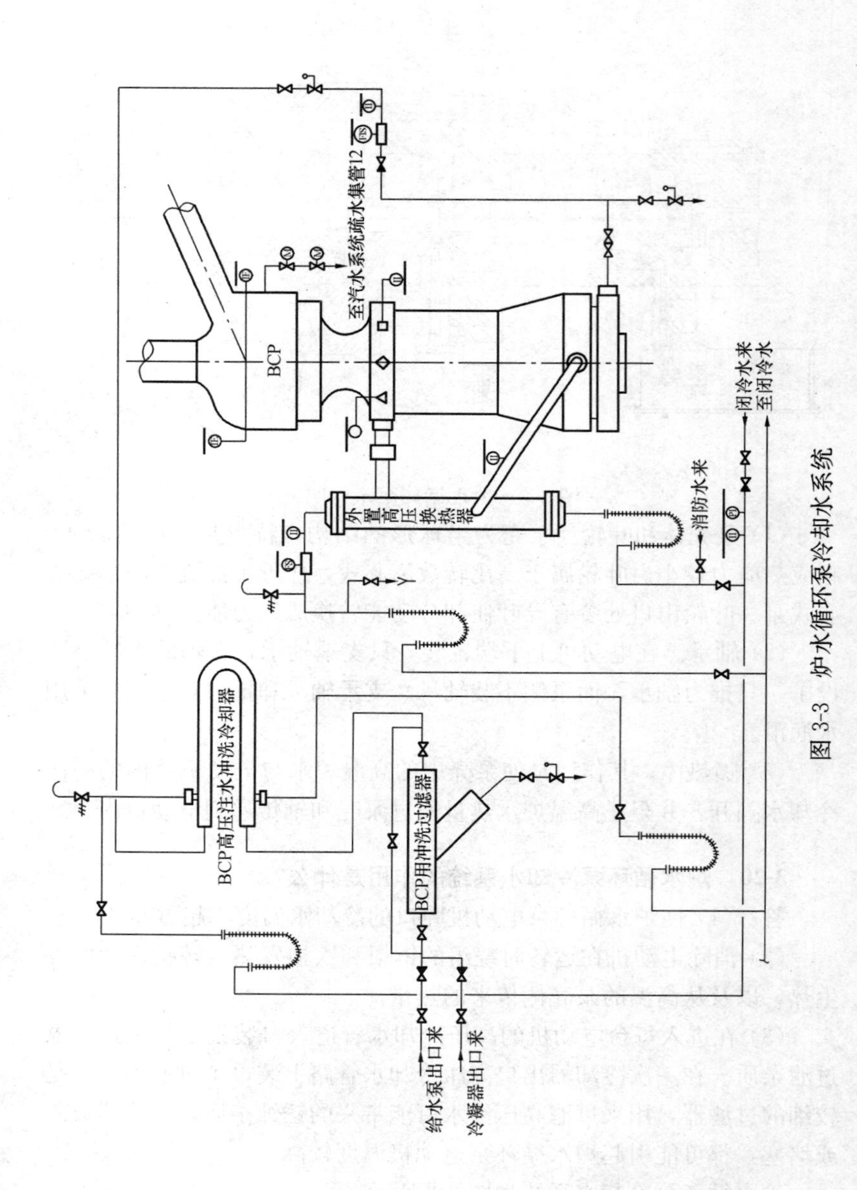

图 3-3 炉水循环泵冷却水系统

3-21　分析运行中的炉水循环泵泵中热水为何不会流到电动机内。

答：在锅炉运行中，炉水循环泵泵壳中水的压力和电动机中的压力相等，但是泵中热水不会向电动机内流动，是因为电动机内是充满水并封闭死的，电动机运行中水的压力随泵中水压力变化而变化，没有流量在泵与电动机之间产生。

3-22　炉水循环泵过冷水管道的作用是什么？

答：自省煤器入口到循环泵入口管道的冷却水连接管，流量为泵流量的1%～2%。其目的是使进入循环泵的再循环炉水有一定的过冷度，避免在循环泵的叶片上发生汽蚀现象。

3-23　简述炉水循环泵暖管、361阀暖阀管路的流程。361阀暖阀管路有何作用？

答：炉水循环泵暖管管路流程是在锅炉转入直流运行后，有少量省煤器出口炉水引至炉水循环泵出口的管道，经炉水循环泵和泵最小流量管路至储水罐；361阀暖阀管路流程是在锅炉转入直流运行后，有少量省煤器出口炉水引至361阀进口，沿管路逆流至储水罐。暖管阀水再经储水罐溢流管、溢流阀至过热器二级减温水。

作用：

(1) 使361阀及其管道处于热备用状态，防止361阀开启时造成热冲击。

(2) 使361阀前后温度一致，防止因温差大造成阀门卡涩。

3-24　炉水循环泵的辅助系统有哪些？各辅助系统的作用是什么？

答：(1) 炉水循环泵的加热系统：防止炉水循环泵受到热冲击。

(2) 炉水循环泵过冷管系统：防止在快速降负荷时，炉水循环泵进口循环水发生闪蒸。

(3) 炉水循环泵最小流量回流管路：改善炉水循环泵的调节特性及防止炉水循环泵过热。

(4) 炉水循环泵冷却水系统：控制炉水循环泵电动机部分的

水温。

(5) 炉水循环泵冲洗系统（包括高压水冲洗和低压水冲洗系统）。

1) 高压冲洗系统是为了防止炉水循环泵电动机部分的冷却水系统异常。

2) 低压冲洗系统的设置是在锅炉停止运行进行化学清洗时，防止炉水循环泵电动机进水。

3-25　炉水循环泵启动前的检查项目有哪些？

答：(1) 检查炉水循环泵电动机符合启动条件，绕组绝缘合格，接线盒封闭严密，事故按钮已释放且动作良好。

(2) 关闭出、入口门。

(3) 关闭电动机下部注水门并做好防误开措施，关闭泵出口管路放水门。

(4) 打开低压冷却水门，检查水量是否充足。

(5) 检查汽水分离器水位是否符合启动泵的条件，打开入口门给泵体灌水。

(6) 首次启动应采用点动排气法将电动机腔室内的空气排出。

3-26　炉水循环泵的运行检查及维护项目有哪些？

答：(1) 检查炉水循环泵运行稳定无异常，电流稳定，各结合面无渗漏。

(2) 高压冷却水温不大于45℃，低压冷却水量充足。

(3) 泵出入口差压正常。

(4) 电动机接线盒密封良好，无汽水侵蚀现象。

(5) 泵自由膨胀空间充足且已完全膨胀。

(6) 备用泵处于良好备用状态。

3-27　炉水循环泵运行注意事项有哪些？

答：(1) 电动机启动前必须保证电动机及高压冷却器和相应的高压管线注满合格的除盐水。

(2) 注水水质应使用清洁软化水。

(3) 注水水质氯化物应小于50×10^{-6}，pH值为7～10，电导率小于 10μS/cm，固体物质应小于 0.25×10^{-6}，水温应在 21～50℃之间，任何时候注水水温都不应低于 4℃。

(4) 炉水循环泵首次投运前，注水管道应进行彻底的冲洗，直至水质合格后，再向电动机内注水，注水流量约 5L/min。

(5) 任何时候都不能通过泵壳向电动机内注水。

(6) 注水过程可利用泵体排放管或放气阀判断注水已满，及时进行取样化验水质，有连续水流出并且化验水质合格，注水才算合格。

(7) 任何时候不能使泵在无工质状态下空运行。

(8) 炉水循环泵电动机不能长时间反转，防止推力轴承损坏。

(9) 炉水温度高时不能停止泵与电动机隔热屏的冷却水、高压冷却器低压冷却水。

(10) 锅炉化学清洗过程中，必须保证炉水循环泵连续注水。化学清洗后，在炉水冲洗完后，炉水循环泵电动机要继续清洗至少 1h。

3-28 炉水循环泵启动允许条件有哪些?

答: (1) 炉水循环泵最小流量阀开启。

(2) 储水罐压力不大于 18MPa。

(3) 储水罐水位不小于 6m [总燃料跳闸 (MFT) 复位时] 或 11.5m (MFT 后)。

(4) 炉水循环泵高压冷却器冷却水流量不小于 12.6m^3/h。

(5) 上部电动机腔体冷却水温度正常。

(6) 入口水温与泵壳体温度差不大于 20℃。

(7) 出口电动阀关闭。

3-29 炉水循环泵跳闸条件有哪些?

答: (1) 上部电动机腔体冷却水温度不低于 65℃。

(2) 储水罐水位不高于 500mm。

(3) 泵运行最小流量阀与出口阀均在关位。

3-30 锅炉储水罐压力保护及其设置目的是什么?

答: (1) 储水罐压力≤22.06MPa，防止省煤器沸腾。

(2) 储水罐压力≤18MPa，炉水循环泵启动条件。

(3) 储水罐压力≥981kPa，连锁关闭所有锅炉疏水、排气阀。

(4) 储水罐压力≤686kPa，连锁开启所有锅炉疏水、排气阀。

3-31 直流锅炉启动循环系统主要功能及组成分别是什么？

答：锅炉启动系统是直流锅炉特有的辅助系统，其主要功能是：在锅炉启动、停炉和最低直流负荷以下运行期间避免过热器进水，为水冷壁的安全运行提供足够高的工质质量流速和尽可能回收工质及其所含的热量，使启动更容易。

直流锅炉启动循环系统由汽水分离系统和热量回收系统两部分组成。现代变压运行超临界直流锅炉一般都采用内置式分离器启动系统。在最低直流负荷以下，分离器呈湿态运行，在最低直流负荷以上转为干态运行，此时汽水分离器仅作为蒸汽通道使用。

作为内置式分离器启动系统，依据疏水能量回收方式的不同，可以分成三种：大气扩容器、启动疏水热交换器和炉水循环泵方式。国内现有的超临界直流锅炉，大都采用大气扩容器式启动系统，主要由启动分离器、大气式扩容器和疏水控制阀等组成。

3-32 对带炉水循环泵的汽水系统，其汽水分离器储水罐水位如何控制？

答：(1) 在锅炉冷启动进行冷态清洗时，由 361 阀控制汽水分离器储水罐水位（见图 3-4）。炉水通过 361 阀排出系统外，当水质达到一定要求后，炉水通过 361 阀到冷凝器，达到控制汽水分离器水位平衡的目的。

(2) 在升温升压后，炉水循环要求的最低流量主要通过炉水循环泵 360 阀（见图 3-5）和锅炉给水泵相互协调配合来满足要求，此时 361 阀做旁路使用，主要作用仍然是控制汽水分离器储水罐水位，直到锅炉进入直流运行状态，即炉水循环泵停运，360 阀、361 阀关闭，锅炉进入滑压运行状态。如图 3-6 所示。

(3) 锅炉在由干态运行转变为湿态运行时，通过控制 361 阀及炉水循环泵来达到循环运行，此时储水罐水位通过汽水分离器出口的压力进行控制。随后的控制由锅炉给水泵和炉水循环泵进行协调配合来满足运行要求。

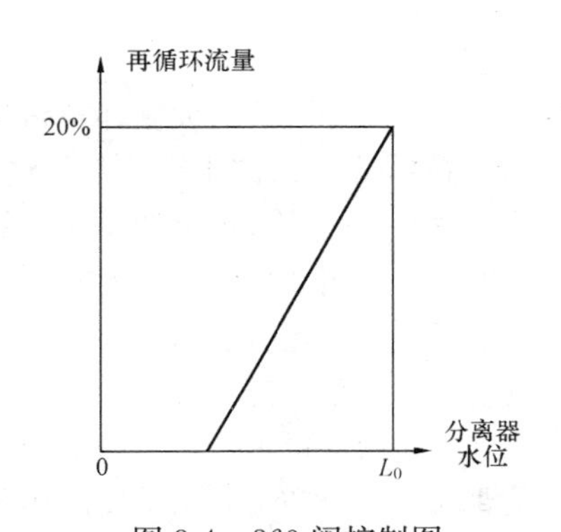

图 3-4 360 阀控制图

L_0—低水位

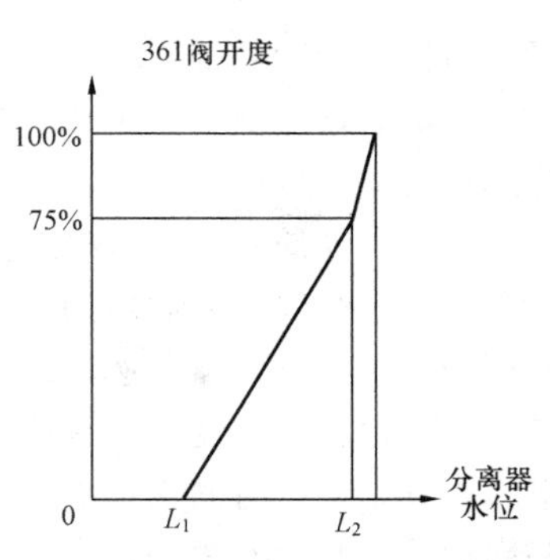

图 3-5 361 阀开度控制图

L_1—中水位；L_2—高水位

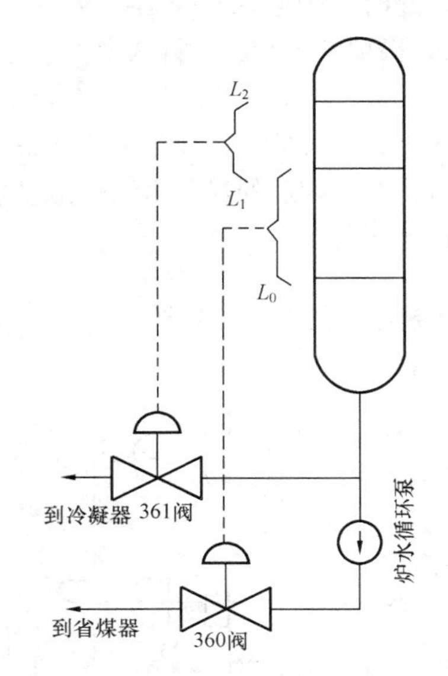

图 3-6 炉水循环泵启动系统简图

L_0—低水位；L_1—中水位；L_2—高水位

3-33 锅炉带炉水循环泵的启动循环系统如何操作？

答：带炉水循环泵的启动循环系统由大循环回路和小循环回路组成。大循环回路由汽水分离器、分离器储水罐和储水罐水位控制阀（361 阀）组成。小循环回路由汽水分离器、分离器储水罐、炉水循环泵（包括其辅助系统）和 360 阀组成。

在锅炉启动工况下，由分离器到 361 阀到冷凝器的大循环管路是在冷启动时供水再循环和启动过渡阶段控制分离器储水罐水位用的。在冷启动时，锅炉先要进行冷态清洗，清洗后的炉水通过 361 阀后的排污管排出系统外，水质达到一定要求后，关闭 361 出口排污阀，炉水通过 361 阀到冷凝器，达到锅炉供水再循环；此时启动循环泵，锅炉点火，进行热态清洗，通过炉水质量来确定是否升温升压。在达到要求后，升温升压时的锅炉水循环要求的最低流量主要通过炉水循环泵和锅炉给水泵相互协调配合来满足要求。此时 361 旁路主要用作分离器储水罐水位控制。在汽水分离器进口的水全部变为蒸汽时，汽水分离器为干态运行，此时锅炉进入直流运行状态，炉水循环泵停运，360 阀、361 阀关闭，锅炉进入滑压运行状态。

在停炉、快速降负荷或 MFT 工况下，在锅炉由直流运行转变为循环运行时，启动 361 旁路及炉水循环泵来达到循环，此时由分离器出口的压力参数进行控制。随后的操作由锅炉给水泵和炉水循环泵进行协调配合来满足运行要求。

3-34　炉水循环泵停运的条件是什么？

答：如图 3-7 所示。

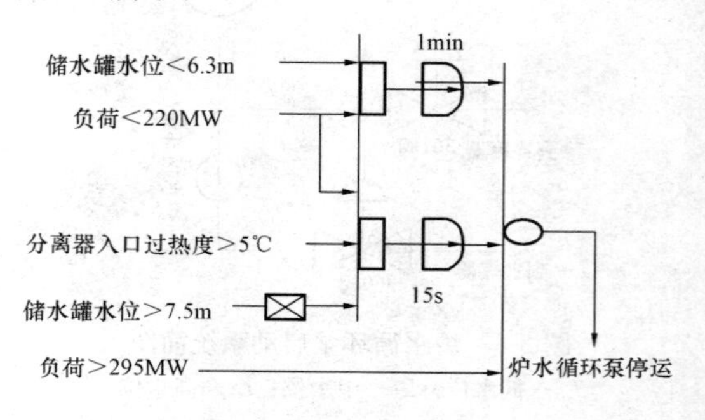

图 3-7　炉水循环泵停运条件示意图

3-35　百万千瓦机组若炉水循环泵故障时，锅炉启动有什么特征？

答：由实际启动可以看出：采用无炉水循环泵启动有几个明显

特征：

（1）启动初期产生蒸汽量较少，高压旁路一直保持在较小开度，需要维持较低给水流量才能产生一定品质的蒸汽，满足冲转要求。此次冲转选取蒸汽压力5.7MPa，蒸汽温度450℃，对应给水流量640t/h。

（2）启动初期为了控制锅炉汽温；需要喷入减温水，但由于启动初期受热面阻力较小导致减温水压头不足，无法喷水，在并网前一直维持在0.4MPa以内，对应减温水量很小，汽温升得较快，比较难控制，并网带上负荷后有所好转。

（3）壁温情况较为良好，只是后竖井左侧及顶棚部分位置存在壁温偏高，但未超过壁温考核值。这主要与百万机组炉膛较宽有关，锅炉升温升压至冲转前，由于给水量、蒸汽量较低导致部分管内介质分配不均，同时低燃料量燃烧在宽炉膛内烟气热量左右墙存在偏差，导致部分管壁温度偏高，在机组并网后明显好转。

（4）胀差。在启动、停止和甩负荷的特殊工况下，若胀差的监视控制不好，则往往是限制机组启动速度的主要因素，甚至造成威胁设备安全的严重后果。因此，胀差是大型机组启、停时的关键性控制指标。

3-36　百万千瓦机组无炉水循环泵启动时汽温、壁温、胀差等关键参数如何控制？

答：锅炉没有炉水循环泵启动时，汽温、壁温会较高，汽轮机冷态启动时，胀差控制难度加大，结合实践，以作参考。

汽温控制：

（1）控制较低的给水流量至21%锅炉最大连续蒸发量（B-MCR）左右。

（2）尽量提高给水温度，越高越好，高压加热器随机启动。

（3）控制锅炉总风量，控制在35%B-MCR，若汽温还是偏高，还可降低总风量，但要大于30%B-MCR。

（4）注意燃料的投入量，密切观察主汽温度变化趋势，避免主汽参数上升过快。

(5) 注意沿炉膛宽度热负荷的均匀性，做好一次风调平工作，同层燃烧器热态下出力相差不应超过±5%。

(6) 在启动初期尽量通过燃烧来控制汽温，若投减温水要注意减温水量，防止因为启动阶段过热蒸汽过热度较小，造成过热蒸汽带水。

(7) 若主蒸汽温度还是偏高，可考虑适当降低汽轮机冲转点压力。

(8) 运行中重点监视主蒸汽温度和受热面壁温，防止出现超温现象。

壁温控制：通常壁温监视、控制一是确保壁温不超温，二是确保壁温偏差不超限。主要通过以下手段：

(1) 燃料投入量控制。维持较低的最佳煤量，既保证产生足够的蒸汽量，又要确保蒸汽温度不能太高。

(2) 热负荷、炉内空气动力场分布控制。通过调整配风、风量以控制炉内热负荷的均匀性。

(3) 过、再热器烟气挡板控制。由于再热器允许干烧，为控制过热汽温，通常将挡板大部分偏向再热器。

胀差控制：由于汽轮机轴封和动静叶之间的轴向间隙都设计得很小，在汽轮机启动过程中，如果胀差过大超过允许值时，就会使动静部分产生摩擦、碰撞，引起机组强烈振动，甚至造成叶片断裂等严重事故。机组在启动时，正胀差的增大主要受以下几个因素影响：

(1) 由于没有炉水循环泵启动锅炉，对汽温影响较大，汽温偏高，且 T 上升较快，则正胀差升高，所以尽可能地低压低温冲转。

(2) 轴封供汽温度。冷态开机，ΔT（蒸汽与金属）越大，局部正胀差越大。

(3) 高压旁路阀手动控制，冲转前保持高压旁路阀较大开度，减温水全开，确保主汽温不过快上涨。

(4) 暖机时间控制，基于高、中压进汽室蒸汽和金属温度的不匹配量，合理地中速暖机和低负荷暖机。通过暖机，使高、中压缸充分膨胀，降低正胀差。

3-37 百万千瓦机组启动有无炉水循环泵的区别是什么？

答：（1）有无炉水循环泵启动，最大的区别就是有部分热量能否回收。未带炉水循环泵系统在启动中炉水带走大量热量，而带炉水循环泵启动系统，则没有这部分热损失，在相同燃料输入下，前者产生的蒸汽量就少，而直流锅炉的很大特点就是燃料和给水量的匹配。因此，未带炉水循环泵启动系统在启动过程中面临的最大问题就是启动初期汽温偏高。

（2）为了保证锅炉水冷壁的安全，有炉水循环泵可以节约燃料、工质，又能更好地控制主蒸汽温度。无炉水循环泵则要注意汽温控制，工质和热量损失增大在所难免。

（3）根据超临界锅炉启动过程中取得的经验，不带炉水循环泵启动时，原设计的冷态启动参数很难达到。压力从 8.5～9MPa 降低到了 5.5～6MPa，且最低直流负荷也从 25％B-MCR 降低到了 21％B-MCR，才能够满足汽轮机冲转的要求。

（4）从火力发电厂超超临界锅炉不带炉水循环泵启动的实际运行结果来看，当最低直流负荷从 758t/h（25％B-MCR），降低到 500～650t/h（17％～21％B-MCR）时，主蒸汽温度的在启动初期还是能控制在 400℃左右，蒸汽参数品质满足汽轮机冲转要求。

（5）从带炉水循环泵的启动方式来看，锅炉参数能够比较好地满足汽轮机冲转参数的要求，汽温和压力匹配比较理想。对于不带炉水循环泵的启动方式，则需要对最低直流负荷进行调整，以满足参数匹配的要求。

3-38 过热器减温水调门前电动门盘根泄漏如何进行隔离处理？平时如何预防？

答：隔离处理：

（1）申请退出制动负荷控制系统（AGC），适当降低负荷，保证炉内热负荷适当降低，一般上层磨煤机停运为宜，最好后半夜较低负荷进行。

（2）调整锅炉中间点温度，控制二级减温水调门基本全关，不用喷水，保证一级减温水喷水开度合适，30％～50％为宜，不能太大，但也不能全关，要防止主蒸汽温度高时有调节裕度，同时也防止主蒸汽温度低。

(3) 依次关闭过热器二级减温水调门前、后电动门，确保电动门基本能隔离死，并利用放水门泄压。

(4) 维持主蒸汽温度、过热度、屏式过热器出口蒸汽温度、负荷稳定，一旦主蒸汽温度出现异常，如低汽温，立即手动干预。

预防：

对于锅炉过、再热器减温水电动门盘根多次出现外漏情况，为确保不因减温水电动门漏汽无法隔离，可以做如下预防措施：

(1) 原则上减温水靠调门调节，调门关闭完且内漏时可以关闭减温水电动门。

(2) 平时需关闭过热器一、二级减温水电动门时，可以关闭调门前电动门，调门后电动门和减温水电动总门不要频繁操作，调门前电动门内漏要及时处理。

(3) 平时需关闭再热器减温水电动门时，可以关闭减温水总门，调门后电动门不要频繁操作。

3-39 过热器一级减温水电动总门盘根泄漏如何隔离处理？平时如何预防？

答：隔离处理：

(1) 申请退出AGC，机组负荷必须降到位，并保证锅炉燃烧稳定，一般降低至450～550MW为宜。

(2) 调整锅炉中间点温度，降低过热度运行，控制一、二级减温水调门基本全关，不用喷水，但要防止主蒸汽温度低引起跳机。

(3) 依次关闭过热器一、二级减温水调门前、后电动门，观察主蒸汽温度可控时，利用放水门泄压。

(4) 维持主蒸汽温度、过热度、屏式过热器出口蒸汽温度、负荷稳定，一旦主蒸汽温度出现异常，如低汽温，立即手动干预。

预防：

对于锅炉过、再热器减温水电动总门盘根多次出现外漏情况，为确保不因减温水电动总门漏汽无法隔离，特规定：

（1）原则上减温水靠调门调节，调门关闭完且内漏时可以关闭减温水电动门。

（2）平时需关闭过热器一、二级减温水电动门时，可以关闭调门前电动门，调门后电动门和减温水电动总门不要频繁操作。调门前电动门内漏要及时处理。

（3）平时需关闭再热器减温水电动门时，可以关闭减温水总门，调门后电动门不要频繁操作。

（4）过热器一级、二级减温水电动总门不要频繁操作，除特殊情况外。

3-40 锅炉煤水比中间点温度过热度设定值(SP)的影响因素有哪些？

答：（1）负荷指令：基本指令。

（2）一级减温水开度修改：维持最佳喷水量。

（3）高温过热器出口偏差：确保主蒸汽温度稳定。

（4）过热度偏差：调整偏差。

3-41 什么原因会导致主蒸汽温度低？运行过程中如何防止低汽温？

答：影响低汽温因素：

（1）正常运行工况：变负荷过快、煤水比失调、减温喷水调节不正常、煤质差、磨煤机堵煤、低负荷燃烧不良、炉膛吹灰、一次风压低导致煤粉输送差。

（2）启机、停机工况：手动控制失误、喷水过量、滑参数降温过快、水冲击等。

低汽温的预防：

（1）优化配煤。

（2）燃烧调整。

（3）煤水比匹配。

（4）减温水适度。

（5）判断磨煤机工况。

（6）暂停吹灰。

（7）防止水冲击。

3-42 简述锅炉主蒸汽温度过低事故的原因、处理方案与安全措施。

答: 原因:

(1) 减温水系统或蒸汽温度自动调节装置故障使减温水量不正常地增加。

(2) 燃烧调整不当，锅炉煤、风、水比例失调。

(3) 给煤量不正常地减少。

(4) 蒸汽压力大幅度下降，过热器积灰或结渣严重。

(5) 负荷增加过快或安全阀误动。

处理方案:

(1) 调整燃烧，确保煤水比正常。

(2) 设法提高火焰中心高度。

(3) 减温水自动调节改为手动调节，关小减温水。

(4) 加强受热面吹灰。

安全措施:

(1) 蒸汽温度低至限额，造成汽轮机事故停机时，应打开对空排汽阀，迅速降低负荷，投油维持运行，消除故障后，重新启动汽轮机。

(2) 严格按照运行操作规程处理。

(3) 处理完毕，及时汇报，并做好记录。

3-43 锅炉启动压力、启动流量选择的原因和目的是什么？各种启机工况下汽轮机冲转参数选择基于什么目的?

答: 启动压力: 启动压力能够保证在较低压力时，水冷壁内不发生汽化，使水冷壁内的工质流动始终稳定，此期间通过限制旁路开度来实现。

启动流量: 启动流量可确保直流锅炉水冷壁在启动时的冷却。该流量应一直保持到相应负荷，启动流量的选择，由水冷壁安全质量流速来决定。启动流量一般为25%～30%MCR给水流量，点火前由给水泵建立启动流量。

建立启动流量和压力的目的是: ①点火后冷却受热面; ②保证水

动力的稳定性，防止产生脉动现象；③防止垂直上升管屏发生工质停滞、倒流现象。

冲转参数：选择的目的是保证汽轮机金属物温度的匹配性，更好地控制汽轮机蒸汽流量，有利于胀差、膨胀的控制。

3-44 机组冷态启动过程中，过、再热汽温如何控制？

答：（1）过热汽温控制。

1）燃料量增加，开大旁路，过热汽温升高，反之降低。

2）开大360阀加大炉水循环量，减少锅炉上水量，增加蒸发量，可降低汽温，反之升高。

3）启动上层磨煤机提高汽温，反之降低。

4）增大总风量，过热汽温升高，反之降低。

5）用少量减温水来控制过热汽温偏高。

6）转干态后主要由煤水比控制汽温。

（2）再热汽温控制。

1）用烟气挡板控制再热汽温。

2）启动上层磨煤机或点上层油枪，提高汽温，反之降低。

3）增大总风量提高再热汽温，反之降低。

3-45 主蒸汽压力异常升高如何处理？

答：（1）判断是内扰还是外扰。

（2）若是外扰应根据情况决定减小锅炉出力或开大汽轮机调门。

（3）若是内扰应减弱燃烧将汽压控制至正常。

（4）若压力超过规定值应开启PCV阀或高压旁路阀进行控制。

3-46 简述炉水循环泵汽化的原因、处理和预防方法。

答：原因：给水中断，蒸发系统压力急剧下降，汽水分离器水位太低，过冷水水门关闭。

处理和预防方法：

1）均衡锅炉给水，防止给水流量大幅度增减或中断。

2）锅炉灭火时，汽轮机的调速汽门应迅速关闭，防止蒸发系统压力迅速下降。

3）密切监视并严格控制汽水分离器水位，防止水位大幅度降低。

4）开启炉水循环泵过冷管路供水，密切监视炉水循环泵入口温度，维持入口水温度低于对应压力下饱和温度5℃以上。

5）发现炉水循环泵入口水温上升时，应加大循环流量，使泵入口水温下降。

6）发现炉水循环泵汽化时，应立即停止泵的运行，以防设备损坏。

第四章

风 烟 系 统

4-1　引起泵与风机振动的原因有哪些？

答：（1）泵因汽蚀引起的振动。

（2）轴流风机因失速引起的振动。

（3）转动部分不平衡引起的振动。

（4）转动各部件连接中心不重合引起的振动。

（5）联轴器螺栓间距精度不高引起的振动。

（6）固体摩擦引起的振动。

（7）平衡盘引起的振动。

（8）泵座基础不好引起的振动。

（9）由驱动设备引起的振动。

4-2　离心式风机启动前应注意什么？

答：（1）关闭进风调节挡板。

（2）检查轴承润滑油是否完好。

（3）检查冷却水管的供水情况。

（4）检查联轴器是否完好。

（5）检查电气线路及仪表是否正确。

4-3　风机启动主要有哪几个步骤？

答：（1）具有润滑油系统的风机应首先启动润滑油泵，并调整油压、油量正常。

（2）采用液压联轴器调整风量的风机，应启动辅助油泵对各级齿轮和轴承进行供油。

（3）启动轴承冷却风机。

（4）关闭出入口挡板或将动叶调零，保持风机空载启动。

（5）启动风机，注意电流回摆时间。

（6）电流正常后，调整出力至满足要求。

4-4　离心式风机投入运行后应注意哪些问题？

答：（1）风机安装后试运转时，先将风机启动1～2h，停机检查轴承及其他设备有无松动情况，待处理后再运转6～8h，风机大修后分部试运不少于30min，如情况正常可交付使用。

（2）风机启动后，应检查电动机运转情况，发现有强烈噪声及剧烈振动时，应停车检查原因并予以消除。启动正常后，风机逐渐开大进风调节挡板。

（3）运行中应注意轴承润滑、冷却情况及温度的高低。

（4）不允许长时间超电流运行。

（5）注意运行中的振动、噪声及敲击声音。

（6）发生强烈振动和噪声，振幅超过允许值时，应立即停机检查。

4-5　一般火力发电厂送风机、引风机、一次风机的风机和电动机都采用何种润滑冷却方式？

答：（1）送风机。风机：润滑油强油润滑冷却。电动机：油脂润滑冷却。

（2）引风机。风机：油脂润滑，冷却风机风冷。电动机：润滑油强油润滑冷却。

（3）一次风机。风机：润滑油强油润滑冷却。电动机：润滑油强油润滑冷却。

4-6　轴承油位过高或过低有什么危害？

答：（1）油位过高时，会使油循环运动阻力增大、打滑或停脱，油分子的相互摩擦会使轴承温度过高，还会增大间隙处的漏油量。

（2）油位过低时，会使轴承的滚珠和油环带不起油来，使轴承得不到润滑从而使温度升高，把轴承烧坏。

4-7 最佳过量空气系数如何确定？

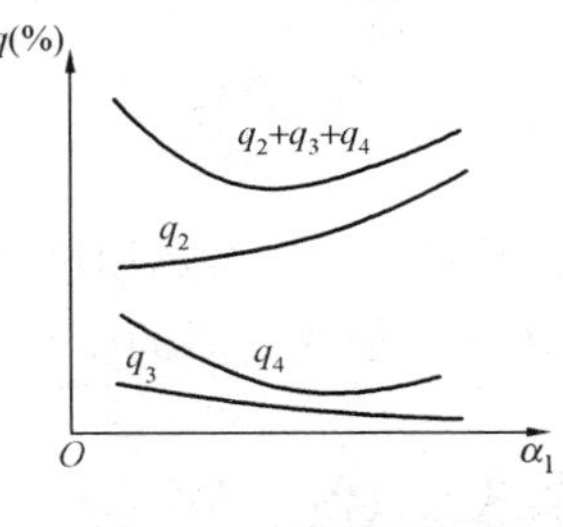

图 4-1 最佳过量空气系数的确定

答：过量空气系数小，常会引起化学不完全燃烧热损失和机械不完全燃烧热损失增大，而过量空气系数大，又会使排烟热损失增大。所以，最佳过量空气系数应使排烟热损失、化学和机械不完全燃烧热损失之和最小，这可依实验曲线求得，如图 4-1 所示，q_2—排烟热损失，q_3—化学不完全燃烧热损失，q_4—机械不完全燃烧热损失。

$q_2+q_3+q_4$ 对应的曲线最小值对应的 α_1 为最佳过量空气系数。

4-8 影响排烟热损失有哪些主要因素？如何降低排烟热损失？

答：影响排烟热损失的主要因素是排烟量和排烟温度。

降低排烟热损失的主要措施有：

（1）适当的过量空气系数。

（2）减少炉膛漏风。

（3）防止受热面结渣、积灰。

（4）防止受热面结垢。

（5）做好锅炉燃烧调整。

（6）保持尽可能低的排烟温度。

（7）调整煤种，降低煤中水分。

4-9 风量调节中，风量信号要经过哪些补偿才准确？

答：风量信号要经过风温补偿信号、氧量补偿信号等才准确。

4-10 炉膛负压调节中送风前馈信号有什么实际意义？

答：炉膛负压调节以送风作为前馈信号，是为了在送风机挡板信号改变时，同步调节引风机挡板，防止因送风量变化而使炉膛负压产生较大波动。

4-11 热风再循环的作用是什么？

答：（1）提高空气预热器入口风温。

（2）降低低温腐蚀。

4-12 简述空气预热器的作用和分类。

答：空气预热器安装于锅炉尾部烟道，是利用烟气余热加热炉内燃烧所必需的空气，以及制粉系统所需的送粉或加热介质的受热面，它可以降低排烟温度，提高锅炉效率。

空气预热器分为管式空气预热器和回转式空气预热器两大类。

4-13 简述回转式空气预热器常见的问题。

答：回转式空气预热器常见的问题有漏风、积灰和低温腐蚀。漏风大时，影响锅炉效率，排烟温度每降低20℃，锅炉效率可提高1%。

（1）回转式空气预热器的漏风主要有密封（轴向、径向和旁路密封）漏风和风壳漏风。

（2）积灰是烟气中灰量大或未及时吹灰，烟气中灰积聚在换热面上。

（3）回转式空气预热器的低温腐蚀是由于烟气中的水蒸气与硫燃烧后生成的三氧化硫结合成硫酸蒸汽进入空气预热器时，与温度较低的受热面金属接触，并可能产生凝结而对金属壁面造成腐蚀。

4-14 简述影响空气预热器低温腐蚀的因素和预防措施。

答：影响空气预热器低温腐蚀的因素主要有：烟气中三氧化硫的形成、烟气露点、硫酸浓度和凝结酸量、受热面金属温度。

减轻和防止空气预热器低温腐蚀的措施有：提高空气预热器金属壁面温度；采用热管式空气预热器；使用耐腐蚀材料；采用低氧燃烧方式；降低露点或采用抑制腐蚀的添加剂；对燃料进行脱硫。

4-15　回转式空气预热器的密封部位有哪些？什么部位的漏风量最大？

答： 回转式空气预热器的密封部位有径向、轴向、旁路密封，其中径向漏风量最大。

4-16　风机运行中发生哪些异常情况应加强监视？

答：（1）风机突然发生振动、窜轴或有摩擦声，并有所增大时。

（2）轴承温度升高，没有查明原因时。

（3）轴瓦冷却水中断或水量过小时。

（4）风机室内有异常声音，原因不明时。

（5）电动机温度升高或有异声时。

（6）并联或串联风机运行其中一台停运，对运行风机应加强监视。

4-17　风机喘振有什么现象？

答： 运行中风机发生喘振时，风量、风压周期性的反复，并在较大的范围内变化，风机本身产生强烈的振动，发出强大的噪声。

4-18　风机运行中常见故障有哪些？

答： 风机的种类、工作条件不同，所发生的故障也不尽相同，但概括起来一般有以下几种故障：

（1）风机电流不正常地增大或减小，或摆动大。

（2）风机的风压、风量不正常变化，忽大忽小。

（3）机械产生严重摩擦、振动撞击等异常响声，地脚螺丝断裂，台板产生裂纹。

（4）轴承温度不正常升高。

（5）润滑油流出、变质或有焦味，冒烟，冷却水回水温度不正常升高。

（6）电动机温度不正常升高、冒烟或有焦味、电源开关跳闸等。

4-19　引风机启动前应进行哪些检查？

答：（1）电动机及风机的轴承接地线、电源线地脚螺丝是否完好。

（2）风机及本体工作票退走，且周围无杂物和闲杂人员。

（3）润滑油和调油油箱油位正常，油管及压力表完好。

（4）润滑油和调油油箱油泵正常。

（5）风道正常且风门挡板关闭，动叶在最小位置。

（6）振动表、风压表、电流表齐全。

4-20　简述引风机启动注意事项。

答：（1）确认引风机电源已送上，有关挡板、电动机油系统、静叶执行机构电源已送上。

（2）检查引风机电动机润滑油站已符合启动要求，并启动一台润滑油泵，备用油泵投入自动，油箱电加热器投入自动。

（3）检查引风机轴承冷却风机已符合启动要求。

（4）检查引风机启动条件满足烟风路畅通、没有跳闸等条件。

（5）启动引风机，确认引风机启动正常。

（6）确认引风机入口挡板打开，若入口挡板在 90s 内没能全开，应立即停止引风机运行。

（7）调节引风机入口静叶，使炉膛负压保持在－100Pa 左右，将静叶调节投自动。

4-21　简述引风机正常运行需要检查维护的项目。

答：（1）定期检查轴承振动、温度正常。

（2）定期检查油站运行情况：油位、油压、油温和润滑油量正常。油泵要定期切换。

（3）并列运行中的两台引风机，无论手操或自动，应保持电流、静叶开度相接近。

（4）在炉前油系统彻底解列前，不得停运引风机。

4-22　停运风机时怎样操作？

答：（1）关闭出入口挡板或将动叶调零，将风机出力减至最小。

（2）停止风机运行。

（3）辅助油泵为了冷却液压联轴器设备，应继续运行一段时间后停运。

（4）停止冷却风机和强制油循环油泵。

4-23 简述引风机停运的操作注意事项。

答：（1）入口静叶关闭才允许停运引风机。

（2）停运前注意相应侧送风机是否解除连锁。

（3）两台引风机并联运行，停用其中一台的操作顺序：

1）适当降低机组负荷，调整风量适当。

2）解除引风机自动，逐渐关闭将停运引风机静叶，开大另一台引风机静叶，根据风量带负荷。在将停引风机静叶全关后，停止引风机运行，关闭引风机入口烟气挡板，根据需要决定是否关闭引风机出口挡板，引风机停运 2h 后停运引风机轴承冷却风机。

3）如停用引风机作备用，应保持电动机润滑油系统正常运行。

4）如停用引风机检修，根据需要停用电动机润滑油系统，并切断油箱加热装置。

（4）单风机运行，需停止时，关闭引风机入口静叶，停止引风机运行，关闭引风机入口烟气挡板，根据需要决定是否关闭引风机出口挡板，引风机停运 2h 后停运引风机轴承冷却风机。

4-24 简述送风机启动注意事项。

答：（1）执行启动前的检查，有关电源已送上。

（2）检查送风机和电动机润滑油站已符合启动要求，并启动一台润滑油泵与调节油泵，油箱电加热器投入自动。

（3）检查送风机启动条件满足：风道阀门状态正确、没有跳闸条件。

（4）启动送风机，确认送风机启动正常。

（5）确认送风机出口挡板打开。

（6）若是第二台送风机启动，这时要注意送风机出口联络门是否为自动打开，若为连锁打开，注意联络门打开时，由于空气预热器漏风的影响，使送风母管压力突降引起锅炉火焰的闪烁，严重时锅炉失去火检而 MFT，最好的做法就是取消自动打开逻辑。

（7）调节送风机入口动叶，使锅炉风量在 30％～40％MCR 之间。

（8）采用顺控启动送风机时，要确认“允许顺控启动送风机的条件”满足。

4-25　简述送风机正常运行中的检查维护项目。

答：（1）调节送风机负荷时，两台送风机的负荷偏差不应过大，防止送风机进入不稳定工况运行。

（2）定期切换送风机油站油泵运行，发现送风机油站油位低时，及时联系加油。

（3）当油系统滤网差压大于或等于 0.35 MPa 时，及时切换至备用滤网运行，通知维护人员清理。

（4）并列运行中的两台引风机，无论手操或自动，应保持电流、开度相接近。

（5）及时分析入口消声器是否有脱落情况。

4-26　简述送风机停运操作顺序。

答：（1）两台送风机并联运行，停用其中一台的操作顺序：

1）适当降低机组负荷，调整风量适当，根据风量带负荷。

2）关闭送风机出口联络挡板。

3）解除送风机自动，逐渐关闭将停运送风机动叶，开大另一台送风机动叶，动叶关到位后关闭相应送风机出口挡板，停止运行送风机，根据需要开启联络风门。

4）如停用送风机作备用，应保持润滑油系统正常运行。

5）如停用送风机检修，根据需要停用其润滑油系统，动叶执行机构停电，并切断油箱加热装置。

（2）单风机运行需停止时，将动叶逐渐关闭后，手动关闭送风机出口挡板，停止送风机运行。

4-27　简述一次风机启动操作注意事项。

答：（1）执行启动前的检查，确认有关电源已送上。

（2）检查一次风机和电动机润滑油站已符合启动要求，并启动一台润滑油泵与调节油泵，油箱电加热器投入自动。

（3）检查一次风机满足启动条件，没有跳闸，风门挡板状态正确。

(4) 启动一次风机，确认一次风机启动正常。

(5) 确认一次风机出口挡板打开。

(6) 调节一次风机入口动叶，使一次风压保持在10.0kPa左右。

(7) 顺控启动一次风机时，要确认“允许顺控启动一次风机的条件”满足。

4-28 简述一次风机正常运行中检查维护的项目。

答：(1) 调节一次风机负荷时，两台一次风机的负荷偏差不应过大，防止一次风机进入不稳定工况运行。

(2) 定期切换一次风机及其电动机油站油泵运行。

(3) 正常运行中，要检查油泵出口油压、油温正常。

(4) 当油系统滤网差压大于或等于0.35 MPa时，及时切换至备用滤网运行，通知维护人员清理。

(5) 发现一次风机油站油位低时，及时联系加油。

4-29 简述一次风机停运操作的允许条件和在不同情况下的停运顺序。

答：一般情况下，停用一次风机有其允许条件：

(1) 对侧一次风机运行，且投运磨煤机小于3台，一次风母管压力不低。

(2) 无磨煤机运行。

两台风机并联运行，停用其中一台的操作顺序：

(1) 适当降低机组负荷（投运磨组小于3台），调整风量适当，符合风机停运条件。

(2) 解除风机自动，逐渐关闭将停运风机动叶，开大另一台风机动叶，根据风量带负荷。在将停风机动叶关到位后，手动关闭风机出口挡板，停止风机运行。

(3) 如停用风机作备用，应保持润滑油系统正常运行。

(4) 如停用风机检修，根据需要停用其润滑油系统，并切断油箱加热装置，动叶执行机构停电。

单风机运行，需停止时，将动叶逐渐关闭，手动关闭一次风机出口风门，停止一次风机运行。

4-30 引风机连锁保护内容有哪些?

答: 见表 4-1。

表 4-1 引风机连锁保护

序号	保护内容	备注
1	引风机启动后 60s 内入口烟气挡板全关	
2	风机轴承温度≥100℃	延时 5s
3	电动机轴承温度≥80℃	延时 5s
4	本侧空气预热器跳闸（主电动机、气动马达均跳闸或空气预热器停转）	延时 5min
5	同侧送风机跳闸且两台引风机运行（两台送风机同时跳闸，保留 A 引风机）	
6	两台电动机油泵全停	延时 10s
7	锅炉 MFT 后吹扫 5min 且炉膛压力≤－3kPa	延时 10s
8	引风机轴承振动大（X 向振动跳机值与 Y 向报警值）或（Y 向振动跳机值与 X 向报警值）报警值≥4.6mm/s，跳闸值≥7.1mm/s	延时 5s
9	两台轴承冷却风机均不运行	延时 10s

4-31 送风机连锁保护内容有哪些?

答: 见表 4-2。

表 4-2 送风机连锁保护

序号	保护内容	备注
1	风机轴承温度≥90℃	延时 5s
2	电动机轴承温度≥80℃	延时 5s
3	送风机启动后 90s 内出口挡板全未开	
4	本侧引风机跳闸	
5	电动机油压低低延时 10s	逻辑未做
6	风机油站两台油泵均停运	延时 10s

续表

序号	保 护 内 容	备 注
7	送风机轴承振动大（X 向振动跳机值与 Y 向报警值）或（Y 向振动跳机值与 X 向报警值）报警值≥6.3mm/s，跳闸值≥10mm/s	延时 10s
8	锅炉 MFT 后吹扫 5min 且炉膛压力高于 3.25kPa	逻辑未做
9	本侧空气预热器跳闸（主电动机、气动马达均跳闸或空气预热器停转）	延时 30s

4-32 一次风机连锁保护内容有哪些？

答：见表 4-3。

表 4-3　一次风机连锁保护

序号	保 护 内 容	备 注
1	锅炉 MFT	
2	两台送风机全停	
3	两台引风机全停	
4	风机轴承温度≥90℃	延时 5s
5	电动机轴承温度≥80℃	延时 5s
6	电动机油压低	延时 5s
7	风机油站两台油泵均停运	
8	风机启动后 90s 内出口挡板未开	
9	一次风机轴承振动大（X 向振动跳机值与 Y 向报警值）或（Y 向振动跳机值与 X 向报警值）报警值≥6.3mm/s，跳闸值≥11mm/s	延时 5s

4-33 单台引风机跳闸时，哪些转机联跳？

答：（1）送风机联跳。

（2）引送风机的进、出口挡板关闭。

（3）引风机动叶关至最小。

4-34　引风机、送风机和一次风机喘振的现象、原因及处理方案是什么？

答：（1）现象。

1）风机喘振报警发出。

2）炉膛负压或风量大幅度波动，风机动叶（静叶）投自动时，另一侧风机动叶（静叶）自动调节频繁，炉内燃烧不稳。

3）喘振风机电流大幅度晃动，就地检查异声严重。

（2）原因。

1）受热面、空气预热器严重积灰或烟气系统挡板误关，引起系统阻力增大，造成风机动叶（静叶）开度与进入的风量、烟气量不相适应，使风机进入失速区。

2）操作风机动叶（静叶）时，幅度过大使风机进入失速区。

3）动叶（静叶）调节特性变差，使并列运行的两台风机发生“抢风”或自动控制失灵使其中一台风机进入失速区。

4）机组在高负荷时，吹灰器投入运行，或送风量过大。

（3）处理方案。

1）如自动调节不正常，应立即将风机动叶（静叶）控制置于手动方式，适当降低机组负荷，关小另一台未失速风机的动叶（静叶），适当关小失速风机的动叶（静叶），同时协调调节引、送风机，维持炉膛负压在允许范围内。

2）若风机并列操作中发生喘振，应停止并列，尽快关小失速风机动叶，查明原因消除后，再进行并列操作。

3）若因风烟系统的风门、挡板被误关引起风机喘振，应立即打开，同时调整动叶开度。若风门、挡板故障，应立即降低锅炉负荷，联系检修处理。若为吹灰引起，应立即停止。

4）经上述处理喘振消失，则稳定运行工况，进一步查找原因并采取相应的措施后，方可逐步增加风机的负荷。经上述处理后无效或已严重威胁设备的安全时，应立即停止该风机运行。

4-35　轴流风机喘振有何危害？如何防止风机喘振？

答：当轴流风机发生喘振时，风机的流量周期性的反复，并在很大范围内变化，表现为零甚至出现负值。风机流量的这种正负剧烈的波动，将发生气流的猛烈撞击，使风机本身产生剧烈振动，同时风机工作的噪声加剧。特别是大容量的高压头风机产生喘振时的危害很大，可能导致设备和轴承的损坏，造成事故，直接影响锅炉的安全运行。

为防止风机喘振，可采用如下措施：

(1) 保持风机在稳定区域工作。因此应选择 p-Q 特性曲线没有驼峰的风机；如果风机的性能曲线有驼峰，应使风机一直保持在稳定区工作。

(2) 当两台风机并联运行时，应尽量调节其出力平衡，防止偏差过大。

(3) 当两台风机并联运行时，应尽量降低母管压力运行。

(4) 采用再循环。使一部分排出的气体再引回风机入口，不使风机流量过小而处于不稳定区工作。

(5) 加装放气阀。当输送流量小于或接近喘振的临界流量时，开启放气阀，放掉部分气体，降低管系压力，避免喘振。

(6) 采用适当的调节方法，改变风机本身的流量。如采用改变转速、叶片的安装角等办法，避免风机的工作点落入喘振区。

4-36 如何进行引风机、送风机和一次风机的并列操作？

答：(1) 当一台引风机运行时，启动第二台引风机并风机：

1) 降低运行风机负荷，即由风量和风压所构成的工况点向下调至风机失速线压力最低点以下，在上述极限下可以随时启动引风机并联。

2) 启动引风机，电流正常后，开启入口挡板，开大静叶并同时减小另一台引风机静叶开度，使两台引风机风量、风压一致。

(2) 当一台送风机运行时，启动第二台送风机并风机：

1) 降低运行送风机负荷，即由风量和风压所构成的工况点向下调至风机失速线压力最低点以下，在上述极限下可以随时启动送风机并联。

2) 关闭联络风门。

3）启动送风机，电流正常后，开启送风机出口挡板，开大动叶并同时减小另一台送风机动叶开度，使两台送风机风量、风压一致。

4）开启送风机出口联络挡板。

（3）当一台一次风机运行时，启动第二台一次风机并风机：

1）降低运行一次风机负荷，即由风量和风压所构成的工况点向下调至风机失速线压力最低点以下，在上述极限下可以随时启动一次风机并联。

2）启动一次风机，电流正常后，开启出口挡板，开大动叶并同时减小另一台一次风机动叶开度，使两台一次风机风量、风压一致。

4-37　空气预热器启动前主要的检查项目有哪些？

答：（1）空气预热器导向轴承油泵启动前的检查及准备：

1）检查设备完整；

2）检查导向轴承油池油位正常，油质良好；

3）检查有关的温度表、压力表应完整；

4）送上空气预热器导向轴承油泵的电源。

（2）空气预热器试转及启动前的检查：

1）检查空气预热器及附属设备完整，人孔门关闭严密；

2）检查空气预热器减速箱油箱油位正常，联轴器和气动马达正常；

3）检查空气预热器密封间隙自动控制装置已送电，空气预热器密封扇形板提升至最大位置；

4）检查空气预热器灭火、水冲洗、闭冷水等系统阀门位置在正常状态；

5）检查空气预热器密封扇形板探头密封风投入；

6）检查空气预热器导向轴承油站已具备投入运行的条件；

7）检查空气预热器火灾报警系统已经投入运行；

8）送上空气预热器传动控制柜及气动马达进气电磁阀的电源。

4-38　空气预热器运行中检查维护项目有哪些？

答：（1）锅炉点火后，对空气预热器进行连续吹灰，直至锅炉最低稳燃负荷；正常运行中，每8h吹灰一次。

（2）机组负荷大于50%MCR且锅炉运行稳定，方可投入密封间隙调节装置于自动。机组停运过程中，当负荷减至50%MCR时，应解除密封间隙自动调节装置自动并手动提升至最大位。

（3）空气预热器在运行中应无异常声音，传动装置运转平稳、无摩擦，其电动机电流稳定在正常范围内。若电流异常摆动，应立即手动提升密封间隙自动调节装置，并采取降烟温或吹灰等其他措施。

（4）监视空气预热器进、出口烟气压差，风压差及进、出口风烟温度的变化情况，发现异常应及时分析原因并采取相应的措施。

（5）空气预热器进、出口烟（风）压差增大时，应及时进行空气预热器吹灰。

（6）轴承润滑油系统无泄漏，油位、油温等正常。油泵不能正常联动时，应手动启停。

4-39 炉膛负压为何会变化？

答：（1）燃烧产生的烟气量与排出的烟气量不平衡。

（2）假设有时送风机、引风机的出力不变，但是由于燃烧工况的变化，因此炉膛负压总是变动的。

（3）燃烧不稳定时，炉膛负压剧烈波动，往往是灭火的前兆或现象之一。

（4）烟道内的受热面堵灰或烟道漏风增加，在引风机工况不变时，也使负压变化。

4-40 通过监视炉膛负压及烟道负压能发现哪些问题？

答：炉膛负压是运行中要控制和监视的重要参数之一。监视炉膛负压对分析燃烧工况、烟道运行工况，分析某些事故的原因均有重要意义，如当炉内燃烧不稳定时，烟气压力产生脉动，炉膛负压表指针会产生大幅度摆动；当炉膛发生灭火时，炉膛负压表指针会迅速向负方向甩到底，比水位计、蒸汽压力表、流量表对发生灭火时的反应还要灵敏。

烟气流经各对流受热面时，要克服流动阻力，故沿烟气流程烟道各点的负压是逐渐增大的。在不同负荷时，由于烟气变化，烟道各点负压也相应变化。如负荷升高，烟道各点负压相应增大，反之，相应减小。在正常运行时，烟道各点负压与负荷保持一定的变化规律：当某段受热面发生结渣、积灰或局部堵灰时，由于烟气流通断面减小，烟气流速升高，阻力增大，于是其出入口的压差增大。故通过监视烟道各点负压及烟气温度的变化，可及时发现各段受热面积灰、堵灰、泄漏等缺陷，或发生二次燃烧事故。

4-41 控制炉膛负压的意义是什么？

答：大多数燃煤锅炉采用平衡通风方式，使炉内烟气压力低于外界大气压力，即炉内烟气为负压。自炉底到炉膛顶部，由于高温烟气产生自生通风压头的作用，烟气压力是逐渐升高的。烟气离开炉膛后，沿烟道克服各受热面阻力，烟气压力又逐渐降低，这样，炉内烟气压力最高的部位是在炉膛顶部。所谓炉膛负压，即指炉膛顶部的烟气压力，一般维持负压为 20～40Pa。炉膛负压太大，使漏风量增大，结果引风机电耗、不完全燃料热损失、排烟热损失均增大，甚至使燃烧不稳或灭火。炉膛负压小甚至变为正压时，火焰及飞灰通过炉膛不严密处冒出，恶化工作环境，甚至危及人身及设备安全。

4-42 一次风机启动前应进行哪些检查？

答：（1）完成辅助设备及系统启动（投入）前检查通则的操作。

（2）一次风机润滑油系统各阀门状态正确，冷却水投用，油箱油温控制投自动。

（3）风机出口挡板及进口调节挡板在关闭位置。

（4）启动一台电动机润滑油泵，检查供油压力在 0.1～0.18MPa，滤网压差小于 0.05MPa，电动机轴承油位正常，回油畅通。

（5）一次风机启动条件具备：

1）第一台一次风机启动，出口挡板开启；

2）一次风机进口调节挡板关闭；

3）空气预热器一次风进出口挡板开启；

4）至少有一组引、送风机投入运行；

5）电动机润滑油压力正常；

6）风机轴承油位正常；

7）磨煤机冷风门至少有一台开启。

4-43　一次风机电动机油站滤网切换有哪些注意事项？

答：（1）确认运行的滤网为哪一侧，箭头指向的为运行侧。

（2）备用侧滤网注油阀开启，已注油正常。

（3）每次滤网切换、清洗后都要做好详细记录，并注明当前的运行滤网的名称 A 或 B。

（4）确认备用侧滤网注油正常后，松开切换手柄固定器，以较快的速度将工作滤网切为备用滤网，注意切到位，严禁中间停。

（5）滤网切换后，清洗前要确认运行侧滤网，防止误开运行侧滤网，引起风机跳闸。

（6）这种连体的滤网往往由于切换阀无法关闭严密，导致差压高无法清洗滤网，故有必要对滤网增加旁路，一旦滤网需要清洗，可以进行切旁路后隔离方法处理。

4-44　空气预热器吹灰有何注意事项？

答：（1）锅炉点火后应投入空气预热器蒸汽吹灰，其吹灰汽源来自辅汽。

（2）锅炉点火后投油期间，空气预热器应连续吹灰，当负荷达到50％MCR 时，则每隔 8h 吹灰一次。

（3）锅炉负荷达到 60％MCR 之后，空气预热器的吹灰汽源应切至后屏供汽，注意先停辅汽至空气预热器吹灰汽源，后投后屏至空气预热器吹灰汽源，不允许两路汽源同时供汽。

（4）停炉前应对空气预热器进行蒸汽吹灰。

（5）正常运行中，采用蒸汽吹灰，则每班至少一次吹灰。

（6）蒸汽吹灰前应对蒸汽管路充分疏水，疏水干净后再投入吹灰。

4-45　叙述“空气预热器跳闸”定义和跳闸后连锁。

答：“空气预热器跳闸”定义：主、辅电动机全停延时 60s。

跳闸后连锁：

1）延时65s，跳对应侧送风机；

2）延时68s，跳对应侧引风机；

3）关闭空气预热器出口热一次风门、热二次风门；

4）关闭脱硝进口烟气挡板。

4-46 空气预热器主电动机如何切换至辅助电动机运行？注意事项有哪些？

答：（1）停止空气预热器主电动机，现场观察空气预热器转子停转时（50s左右），立即启动辅助电动机。

（2）检查空气预热器辅助电动机开启转动，升速至额定转速后自动切工频运行（1min）。

注意事项：

（1）若启动过程中辅电动机电气故障报警，立即就地复位变频器，并在分散控制系统（DCS）上复位。就地观察空气预热器转子接近零转速时，再次启动辅电动机。

（2）若辅电动机启动切换不成功，立即启动主电动机，待空气预热器运行电流稳定后继续切换。

（3）若空气预热器主、辅电动机均无法启动，导致空气预热器全停，气动马达联动，此时对应侧引、送风机跳闸，自动快速降负荷（RB）触发，执行相关操作。

4-47 电动驱动的A引风机检修后启动如何操作？注意事项有哪些？

答：（1）如果A磨煤机在运行，则将A层8组等离子点火器投入运行，或投入A磨煤机油枪运行。

（2）检查对应侧A送风机已启动，二次风箱压力至350Pa以上，查送风联络挡板、A空气预热器出口二次风门已开启。

（3）由于引风机电动机功率较大，启动瞬间母线电压可能下降较多，将高压厂用变压器升压运行，避免厂用电系统低低压保护动作。

（4）在启动引风机过程中，严密监视引风机所在母线的下一电压等级的负荷运行情况。

（5）开启脱硝A侧进口烟气挡板，检查二次风箱压力是否正常。

（6）提高炉膛负压设定值在+50Pa左右。

（7）检查静叶在远方控制位置，关闭静叶和风机进口挡板，开启出口挡板。

（8）检查风机启动条件满足，启动A引风机，进口门联动开启，检查二次风箱压力正常，风机轴承振动及轴承温度正常，调整炉膛压力设定值至正常值。

（9）检查引风机所在母线的下一电压等级的负荷运行情况，是否有低电压联动情况。

（10）缓慢开启A引风机静叶至15%～20%，对A空气预热器进行缓慢加热。待A侧热二次风温开始回升后，检查空气预热器电流正常，将A侧风机调平，投入自动。

（11）启动过程中如发生异常情况，应立即停止A引风机运行。在未查明原因之前，不得再次启动引风机。

（12）单侧引风机启动后，为了防止空气预热器过快加热引起空气预热器摩擦，引风机增加出力不宜过快，相应的送风机和一次风增加出力不宜过快。

4-48　机组正常运行时A送风机检修后启动如何操作？注意事项有哪些？

答：（1）检查机组运行稳定，A引风机运行。

（2）检查B送风机出口挡板、B空气预热器出口二次风门、送风联络挡板在关闭状态。

（3）退出机组协调，机组汽轮机跟踪方式（TF）运行，将B送风机切手动调整。

（4）关小未运行的燃烧器二次风箱，检查二次风箱压力在350Pa以上，否则增加风量。

（5）将送风联络挡板执行机构A、B关闭、挂牌（相当于手动状态）。

（6）检查风机启动条件满足，启动送风机，检查出口门联动开启，轴承振动及轴承温度正常。

（7）将送风联络挡板执行机构A挂牌，开启送风联络挡板执行机构B，查二次风箱压力正常，各煤火检正常，送风机A、B出口压力平衡后，全开送风联络挡板。

（8）开启B空气预热器出口热二次风门。

（9）启动过程中如发生异常情况，应立即停止B送风机运行，在未查明原因之前，不得再次启动送风机。

（10）B送风机启动后由于B引风机未启动或启动后出力不宜增加太多，因此不宜开大B送风机出力，以免锅炉A侧二次风温降太低。

4-49 机组正常运行中，A一次风机检修启动操作方法是什么？

答：（1）检查一次风机出口门关闭、空气预热器热一次风挡板关闭、侧冷一次风门关闭。

（2）派人到就地准备启动一次风机，人应站在一次风机事故按钮附近。

（3）检查风机启动条件满足，启动一次风机，检查轴承振动及轴承温度正常。检查一次风机出口挡板自动开启。

（4）开启A一次风机侧冷一次风挡板。

（5）开启空气预热器出口热一次风挡板。

（6）调整一次风压力，将两台一次风机调平，投入自动。

（7）启动过程中如发生异常情况，应立即停止一次风机运行。在未查明原因之前，不得再次启动一次风机。

4-50 百万机组40%负荷运行时，恢复单侧风烟系统的顺序及主要危险源预控分别是什么？

答：机组40%负荷运行恢复单侧风烟系统的顺序：先启动送风机，再启动引风机，最后启动一次风机。

主要危险源预控：

（1）启动风机，特别是引风机时，避免电压低引起部分无自保持的负荷跳闸及等离子整流器电压低断弧，锅炉MFT等问题，各厂要严格制订并执行有关“厂用电电压管理”措施。

（2）启动引风机时，防止大量炉内烟气填充烟道导致燃烧器火检扰动，甚至失去跳磨。

（3）启动送风机时，防止送风机送风联络挡板、空气预热器出口热二次风门开启时对二次风压、炉内燃烧的影响。

（4）启动风机后，应控制空气预热器的加热速率，防止热变形甚至碰磨。

4-51　百万机组40%负荷运行时，单侧风烟系统的停运顺序及主要危险源预控分别是什么？

答：机组40%负荷运行时，停运单侧风烟系统的顺序：先停一次风机，再停引风机，最后停送风机。

主要危险源预控：

（1）注意锅炉的稳燃措施，防止风机停运扰动导致磨煤机火检失去，甚至锅炉灭火。

（2）停运侧空气预热器出口排烟的监视和控制，防止上升过快，造成热变形、碰磨，甚至着火。

4-52　简述机组正常运行时送风机A停运操作及注意事项。

答：（1）停运操作。

1）退出送风机热工条件：送风机B非手动停联跳引风机B保护；强制送风机B非手动停联关送风机出口联络门。确保手动停运送风机A不会造成对应侧引风机B连锁跳闸。

2）投入等离子点火系统运行，视运行情况投运一层或多层油枪运行。

3）确认另一侧送风机B运行正常。

4）解除送风机自动，逐渐增加送风机B出力，减少送风机A出力，直至停运送风机动叶开度小于5%。

5）手动停运送风机A，关闭送风机A出口挡板门。就地检查风机是否倒转，如有则立即刹车。

6）关闭空气预热器A出口二次风挡板门，关闭后墙油枪冷却风母管电动门。

7）关闭冷二次风联络电动门。

8）检查两台引风机运行情况，确认引风机A运行正常。

9）解除引风机自动，减少引风机 A 出力，同时增加引风机 B 出力，维持炉膛负压正常，直至引风机 B 调节挡板开度小于 5%。

（2）注意事项。

1）停运风机前应确认机组停运或者负荷小于 450MW。

2）减负荷过程中应防止发生风机喘振。

3）空气预热器扇形板提升至最高。

4）送风机停运后，联系设备部实施可靠的防转动措施，且保持油系统运行。

5）停运风机前应投入等离子点火系统或油枪运行。

6）必须通知热控人员到场配合强制条件。

4-53　简述机组正常运行时一次风机 A 检修停运操作及注意事项。

答：（1）停运操作步骤。

1）退出热工条件：磨煤机入口一次风压低保护退出；强制一次风机 A 出口挡板关允许信号。

2）停运前对两台一次风机进行全面检查，确认一次风机 B 运行状态良好。

3）降低机组负荷到 450MW 以下，减负荷过程中控制好汽温、汽压及炉膛负压。

4）将磨煤机停至不多于 3 台运行，等离子拉弧运行正常或投运一层油枪运行正常。

5）解除一次风自动，逐渐增加一次风机 B 出力，减少一次风机 A 出力，直至停运。

6）停运一次风机 A 动叶开度小于 5%。一次风压调整要平缓，防止大幅波动。

7）关闭空气预热器 A 出口热一次风挡板，关闭 A 侧冷一次风挡板。

8）关闭一次风机 A 出口挡板。停止一次风机 A 运行。检查热一次风压和各磨煤机一次风压正常，一次风机 A 运行正常。

9）停运投运油枪和等离子点火系统。解除一次风机 A 出口挡板关允许信号强制信号。

（2）注意事项。

1）停运一次风机前应确认机组停运或者负荷小于450MW。

2）减负荷过程中应防止发生风机喘振。

3）风机停运前先关闭空气预热器A出口热一次风挡板和A侧冷一次风挡板。

4）风机停运后，只有确认风机已停转并有可靠的防转动措施，才能停止润滑油泵运行。

5）停运一次风机前应投入一层油枪或等离子点火系统运行。

6）机组正常运行过程停一次风机，为防止出口挡板误开应将出口挡板停电。

7）若一次风机短时停运，则保持调节油泵运行，否则将其停运。

4-54 简述机组正常运行时引风机A检修停运操作及注意事项。

答：停运操作。

（1）停运前对另一台引风机进行一次全面的检查，确认该引风机B工况良好。

（2）通知热工解除引风机跳闸联跳送风机保护。

（3）逐渐减少机组负荷至运行引风机可能带的最大负荷，减负荷过程注意控制汽温、汽压，炉膛负压稳定。

（4）停运一次风机A。

（5）停运送风机A。

（6）解除引风机自动，减少引风机A出力，同时增加引风机B出力，维持炉膛负压正常，直至引风机A调节挡板开度小于5%。

（7）检查炉膛负压正常，运行引风机B正常。停止引风机A运行。

（8）关闭引风机A进、出口挡板。

（9）关闭空气预热器A二次风出口挡板，检查二次风压正常。

（10）关闭空气预热器A一次风出口挡板，检查一次风压正常。

（11）检查空气预热器B排烟温度正常，控制在160℃以下。

（12）视风机轴承温度情况停止冷却风机运行。

（13）若引风机短时停运，则保持油站油泵运行，否则在确保风机没有转动时将其停运。

注意事项。

（1）引风机停运前确保机组已经停运或者机组负荷小于480MW。

（2）减负荷过程中应防止发生风机喘振。

（3）引风机停运后对应空气预热器将没有烟气通过，所以应将对应的空气预热器一次风和二次风隔离。

（4）风机停运后，只有确定风机已经停转并有防转动的有效措施，才能停油系统。

（5）风机停运前，要注意解除引风机联跳送风机保护。

（6）停运顺序：一次风机 A→送风机 A→引风机 A。

4-55 空气预热器辅电动机切换主电动机如何进行？有何注意事项？

答：若空气预热器主电动机检修完毕，空转试运正常。检查空气预热器操作投入“远方控制”、“自动运行”。辅电动机切至主电动机操作时，按下空气预热器辅电动机停止，开始计时。现场观察空气预热器转子接近零转速时（40～50s），启动主电动机。检查空气预热器开启转动，升速至额定转速后自动切工频运行，运行电流维持在30A以内。就地检查空气预热器主电动机运行正常、无异声。

注意事项：

（1）若启动过程中主电动机电气故障报警，就地复位故障报警、DCS事故复位后，观察空气预热器转子接近零转速时，立即重新启动辅电动机。检查主电动机故障类型及原因，通知检修配合处理后，再次切换主电动机，切勿盲目再次启动损坏变频器等。

（2）若空气预热器主、辅电动机均无法启动，立即就地复位故障报警、DCS事故复位后，可以抢合辅电动机、主电动机各一次。否则导致空气预热器全停，气动马达联动。若没有强制空气预热器运行信号，此时对应侧引、送风机跳闸，RB触发，执行相关操作，否则手动RB处理。

4-56 空气预热器主电动机切换辅电动机如何进行？有何注意

事项？

答：若为空气预热器辅电动机检修完毕，空转试运正常后，需要试转辅电动机，由主电动机切至辅电动机操作时，按下空气预热器主电动机停止按钮，开始计时。现场观察空气预热器转子接近零转速时（40～50s），立即启动辅电动机。检查空气预热器开启转动，升速至额定转速后自动切工频运行，运行电流维持在30A以内。就地检查空气预热器辅电动机运行正常、无异声。

注意事项：

（1）若启动过程中辅电动机电气故障报警，立即就地复位变频器，并在DCS上复位。就地观察空气预热器转子接近零转速时，再次启动辅电动机。

（2）若辅电动机启动切换不成功，立即启动主电动机，待空气预热器运行电流稳定后继续切换。

（3）若空气预热器主、辅电动机均无法启动，导致空气预热器全停，气动马达联动，此时对应侧引、送风机跳闸，RB触发，执行相关操作，否则手动RB处理。

4-57　一次风机启动后不出力的可能原因是什么？

答：（1）油站调节油压不合适，油量小或者回油量过大。

（2）风机失速（进口滤网堵塞、出口门未开、叶片断裂）。

（3）动叶连杆拐臂等连接部位脱落。

（4）动叶油动机有杂质进入。

4-58　一次风机失速的原理以及可能导致失速的原因是什么？

答：风机处于正常工况时，冲角（气流方向与叶片叶弦的夹角）很小，气流绕过机翼型叶片而保持流线状态，如图4-2（a）所示。当

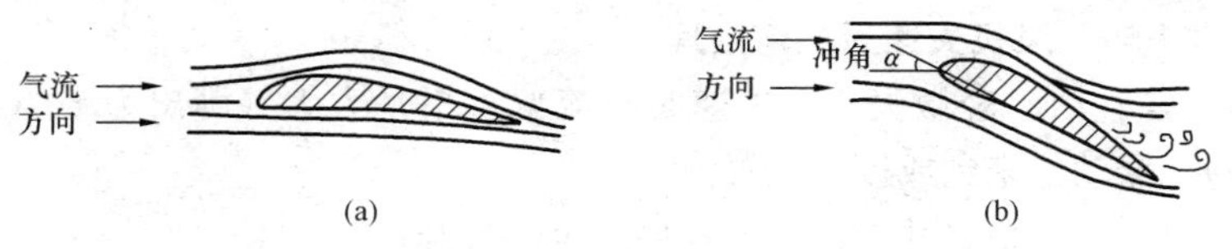

图4-2　一次风机失速示意图

（a）正常工况；（b）失速工况

气流与叶片进口形成正冲角，即 $\alpha>0$，且此正冲角超过某一临界值时，叶片背面流动工况开始恶化，边界层受到破坏，在叶片背面尾端出现涡流区，即所谓“失速”现象，如图 4-2（b）所示。冲角大于临界值越多，失速现象越严重，流体的流动阻力越大，使叶道阻塞，同时风机风压也随之迅速降低。

风机进入不稳定工况区运行时，叶轮内将产生一个到数个旋转失速区。叶片每经过一次失速区就会受到一次激振力的作用，从而使叶片产生共振。此时，叶片的动应力增加，致使叶片断裂，造成重大设备损坏事故。

由于气流速度与流量成正比，因此正常运行中导致风机流量异常降低的因素都可能导致风机失速：

（1）风机出口挡板销子脱落或断裂等原因导致其突然关闭或部分关闭。

（2）风机出入口风道堵塞，如入口消声器滤网脱落、空气预热器严重积灰。

（3）变负荷过程中误操作或者两台风机动叶校对不对应，致使两台风机风量严重不平衡。

（4）一次风机风道直段都比较短，布置不合理，风道直角拐道也都比较短，所以导致沿程风道阻力大，变负荷时动叶调节失灵很容易致使两台风机风量严重不平衡。

（5）动叶调节连杆脱落，风机动叶片损坏。

（6）带双列动叶的风机，动叶不平衡。

（7）出口风压过高，制粉系统风门动作频繁，风机出力进入不稳定区。

4-59　风机失速后如何处理?

答：（1）轻微失速：失速时电流偏差不是太大（满出力 80A 以内），振动值未到或接近报警值。

1）立即检查并确认风道各挡板全部打开；

2）快速降低机组负荷，降低并列运行风机出力，同时关小失速风机动叶开度，直至风机恢复正常运行；

3）尽量调节两台送风机风量相平衡。

（2）严重失速：失速时电流偏差大，失速风机出力很小甚至不出力，振动达到接近甚至瞬间高于跳闸值。

1）立即停运磨煤机，降负荷至50%负荷左右；

2）立即关闭失速风机对应空气预热器出口热一次风门、失速风机出口门；

3）动叶调小，停运一次风机；

4）对失速风机刹车；

5）送、引风机进出口没有联络的风烟系统，要降低停运侧风机的出力或者停运该侧风机。

4-60 锅炉运行中，空气预热器电流突增甚至导致跳闸的可能原因是什么？如何处理？

答：可能原因：

（1）如果电流指示突然出现大幅度波动，其出现的频率，约为0.5min一次，并伴有撞击摩擦声，可能是异物落入转子端面，或转子中某些零件松脱突出转子端面与扇形板相擦。

（2）出现电流摆动，其波动的频率约为每秒一次，那么很可能是冷端扇形板或热端扇形板或轴向密封装置调整不合适，与密封片相擦而引起的。

（3）电动机电流增大也可能是导向轴承或推力轴承坏的征兆，但此时往往伴有轴承油温异常升高，转子下沉，径向密封片与冷端扇形板相擦等现象。

处理方法：

（1）主电动机跳闸，确认辅电动机能够正常联启，查明主电动机跳闸原因；辅电动机联启失败，应立即手动抢合一次。

（2）加强空气预热器吹灰。

（3）主辅电动机均不能启动，启动气动马达。

（4）主辅电动机跳闸，按RB进行事故处理。

（5）对应侧风烟系统停运、隔离。

（6）隔离对应侧空气预热器。

（7）空气预热器间隙提至最大。

4-61　空气预热器漏风大的原因有哪些？

答：（1）空气预热器密封制造工艺较差，空气预热器密封间隙过大。

（2）空气预热器间隙自动跟踪装置在高位，或者跟踪效果不好。

（3）空气预热器长期运行后，扇形板变形，密封片损坏、脱落。

（4）空气预热器支架、冷端变形。

（5）空气预热器进、出口差压高。

（6）空气预热器一、二次风压高。

（7）空气预热器积灰严重。

4-62　采用什么方法可以降低空气预热器漏风？

答：（1）采用合适的空气预热器密封间隙，自动跟踪装置要投入运行，且压至低限。

（2）选用先进的空气预热器密封形式。

（3）防止空气预热器变形、积灰。

（4）尽可能降低一、二次风烟压力，维持合适的炉膛负压。

（5）加强空气预热器的吹灰，降低风道、烟道阻力。

（6）定期保养，确保密封片磨损后得到及时更换。

4-63　空气预热器的腐蚀与积灰是如何形成的？有何危害？

答：由于空气预热器处于锅炉内烟温最低区，特别是空气预热器的冷端，空气的温度最低，烟气温度也最低，受热面壁温最低，因而最易产生腐蚀和积灰。

当燃用含硫量较高的燃料时，生成 SO_2 和 SO_3 气体，与烟气中的水蒸气生成亚硫酸或硫酸蒸汽，在排烟温度低到使受热面壁温低于酸蒸汽露点时，硫酸蒸汽便凝结在受热面上，对金属壁面产生严重腐蚀，称为低温腐蚀。同时，空气预热器除正常积存部分灰分外，酸液体也会黏结烟气中的灰分，越积越多，易产生堵灰。因此，受热面的低温腐蚀和积灰是相互促进的。

回转式空气预热器受热面发生低温腐蚀时，不仅使传热元件的金属被锈蚀掉造成漏风增大，而且还因其表面粗糙不平和具有黏性产物使飞灰发生黏结。由于被腐蚀的表面覆盖着这些低温黏结灰及疏松的腐蚀产物而使通流截面减小，引起烟气及空气之间的传热恶化，导致排烟温度升高，空气预热不足及送、引风机电耗增大。若腐蚀情况严重，则需停炉检修，更换受热面，这样不仅会增加检修的工作量，降低锅炉的可用率，还会增加金属和资金的消耗。

4-64 当空气预热器正常运行时，出现主电动机跳闸，辅助电动机不能正常投入的情况，应采取什么措施？

答：（1）降低锅炉负荷运行。

（2）关闭空气预热器烟气侧挡板及电除尘器出、入口挡板。

（3）手动盘车。

（4）查明跳闸原因。

4-65 空气预热器正常运行时主电动机过电流的原因及处理方案是什么？

答：原因：

（1）电动机两相运行。

（2）电动机过载或传动装置故障。

（3）密封过紧或转子弯曲卡涩。

（4）异物进入卡住空气预热器。

（5）导向或支持轴承损坏。

处理方案：

（1）检查空气预热器各部件，查明原因及时消除。

（2）电动机两相运行时应立即切换备用电动机。

（3）若主电动机跳闸，应检查辅助电动机是否自动启动，若自投不成功可手动强送一次；若不能启动，或电流过大，电动机过热，则应立即停止空气预热器运行。应人工盘动空气预热器，关闭空气预热器烟气进、出口挡板，降低机组负荷至允许值，并注意另一侧排烟温度不应过高，否则继续减负荷并联系检修处理。

4-66 空气预热器着火如何处理？

答：立即投入空气预热器吹灰系统，关闭热风再循环门，如处理无效，排烟温度继续不正常升高时，应采取如下措施。

对于锅炉运行中不能隔离的空气预热器或两台空气预热器同时着火可按如下方法处理：

（1）应紧急停炉，停止一次风机和引、送风机，关闭所有风门、挡板，将故障侧辅助电动机投入，开启所有的疏水门，投入水冲洗装置进行灭火，如冲洗水泵无法启动，立即启动消防水泵，用消防水至冲洗水系统进行灭火。

（2）确认空气预热器内着火熄灭后，停止吹灰和灭火装置运行，关闭冲洗门，待余水放尽后关闭所有疏水门。

（3）对转子及密封装置的损坏情况进行一次全面检查，如有损坏不得再启动空气预热器，由检修处理正常后方可重新启动。

对于锅炉运行中可以隔离的空气预热器可按如下方法处理：

（1）立即停运着火侧送、引风机，一次风机运行，投油、减煤量，维持两台制粉系统运行，按单组引、送风机及空气预热器带负荷。

（2）确认着火侧空气预热器进、出口烟气与空气侧各挡板关闭。

（3）打开下部放水门，同时打开上部蒸汽消防阀进行灭火。

（4）确认空气预热器金属温度降至正常。可打开人孔门进行检查，消除残余火源。

（5）处理时，维持空气预热器运行，防止变形，维持参数稳定。

4-67 海水脱硫旁路挡板取消后，MFT 和引风机需要增加哪些保护？

答：（1）MFT 增加。脱硫系统停运：海水升压泵全停且吸收塔进口原烟气温度均大于 70℃，延时 120s。

（2）引风机增加。

A/B 引风机出口门增加闭锁开条件（与）：

1）海水升压泵均已停，延时 2s；

2）吸收塔进口烟温大于 70℃，延时 2s。

引风机跳闸条件增加（与）：

1）海水升压泵均已停；

2）吸收塔进口烟温大于70℃；

3）以两个条件“与”后延时120s。

4-68 海水脱硫系统对锅炉安全性有何影响？如何采取措施保证其安全性？

答：海水脱硫系统中吸收塔的海水连续供应不仅是为了满足脱硫效率的需要，而且是保证吸收塔安全的必要条件。为了增加烟气和海水的接触面积，提高脱硫效率，吸收塔内布置了很多填料层，其材料限制不能承受高温烟气。如果吸收塔失去海水供应，填料层只能承受温度不高于80℃的原烟气，在吸收塔失去全部海水供应的条件下，为了保护脱硫设备不被烧坏只能采取紧急停炉处理。

如果出现吸收塔失去海水供应后的事故工况，应根据跳闸原因判断，如果可以在短时间内恢复吸收塔的海水供应，应尽快恢复，否则按照以下几条执行：

（1）当机组负荷高于650MW，海水升压泵只有一台运行时，将延时5s触发机组RB动作，机组快速降负荷到600MW，原烟气温度持续升高时，应开启急冷水降温。

（2）三台海水升压泵全停，吸收塔入口烟温高于70℃，延时120s，触发MFT，在触发MFT后延时180s跳引风机。同时检查急冷水电动门开启，否则手动开启降温。

4-69 脱硫旁路挡板取消后对锅炉来说，增加了哪些危险源？

答：（1）脱硫无旁路，脱硫侧出现故障无法处理时可能导致锅炉MFT。

（2）脱硫海水升压泵全停且吸收塔入口烟温高于70℃触发MFT。

（3）脱硫失去水源或者进口温度高导致吸收塔着火。

（4）脱硫烟气换热器（GGH）堵塞无法吹通时面临停炉危险。

4-70 一次风机失速的现象和处理要点是什么？

答：现象：

（1）一次风机光字牌报警。

（2）失速风机电流突降后随着动叶开度自动增大而有所回升。

（3）失速风机振动明显增大，但一般在报警值（4.6mm/s）以下。

（4）一次风机出口压力突降，失速风机出口温度上升明显。

（5）压力突降造成实际进入炉膛燃料减少，主蒸汽温度、负荷下降，总燃料量增加。

（6）另一侧正常风机电流突增，甚至过流。

处理：

（1）风机振动达到跳闸值（7.1mm/s）保护未动作，应马上手动打闸处理，机组 RB 动作。

（2）马上将两台一次风机动叶切手动控制，并进行调整，确保两台一次风机不过流（401A）。

（3）投入等离子点火系统、中间或者上层油枪稳燃。

（4）根据一次风压、风量、过热度、主汽温、主汽压下降情况降低机组负荷。

（5）若一次风母管压力低于 8kPa，应按照 E、B、D、C 顺序紧急停运磨煤机，并关闭相应磨煤机出口门维持一次风压，锅炉燃烧器布置见图 4-3。

（6）将失速风机动叶开度关小至失速前开度以下后再开大进行叶

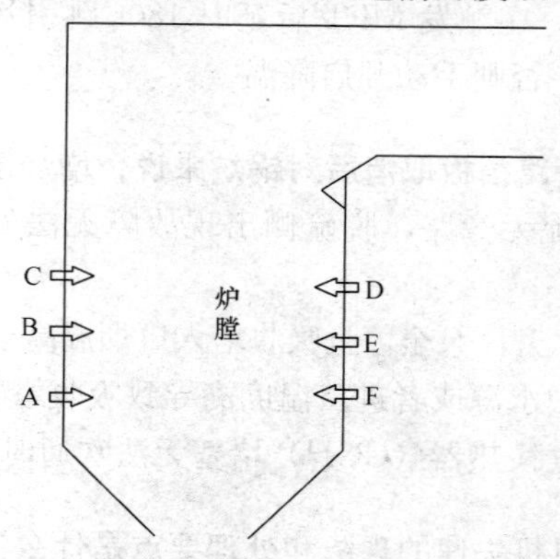

图 4-3　锅炉燃烧器布置示意图

片冲角改变，反复调整，消除失速现象。

（7）调整中适当减少正常风机静叶开度，改善失速风机恢复条件。

（8）调整过程应密切监视两台风机振动、瓦温变化情况。

（9）失速风机恢复正常时，炉膛负荷、一次风压等可能突变，大幅波动，应做好预想，及时调整。

（10）失速消失后，两台风机进行出力调平，根据负荷要求带负荷。

4-71　一次风机叶片断裂的现象和处理要点是什么？

答：现象：

（1）一次风机光字牌报警。

（2）故障风机所有振动测点突增甚至顶表，振动保护（7.1mm/s）动作。

（3）一次风母管压力大幅突降50%左右。

（4）故障风机电流大幅突降，接近空载电流（120A）。

（5）压力突降造成实际进入炉膛燃料减少，主蒸汽温度、过热度、负荷快速下降，总燃料量增加。

（6）另一侧正常风机电流突增，甚至过流。

处理：

（1）风机振动达到跳闸值（7.1mm/s）保护未动作，应马上手动打闸处理，机组RB动作。

（2）马上将正常一次风机动叶切手动控制，并进行调整，确保一次风机不过流（401A）。

（3）投入等离子点火系统、中间或者上层至少2层油枪稳燃。

（4）关闭故障侧风机热一次风挡板和冷一次风挡板。

（5）若一次风母管压力低于8kPa，应按照E、B、D、C顺序间隔10s以上紧急停运磨煤机，关磨煤机出口门维持一次风压。

（6）根据一次风压、风量、过热度、主汽温、主汽压下降情况降低机组负荷到500MW以下，确保过热度、主汽温正常。

（7）调整过程应密切监视一次风机振动、瓦温变化情况，及时调整。

4-72 送风机失速的现象和处理要点是什么？

答：现象：

（1）送风机光字牌报警。

（2）失速风机电流突降后随着动叶开度自动增大而有所回升。

（3）失速风机振动明显增大，但一般在报警值（4.6mm/s）以下。

（4）送风机出口压力突降，失速风机出口温度上升明显。

（5）炉膛负压负向增大，氧量逐渐下降。

（6）另一侧正常风机电流突增，甚至过流。

处理：

（1）风机振动达到跳闸值（7.1mm/s）保护未动作应马上手动打闸处理，机组RB动作。

（2）马上将两台送风机动叶切手动控制，并进行调整，确保两台送风机不过流（329A）。

（3）投入等离子点火系统、中间或者上层油枪稳燃。

（4）根据二次风压、风量、过热度、主汽温、主汽压下降情况降低机组负荷。

（5）若二次风母管压力低，应按照E、B、D、C顺序间隔10s停运磨煤机，减少投入燃料量。

（6）将失速风机动叶开度关小至失速前开度以下后再开大进行叶片冲角改变，反复调整，消除失速现象，调整无效应转移负荷尽快停运失速风机。

（7）调整中适当减少正常风机动叶开度，改善失速风机恢复条件。

（8）调整过程应密切监视两台风机振动、瓦温变化情况。

（9）失速风机恢复正常时，炉膛负压、二次风压等可能突变、波动影响燃烧，应做好灭火预想，及时调整。

（10）失速消失后，两台风机进行出力调平，根据负荷要求带负荷。

4-73 送风机叶片断裂的现象和处理要点是什么?

答: 现象:

(1) 送风机光字牌报警。

(2) 故障风机所有振动测点突增甚至顶表，振动保护（7.1mm/s）动作，同侧引风机联跳。

(3) 风机出口母管压力大幅突降50%以上，甚至到0。

(4) 故障风机电流突降，接近空载电流（90A），动叶调整电流基本不变。

(5) 压力突降及供氧不足，火焰闪烁不稳。

(6) 另一侧正常风机电流突增，甚至过流。

处理:

(1) 风机振动达到跳闸值（7.1mm/s）保护未动作，应马上手动打闸处理，机组RB动作。

(2) 马上将正常送风机动叶切手动控制，并进行调整，确保送风机不过流（329A）。

(3) 投入等离子点火系统和至少一层油枪稳燃。

(4) 关闭跳闸侧空气预热器入口烟气挡板和热二次风挡板。

(5) 按照E、B、D顺序间隔10s停运磨煤机跳闸，保留3台磨煤机运行，降负荷到500MW以下，确保过热度、主汽温正常。

(6) 转移一次风机出力至正常侧，关闭跳闸侧冷、热一次风挡板，将跳闸侧一次风机停运。

(7) 调整过程应密切监视送风机振动、瓦温变化情况，及时调整。

4-74 引风机失速的现象和处理要点是什么?

答: 现象:

(1) 引风机光字牌报警。

(2) 失速风机电流突降后随着动叶开度自动增大而有所回升。

(3) 失速风机振动明显增大，但一般在报警值（4.6mm/s）以下。

(4) 引风机出口压力突降，失速风机出口温度上升明显。

（5）炉膛冒正压，二次风压上升。

（6）另一侧正常风机电流突增，甚至过流。

处理：

（1）风机振动达到跳闸值（7.1mm/s）保护未动作，应马上手动打闸处理，机组RB动作。

（2）马上将两台引风机静叶切手动控制，并进行调整，确保两台引风机不过流（882A）。

（3）投入等离子点火系统、中间或者上层油枪稳燃。

（4）根据二次风压、风量、过热度、主汽温、主汽压下降情况降低机组负荷。

（5）将失速风机静叶开度关小至失速前开度以下后再开大进行气流冲角改变，反复调整，消除失速现象，调整无效应转移负荷尽快停运失速风机。

（6）调整中适当减少正常风机动叶开度，改善失速风机恢复条件。

（7）调整过程应密切监视两台风机振动、瓦温变化情况。

（8）失速风机恢复正常时，炉膛负压、二次风压等可能突变、波动影响燃烧，应做好灭火预想，及时调整。

（9）失速消失后，两台风机进行出力调平，根据负荷要求带负荷。

4-75 引风机叶片断裂的现象和处理要点是什么？

答：现象：

（1）引风机光字牌报警。

（2）故障风机所有振动测点突增甚至顶表，振动保护（7.1mm/s）动作，同侧送风机联跳。

（3）风机进出口压升大幅突降50%以上。

（4）故障风机电流突降，接近空载电流（300A），静叶调整电流基本不变。

（5）炉膛突冒正压，火焰闪烁不稳。

（6）另一侧正常风机电流突增，甚至过流（882A）。

处理：

(1) 风机振动达到跳闸值（7.1mm/s）保护未动作，应马上手动打闸处理，机组 RB 动作。

(2) 马上将正常引风机动叶切手动控制，并进行调整，确保引风机不过流（882A）。

(3) 投入等离子点火系统和至少一层油枪稳燃。

(4) 关闭跳闸侧空气预热器入口烟气挡板、热二次风挡板、送风机出口联络挡板。

(5) 按照 E、B、D 顺序间隔 10s 停运磨煤机跳闸，保留 3 台磨煤机运行，降负荷到 500MW 以下，确保过热度、主汽温正常。

(6) 转移一次风机出力至正常侧，关闭跳闸侧冷、热一次风挡板，将跳闸侧一次风机停运。

(7) 调整过程应密切监视引风机振动、瓦温变化情况，及时调整。

4-76　百万机组锅炉重要辅机 RB 条件是什么？负荷目标值是如何规定的？

答：机组在协调控制系统（CCS）方式下运行，当出现下列情况之一时发生机组 RB 动作（减负荷率均为 100%/min）：

(1) 1 台送风机跳闸，目标负荷 480MW。

(2) 1 台引风机跳闸，目标负荷 480MW。

(3) 1 台一次风机跳闸，目标负荷 480MW。

(4) 1 台给水泵跳闸，目标负荷 490MW。

(5) 磨煤机跳闸：

1) 3 台磨煤机运行时，其中 1 台磨煤机跳闸，带 350MW 负荷。

2) 4 台磨煤机运行时，其中 1 台磨煤机跳闸，带 500MW 负荷。

3) 5 台磨煤机运行时，其中 1 台磨煤机跳闸，带 750MW 负荷。

4) 6 台磨煤机运行时，其中 1 台磨煤机跳闸，带 900MW 负荷。

4-77　汽动给水泵 RB 处理要点有哪些？

答：(1) 发现汽动给水泵跳闸，检查 RB 连锁动作正常，锅炉主控目标快降至 490MW，汽轮机 TF 方式。否则按手动 RB 处理。

（2）检查运行汽动给水泵自动增大出力至1900t/h（转速5300r/min、转速指令77%，低压调阀89%，高压调阀7%）后逐渐下降至1480t/h。跳闸泵出口门自动关闭。

（3）保留3台磨煤机运行，E、B、D磨煤机间隔10s跳闸。A磨煤机运行时等离子点火系统投入，未运行投入最下层磨煤机油枪。

（4）燃料量（200t/h）、给水量（1420t/h）到达目标值附近，自动调节正常；严密监视煤水比匹配、过热度在合适范围内。

（5）监视汽温变化，可以手动调整过热器一、二级减温水和再热器减温水，如有必要可以关闭和开启电动门，根据情况调整烟气挡板，维持主汽温、再热汽温稳定，监视锅炉金属壁温不超限。

（6）监视汽轮机调门在RB动作后先关后开（82%～92%），主汽压力目标为14.5MPa。汽温下降过快而关调门时应防止调门关闭过度。

（7）检查送风机、引风机、一次风机自动调节正常，总风量2000t/h，炉膛负压－100Pa，运行磨煤机工作正常；检查燃烧器风门自动调节正常。

（8）汽轮机监视凝汽器、除氧器、高压加热器和低压加热器水位正常，轴封压力和温度正常，给水泵汽轮机供汽正常；检查运行汽动给水泵（给水泵汽轮机）轴承温度、润滑油系统、密封冷却水正常。

（9）如果RB自动动作过程中有异常或汽温、壁温有异常，应及时人为干预。

（10）当实际负荷与目标负荷相差20MW时，检查RB自动复位；检查汽动给水泵跳闸原因，根据情况进行处理。

（11）跳闸磨煤机投入蒸汽灭火，防止磨煤机着火。

4-78　一次风机RB处理要点有哪些？

答：（1）发现一次风机跳闸，检查RB连锁动作正常，锅炉主控目标快降至480MW，汽轮机TF方式。否则按手动RB处理。

（2）检查跳闸一次风机动叶到零，出口挡板关闭，否则手动关闭。

（3）检查运行侧一次风机出力自动增大（动叶开度70%）且电

流不超401A，手动关闭跳闸侧风机冷、热一次风挡板。

(4) 保留3台磨煤机运行，E、B、D磨煤机间隔10s跳闸且出口门关闭。A磨煤机运行时等离子点火系统投入，未运行投入最下层磨煤机油枪。关闭跳闸磨煤机冷、热一次风闸板门及密封风门。

(5) 燃料量(200t/h)、给水量(1420t/h)、总风量(2100t/h)自动调节正常到达目标值附近，自动调节正常；严密监视煤水比匹配、过热度在正常范围。

(6) 监视汽轮机调门在RB动作后先关后开(82%～92%)，主汽压力目标为14.5MPa。汽温下降过快而关调门时应防止调门关闭过度。

(7) 调整过热器一、二级减温水和再热器减温水，调整烟气挡板，维持主汽温、再热汽温稳定，监视锅炉金属壁温不超限。

(8) 调整两侧引、送风机出力，避免排烟温度超170℃，否则进一步降低机组负荷。

(9) 检查排烟温度和跳闸磨煤机出口温度正常；检查燃烧器风门自动调节正常；检查运行风机轴承温度、振动正常；检查空气预热器、GGH电流正常。

(10) 汽轮机监视凝汽器、除氧器、高压加热器和低压加热器水位正常，轴封压力和温度正常，给水泵汽轮机供汽正常，两台给水泵汽轮机流量调节稳定。

(11) 如果RB自动动作过程有异常或汽温、壁温有异常，应及时人为干预。

(12) 当实际负荷与目标负荷相差20MW时，检查RB自动复位；检查送风机跳闸原因，根据情况进行处理。

注：

(1) 以上参数为1000MW机组RB动作过程中的目标参数，仅为参考。

(2) 对一次风机跳闸或各种原因造成一次风出力不足的事故处理原则是保持一次风机最大出力，使磨煤机运行数量和出力保持在最大允许值。最终磨煤机的出力由一次风机允许的最大出力决定。

4-79 送风机RB处理要点有哪些?

答:(1)发现送风机跳闸,检查RB连锁动作正常,锅炉主控目标快降至480MW,汽轮机TF方式。否则按手动RB处理。

(2)检查同侧引风机联跳,跳闸的引、送风机静(动)叶到零,出口挡板关闭,否则手动关闭。

(3)检查运行侧风机出力自动加至设定值(送风机75%/引风机83%/一次风机70%)且未过电流[送风机329A/引风机882A(5500r/min)/一次风机401A],炉膛负压(−100Pa)及总风量(2100t/h)自动调节正常。

(4)保留3台磨煤机运行,E、B、D磨煤机间隔10s跳闸。A磨煤机运行时等离子点火系统投入,未运行投入最下层磨煤机油枪。

(5)燃料量(200t/h)、给水量(1420t/h)到达目标值附近,自动调节正常,严密监视煤水比匹配、过热度在合适范围。

(6)监视汽轮机调门在RB动作后先关后开(82%~92%),主汽压力目标14.5MPa。汽温下降过快而关调门时应防止调门关闭过度。

(7)调整过热器一、二级减温水和再热器减温水,调整烟气挡板,维持主汽温、再热汽温稳定,监视锅炉金属壁温不超限。

(8)关闭跳闸侧空气预热器入口烟气挡板和热二次风挡板,防止冷一、二次风通过跳闸侧的空气预热器未加热进入锅炉和磨煤机,影响安全运行。

(9)调整两台一次风机出力,关闭跳闸侧冷、热一次风挡板,将跳闸侧一次风机停运。

(10)检查排烟温度和跳闸磨煤机出口温度正常、燃烧器风门自动调节正常、运行风机轴承温度正常。

(11)汽轮机监视凝汽器、除氧器、高压加热器和低压加热器水位正常,轴封压力和温度正常,给水泵汽轮机供汽正常,两台给水泵汽轮机流量调节稳定。

(12)如果RB自动动作过程有异常或汽温、壁温有异常,应及时人为干预。

(13)当实际负荷与目标负荷相差20MW时,检查RB自动复位。

检查送风机跳闸原因，根据情况进行处理。

4-80 引风机 RB 处理要点有哪些?

答:（1）发现引风机跳闸，检查 RB 连锁动作正常，锅炉主控目标快降至 480MW，汽轮机 TF 方式。否则按手动 RB 处理。

（2）检查同侧送风机联跳，跳闸的引、送风机静（动）叶到零，出口挡板关闭，否则手动关闭。

（3）检查运行侧风机出力自动加至设定值（送风机 75%/引风机 83%/一次风机 70%）且未过电流 [送风机 329A/引风机 882A (5500r/min) /一次风机 401A]，炉膛负压（－100Pa）及总风量 (2100t/h) 自动调节正常。

（4）保留 3 台磨煤机运行，E、B、D 磨煤机间隔 10s 跳闸。A 磨煤机运行时等离子点火系统投入，未运行投入最下层磨煤机油枪。

（5）燃料量（200t/h）、给水量（1420t/h）到达目标值附近，自动调节正常，严密监视煤水比匹配、过热度在合适范围。

（6）监视汽轮机调门在 RB 动作后先关后开（82%～92%），主汽压力目标 14.5MPa。汽温下降过快而关调门时应防止调门关闭过度。

（7）调整过热器一、二级减温水和再热器减温水，调整烟气挡板，维持主汽温、再热汽温稳定，监视锅炉金属壁温不超限。

（8）关闭跳闸侧空气预热器入口烟气挡板和热二次风挡板，防止冷一、二次风通过跳闸侧的空气预热器未加热进入锅炉和磨煤机影响安全运行。

（9）调整两台一次风机出力，关闭跳闸侧冷、热一次风挡板，将跳闸侧一次风机停运。

（10）检查排烟温度和跳闸磨煤机出口温度正常。检查燃烧器风门自动调节正常。检查运行风机轴承温度正常。

（11）汽轮机监视凝汽器、除氧器、高压加热器和低压加热器水位正常，轴封压力和温度正常，给水泵汽轮机供汽正常，两台给水泵汽轮机流量调节稳定。

（12）如果 RB 自动动作过程有异常或汽温、壁温有异常，应及时人为干预。

（13）当实际负荷与目标负荷相差20MW时，检查RB自动复位。检查引风机跳闸原因，根据情况进行处理。

4-81 两台送风机跳闸，MFT锅炉侧的现象及处理方案是什么？

答：现象：

（1）MFT动作报警，光字牌亮。

（2）MFT首发信号为两台送风机全停。

（3）锅炉所有燃料切断，炉膛灭火。

（4）两台送风机跳闸报警。

（5）蒸汽流量急剧下降，机组负荷降到零，汽轮机跳闸。

处理方案：

（1）MFT动作时，检查下列设备联动正常，否则应手动干预。

1）一次风机停，密封风机停。燃油快关阀关闭，燃油回油阀关闭。

2）磨煤机、给煤机全停，磨煤机热风门关闭，磨煤机出口门关闭。

3）汽轮机跳闸。

4）吹灰器停运。

5）过热器、再热器减温水总门关闭，过热器一、二级减温水调整门前隔离门关闭。

6）各层挡板开启。

（2）MFT动作后手动处理原则。

1）注意给水调节。

2）注意炉水循环泵的运行是否正常，当发生振动、差压低及电流摆动时，应暂停该泵运行。

3）注意发电机解列后，厂用电系统运行正常。

（3）查明MFT原因并消除后，进行炉膛吹扫，MFT复归后重新点火。

（4）当机组重新并列，且负荷大于50%时，应逐台吹扫因MFT动作跳闸且尚未投用的磨煤机。

4-82　吸风机、送风机、一次风机静叶、动叶执行机构断电后如何处理？

答：（1）立即到就地将执行机构切至就地控制。

（2）将指令调至与动叶就地指示一致，调整两风机出力平衡。

（3）检查控制电源是否失电。

（4）热工检查无异常，复位执行机构断电逻辑，断电后静叶或动叶位返坏点，必须强制为好点才允许复位。

（5）复位后调整静叶、动叶动作正常，投入风机自动。

4-83　直流锅炉的给水泵跳闸如何处理？

答：一台给水泵跳闸后应迅速加大另一台运行泵的出力（注意不得过载）。同时应迅速降低锅炉负荷至额定负荷的60%左右，直流锅炉要控制中间点温度和出口温度在正常范围。若运行中的给水泵全部跳闸，则保护应动作停炉。保护拒动时应执行紧急停炉。

4-84　空气预热器跳闸事故处理原则是什么？

答：（1）送风量调整至当前能保持的最大值，通过调整燃料量来使煤风比匹配。

（2）磨煤机一次风量维持正常运行值，一次风量不足考虑投入启动油枪并维持较少的磨煤机运行。

（3）保证空气预热器的安全，防止空气预热器卡死和着火。

（4）机组最终负荷和燃料量由送风机允许的最大出力决定。

4-85　空气预热器跳闸如何进行手动事故处理？

答：两台空气预热器运行，机组负荷大于50%MCR，一台空气预热器跳闸，手动事故处理如下：

（1）检查跳闸空气预热器对应侧的送风机、一次风机跳闸；将运行送风机和一次风机出力加至最大（注意不要使送风机、一次风机过载运行）；检查关闭跳闸送风机的出口挡板和出口联络挡板；检查关闭跳闸一次风机出口挡板、出口冷风挡板、一次风机出口联络挡板；检查关闭跳闸空气预热器一次风热风出口挡板、二次风热风出口挡板、空气预热器入口烟气挡板；检查炉膛负压自动跟踪良好；检查一次风机出口压力自动跟踪良好。

（2）协调未自动解除，立即解除协调，机组控制方式为机跟随，将主汽压力设置降低。

（3）解除燃料主控自动，降低燃料量。若制粉系统运行数量大于3台，逐渐打跳制粉系统，最后保留3台制粉系统运行（保留的制粉系统遵循以下原则：尽量保持下层磨煤机运行；尽量避免磨煤机隔层运行）；磨煤机停止后防止一次风压低，所有停止磨煤机的热风和冷风插板全部关闭。

（4）检查给水自动跟踪良好，汽水系统沿程温度正常。

（5）如果燃烧系统大幅度扰动燃烧不稳定，投入运行磨煤机的点火油枪运行。

（6）立即解除跳闸空气预热器间隙调整装置自动，将扇形挡板紧急提升；组织人员查找空气预热器跳闸的原因并手动盘动空气预热器；空气预热器就地派专人巡视，防止空气预热器着火。

（7）系统运行相对稳定后根据送、一次风机出力情况适当调整风量、燃料量、给水量，保证机组在允许的最大出力稳定运行，消除故障后恢复机组正常运行。

4-86　如何防止锅炉重要辅机损坏？

答：（1）锅炉重要辅机，如磨煤机、引风机、送风机、一次风机、空气预热器、炉水循环泵等，在启动前各连锁保护必须投入，并做好连锁保护试验。

（2）各转机轴承油位正常，冷却水畅通。

（3）就地事故按钮及其回路应保持完好，如转动设备运行异常，危急设备安全时，应就地按事故按钮，使其紧急停止。

（4）借助设备点检定修管理，做好设备状态分析，振动、温度、油质等的跟踪分析。

（5）确保动叶可调轴流风机的动叶与机壳间隙以及动叶角度要符合要求，运行中要避免轴流风机在失速区工作。

（6）要加强风机检修质量检验工作。叶轮、叶片表面无裂纹，采用挖补、防磨堆焊工艺时要进行无损检测。

（7）长时间停运备用的风机要做好叶片保养工作。

（8）每次检修时对液压调节机构的调节头进行检修，防止因液压缸等失修造成风机故障而引发事故。

（9）加强送风机、一次风机入口防雨罩、消声器等设施的管理。

4-87　如何防止空气预热器损坏？

答：（1）空气预热器的火灾报警系统应可靠、灵敏，并能在远方监控。

（2）消防系统、蒸汽吹灰系统正常投入使用。

（3）精心调整锅炉燃烧系统的运行工况，防止未完全燃烧的油和煤粉存积在尾部受热面或烟道上。

（4）锅炉燃用渣油或重油时应保证燃油温度和油压在规定值内，保证油枪雾化良好、燃烧完全。

（5）在冬季要正常投入暖风器防止空气预热器低温腐蚀。

（6）运行中发现锅炉尾部烟道发生再燃烧时，应立即停炉。

（7）若发现回转式空气预热器停转，应立即将其隔绝，投入消防蒸汽和盘车装置。若挡板隔绝不严或转子盘不动，应立即停炉。

（8）吹灰蒸汽应具有一定的过热度，防止吹灰蒸汽带水吹灰。机组启动和停运阶段，采用连续吹灰，而且吹灰压力要足；锅炉负荷大于25%额定负荷时至少每8h吹灰一次，当回转式空气预热器烟气侧压差超标或低负荷煤、油混烧时，应增加吹灰次数。

（9）大小修必须检查空气预热器入口烟道和出口风道的积灰情况，支撑及其膨胀节的腐蚀、磨损情况。发现积灰、磨损及时更换并采取防磨措施。

第五章

汽动引风机

5-1　汽动引风机系统的一般配置有哪些?

答: 引风机采用小汽轮机驱动，在系统上需要设置开式循环冷却水、凝汽器抽真空系统、小汽轮机进汽系统、凝结水回收系统、小汽轮机轴封系统、小汽轮机润滑油系统。相对应的设备有小汽轮机、凝汽器、凝结水泵、真空泵、汽封冷却器、润滑油供油装置等。

5-2　为什么在汽动引风机两台风机之间要设置交叉冷却管路?

答: 由于小汽轮机启动时间较长，特别是暖机时间，在此过程中，要保证风机不在失速区运行，更不允许发生喘振。为防止第二台引风机启动后并列运行前发生风机过热、喘振等异常工况，特设置“推型”交叉冷却管路，如图 5-1 所示。当第二台引风机小汽轮机转速大于 500r/min 时，开引风机入口再循环门，由正常运行的一台启动风机的出口进入另一台刚启动风机的入口，待升速至 2750～2850r/min 时，入口门联开，然后导叶逐渐开大，逐步升速并列。

5-3　采用小汽轮机驱动引风机有何优点?

答: 火力发电厂中占厂用电率比重最大的辅机是引风机和给水泵，给水泵采用汽轮机驱动后，引风机成为耗电量最大的辅机。由于采用引风机和增压风机合一技术，使得引风机的功率更大，目前，小汽轮机在国内运行经验已经很成熟，引风机采用汽动驱动具有必

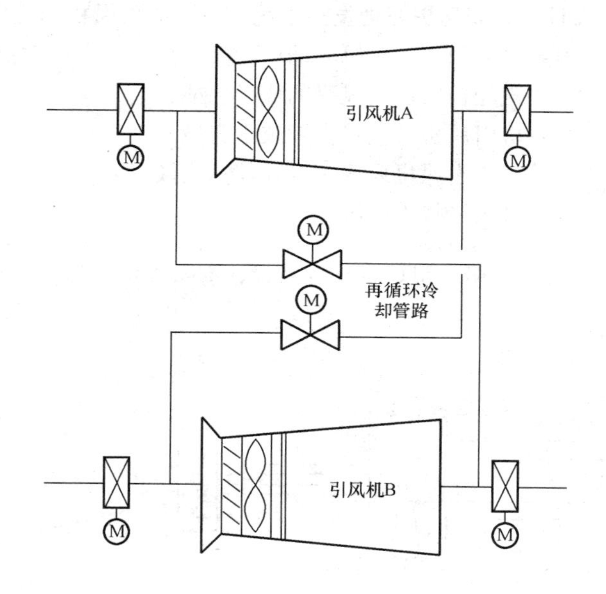

图 5-1 “推型”交叉冷却管路

要性。

（1）大幅度降低厂用电率（约 1.0%）。

（2）在锅炉不同负荷下，引风机静叶都能保持最优开度，使风机始终处于高效率区域运行。

（3）彻底消除大电动机启动时对厂用电系统的影响。

5-4 汽动引风机小汽轮机进汽汽源如何配置？为何不采用再热器前蒸汽？

答：小汽轮机正常进汽汽源取自四段抽汽，启动及辅助蒸汽汽源采用辅助蒸汽。

由于再热器前蒸汽过热度偏低，汽轮机通流部分过早进入湿蒸汽区，水冲击较大，大部分动、静叶均需更换为经抗水蚀处理的动、静叶，成本大大增加，若不进行水蚀处理，汽轮机寿命将大大缩短。因此不取用再热器前蒸汽。

5-5　设计上，如何更好地发挥小汽轮机驱动引风机的性能？

答：在引风机采用小汽轮机驱动后，需要突破3个关键技术，才能更好地发挥小汽轮机驱动引风机的优异性能：

（1）小汽轮机引风机长轴系设计技术突破。

（2）小汽轮机与引风机齿轮箱设计技术突破。

（3）全程控制策略技术突破。

5-6　小汽轮机驱动引风机长轴系设计有何技术突破？

答：如图5-2所示。

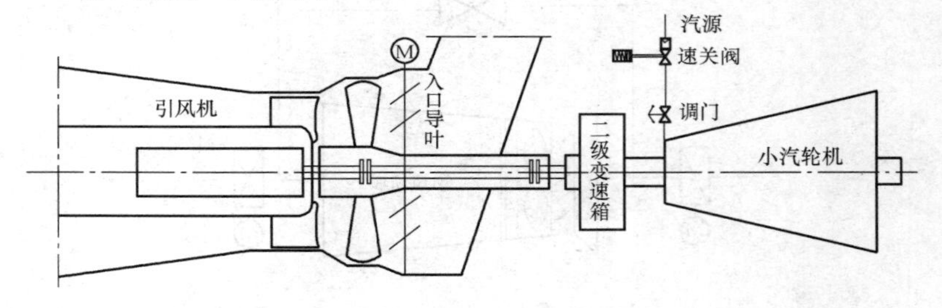

图5-2　引风机长轴系设计

（1）引风机和小汽轮机之间通过齿轮箱连接，采用二级变速齿轮型，变比为7.3。

（2）小汽轮机和齿轮箱之间通过膜片式联轴器连接，采用“柔性连接”联轴器。

（3）低速轴系设计解决的最大问题是，滑动轴承和滚动轴承共存于同一轴系的轴系振动计算问题。

5-7　汽动引风机采用什么控制策略实现全程控制？

答：（1）炉膛压力控制策略。

（2）风机并列控制策略。

（3）调速特性匹配策略。

（4）快速降出力控制策略。

（5）风机全程自动控制及炉膛负压全程自动调整策略。

5-8　汽动引风机运行的定义是什么？引风机转速投自动的条件

是什么？

答： 汽动引风机运行的定义为：引风机小汽轮机的转速大于2750r/min且无小汽轮机跳闸指令。

引风机转速投自动条件（与）：引风机A、B运行且导叶开度均不小于70%；引风机A运行、引风机B停止，且引风机A导叶开度不小于70%、小汽轮机转速不小于2800r/min；引风机B运行，引风机A停止，且引风机B导叶开度不小于70%、小汽轮机转速不小于2800r/min。

5-9 引风机转速跳手动控制条件是什么？引风机导叶投退自动条件是什么？引风机导叶跳手动条件是什么？

答： 引风机转速跳手动控制条件（或）：引风机A、B运行且任一小汽轮机转速小于2650r/min；引风机A运行、引风机B停止，且小汽轮机转速小于2650r/min；引风机B运行、引风机A停止，且小汽轮机转速小于2650r/min；炉膛负压测点故障；引风机跳闸。

引风机导叶投自动条件（与）：引风机运行延时60s；引风机没有闭锁增减信号。

引风机导叶退自行条件（或）：引风机入口导叶执行机构故障；炉膛负压测点故障。

5-10 汽动引风机小汽轮机如何实现炉膛负压的正常调节？

答： 在机组启停及低负荷时由引风机导叶控制负压，机组正常运行情况下，风机小汽轮机在最小转速运行时由导叶闭环控制切换到转速闭环控制；炉膛压力偏差通过比例加积分作用和送风机动叶指令前馈控制引风机小汽轮机转速；引风机入口导叶开环控制，开度指令由负荷指令的函数产生。在小汽轮机转速2800r/min以上，引风机静叶开度从0%～70%之间控制负压，静叶开度大于70%后进入转速控制回路。

5-11 如何对汽动引风机进行并列操作？

答： 稳定负荷、风量下进行风机并列。以实际机组负荷400MW，风量2000t/h为例。见图5-3。引风机A从盘车状态重新挂闸冲转，

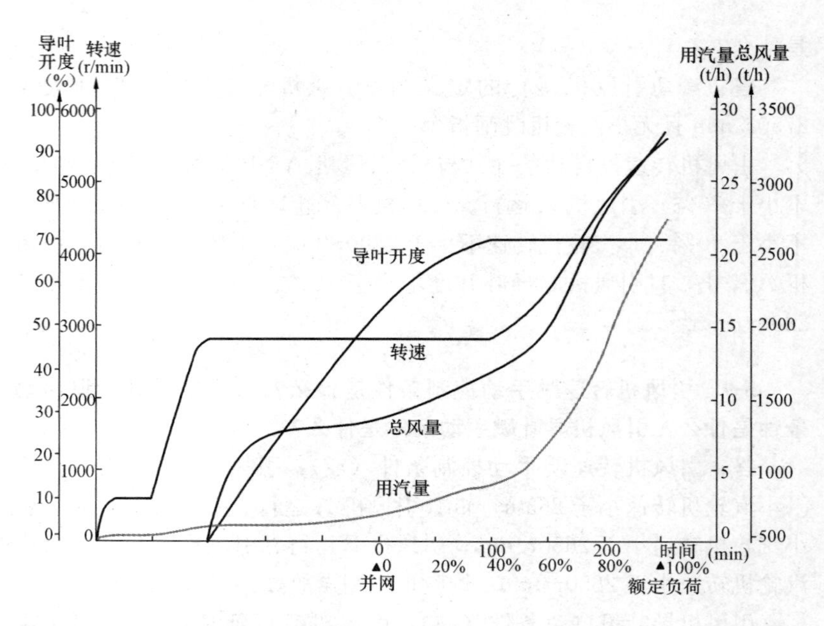

图 5-3　引风机—小汽轮机组冷态启动曲线

升速至 2850r/min 后，开启导叶后维持 7%固定开度继续升速，两台小汽轮机转速一致后继续开大导叶开度直至出力平衡，从开启风机入空门直至并列用时 8min。在引风机 A 出力增大过程中，炉膛负压波动较小，齿轮箱振动。在引风机 A 升速至 4000r/min，风机憋压较大时，齿轮箱后轴承振动最大为 57.3μm。之后随风机出力的增大，振动恢复至正常水平。

5-12　汽动引风机为什么要对风机导叶和小汽轮机转速进行匹配？

答：汽轮机驱动引风机在国内尚属首次，调速特性匹配至关重要，当迅速关小引风机导叶开度时，由于小汽轮机输入（蒸汽流量或调门开度）的调节速度的滞后性，必将导致小汽轮机转速迅速上升，严重时导致小汽轮机机械超速跳闸发生 RB 动作，甚至发生炉膛负压低保护 MFT。所以小汽轮机调门开度（蒸汽流量）与小汽轮机转速、引风机导叶开度存在一个函数关系，确保小汽轮机和引风机的调节匹配。

5-13 简述小汽轮机驱动引风机 RB 动作时控制策略。

答：（1）实现了机组在发生辅机故障 RB 特殊工况下，对炉膛负压快速调节的功能，控制回路设计静叶快速辅助调节，增加引风机导叶超驰快速调节回路，以快速适应机组故障工况炉膛负压系统大幅度扰动。

（2）实现了在机组跳闸时，对炉膛负压快速调节的功能，设计了引风机减小出力的快速调节回路，以快速适应机组故障工况炉膛负压系统大幅度扰动，而且保证引风机不出现甩负荷现象。

（3）控制回路充分考虑了引风机小汽轮机出力反应的滞后情况，将 DCS 指令速率增加到 40～50r/s，小汽轮机电调控制指令（MEH）指令偏差切手动增加到偏差达 1500r/min。经过试验，有效地消除了小汽轮机跟踪不足问题。

5-14 如何实现炉膛负压全程自动调整及汽动引风机全程自动控制？

答：熔膛负压全程自动调整：

全程负压调节有静叶自动调节和小汽轮机转速自动调节两种基本控制方式，包括在启动（停机）过程中控制方式的自动无扰切换。切换过程如下：在风机启动过程中，引风机小汽轮机先在风机入口导叶关闭的前提下，自动升速到小汽轮机远控最低转速 2800r/min 维持不变，由风机导叶开度自动来控制炉膛的负压。

汽动引风机全程自动控制：

（1）随着锅炉负荷的升高要求引风机出力增大，导叶开度将在导叶自动控制回路的作用下逐渐开大，导叶开度到 70%后，导叶自动控制回路自动切为手动，导叶最终开度自动过渡到与机组负荷相对应的经济开度（是负荷的经验函数）。

（2）对应的风机小汽轮机转速控制回路自动切为自动控制方式，由转速自动回路自动来控制炉膛的负压，实现引风机在机组启动过程中的全程自动控制功能。

（3）在机组停机过程中，引风机的出力需要逐渐减小，导叶自动控制回路和转速自动控制回路的自动切换过程正好与启动过程相反，这样也就实现了引风机在停机过程中的全程自动控制。

5-15 汽动引风机安全控制思路是什么？

答：（1）引风机小汽轮机转速可远程控制，在2750～6235r/min（对应风机转速为375～850r/min）范围内应能连续平稳运行。

（2）引风机小汽轮机暖机转速在800r/min左右（该转速可以根据现场调试需要上下调整，调整范围一般为500～1000r/min），目前齿轮箱速比为7.33，对应引风机转速为109r/min，避开喘振区。

（3）转速自动控制，当负压超过±1500Pa时，会闭锁增或减。

（4）导叶自动控制，当负压超过±2200Pa时，会闭锁增或减。

（5）当主机出现甩负荷、汽轮机跳闸、锅炉跳闸等状况时，引风机降负荷是逐步实现的过程，因此需要切换至辅汽。

（6）引风机跳闸，延时跳相应侧送风机；两侧风机均运行时，若送风机跳闸联跳相应侧引风机，该引风机入口导叶超驰关（大于最小开度）。

（7）MFT时，引风机入口导叶超驰关，转速回路若在自动调节方式，则继续维持炉膛压力。

（8）引风机小汽轮机跳闸转速设置如下：电子跳闸转速1为6308r/min，延时30min后跳闸，电子跳闸转速2为6382r/min无需延时直接跳闸；机械跳闸转速为6858r/min；MEH电超速后备6950r/min。

5-16 汽动引风机运行时有什么注意事项？

答：（1）正常满负荷运行时要注意引风机轴承或者齿轮箱的振动情况。

（2）引风机并列、解列运行时，要注意风机抢风和喘振，注意炉膛负压。

（3）汽轮机驱动式引风机如何快速地参与变负荷、甩负荷等工况的调节。

（4）提高引风机调节炉膛负压的快速性、安全性。

5-17 汽动引风机启动过程中应注意哪些事项?

答:(1)在引风机小汽轮机的启动过程中，注意转速上升平稳，不应产生过大的波动。

(2)引风机小汽轮机过临界转速时，应严密监视小汽轮机轴振最大不超过 80μm，减速机轴振不超过 80μm。

(3)引风机小汽轮机、齿轮箱、风机无摩擦声。

(4)引风机小汽轮机各轴承金属温度和回油温度正常。

(5)当带 10%的负荷时，检查小汽轮机相应的蒸汽疏水门已关闭。

(6)引风机小汽轮机汽源切换过程注意保证小汽轮机转速、炉膛负压的稳定性。

5-18 汽动引风机停运过程中应注意哪些事项?

答:(1)机组负荷小于 30%B-MCR 时，逐步将小汽轮机汽源由四抽切至辅汽。注意切换过程保证汽源稳定性，不造成小汽轮机转速及炉膛压力波动。

(2)手动脱扣停运的引风机小汽轮机，检查小汽轮机速关阀、调阀均关闭严密，转速下降。

(3)小汽轮机转速降至小于 10r/min 时，检查盘车电机自启动，小汽轮机盘车啮合正常，维持该转速进行。

(4)停机 1h 后打开疏水门进行疏水(由于刚刚停机时汽缸炽热，防止空气倒流至汽缸)。

(5)注意真空到零，停轴封，关闭轴封进汽调节阀。

(6)停机后，连续运行盘车装置直到小汽轮机充分冷却，连续运行盘车至少需要 24h。

(7)即使盘车运行完全结束后，轴承润滑油也必须运行至少10h，这样从汽轮机内部传至转子的热就不会对轴承造成损坏，油泵运行至轴承温度不超过 75℃，以后再对轴承继续冷却时，应调整冷油器出口油温不高于 45℃，在汽缸壁温小于 150℃，经过充分冷却后，可停止盘车。

第六章

制粉系统

6-1 典型的制粉系统有哪些类型？制粉系统运行的主要任务是什么？

答：典型的制粉系统有中间储仓式和直吹式两种。主要任务是：

（1）以满足锅炉最大出力为前提，保证合格的煤粉细度和均匀性。

（2）保持制粉系统的经济运行。

（3）保证设备处于安全的运行工况。

6-2 什么是直吹式制粉系统？有哪几种类型？

答：磨煤机磨出的煤粉不经中间停留，而被直接吹送到炉膛去燃烧的制粉系统，称为直吹式制粉系统。

直吹式制粉系统大多配用中速磨煤机或高速磨煤机（风扇磨煤机或锤击磨煤机）。根据排粉机安装位置不同，直吹式制粉系统分为正压系统与负压系统两类。

6-3 简述煤粉在中速磨煤机（HP1203/Dyn）里面的分离过程。

答：煤粉在中速磨煤机里面一共进行两次分离。

第一次分离：热一次风经磨煤机下部叶轮后成旋转的一次风将磨碗上的煤粉往上带，碰到叶轮上部的突缘进行第一次分离，粗的煤粉回到磨碗继续进行碾磨。

第二次分离：上升的煤粉到达旋转的动态分离器叶片处，较粗的煤粉遇到旋转的叶片便被抛出，回到磨碗，进行下个循环。分离器旋转的速度能改变煤粉所受的离心力，当速度大时，离心力大，煤粉难通过，所以煤粉较细。

6-4 磨煤机动态分离器的工作原理是什么？动态与静态分离器相比有什么优点？

答：动态分离器利用空气动力学和离心力将细煤粉从粗煤粒中分离出来。煤粉经过固定折向板初级分离以后，继续上升，通过分离器体进入旋转的叶片式转子，气流中的煤粒因受到转子的撞击，较大的煤粒就会被转子抛出，而较小的煤粒则被允许通过转子，进入煤粉管道，那些被抛出的煤粒则返回至磨碗被重新研磨，这些煤粒会在磨煤机内形成一个循环过程。

与静态分离器相比，在同样出力工况下，动态分离器的内循环负荷要小，动态分离器的分离效率有了显著的提高，动态分离器有效地减少了细煤粉在磨煤机内部的循环次数，大大提高了研磨效率和磨煤机能力。静态分离器不能有效的将细的煤粉从粗煤粉中分离出来，会导致细煤粉在磨煤机里再次循环。

6-5 磨煤机动态分离器的作用以及转速控制方法是什么？

答：动态分离器作用：改善了煤粉细度，提高了燃料热效率，改善了锅炉燃烧状况。

动态分离器的转速取决于给煤速度，当给煤机速度加快时，分离器转速也加快，即分离器的转速随着磨煤机给煤速度而相应变化。实践中，要制订出给煤速度和分离器转速与煤粉细度的关系曲线，然后通过曲线来自动控制分离器转速，图 6-1 是中速磨煤机的关系曲线。

6-6 防爆门的作用是什么？制粉系统哪些部位需装设防爆门？

答：制粉系统中发生煤粉自燃，会迅速引起爆炸，其爆炸压力可达 245kPa 左右。装设防爆门的目的是，制粉系统一旦发生爆炸时，防爆门首先破裂，气体由防爆门排往大气，使系统泄压，防止损坏设

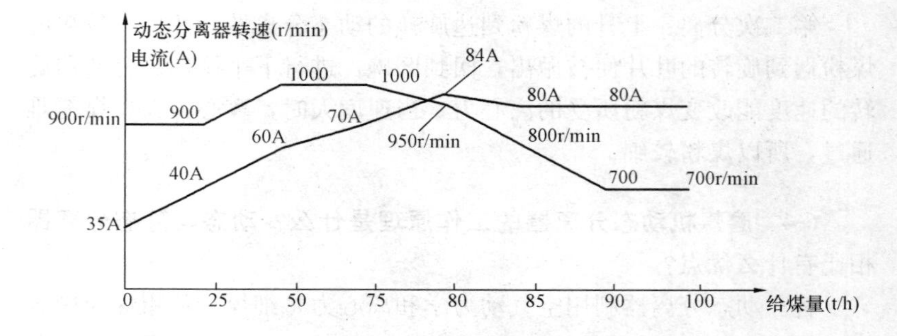

图 6-1　中速磨煤机给煤速度、动态分离器转速与煤粉细度关系曲线

备，保障人身安全。

防爆门应装在磨煤机进出口管道上、磨煤机一次风进口风管、粗粉分离器、细粉分离器及其磨煤机出口管道上，煤粉仓、螺旋输粉机、排粉机前等处。

6-7　一次风的作用是什么?

答:（1）干燥煤粉。

（2）输送煤粉。

（3）满足挥发分的燃烧。

6-8　密封风密封制粉系统的哪些部位?

答:（1）给煤机（也有的采用冷一次风）。

（2）磨煤机出口风门（也有的采用冷一次风）。

（3）磨碗。

（4）动态分离器轴承。

（5）弹簧加载装置。

6-9　简述火检风机的作用。

答:（1）冷却火检探头。

（2）防止烧坏火检探头。

6-10　直吹式制粉系统对锅炉运行有哪些影响?

答: 直吹式制粉系统风量过大，一次风量和一次风压也大，使一次风速增大，着火推迟；反之，制粉系统风量过小，使着火提前，并易造成一次风管堵管，不利于着火燃烧。

如果给煤量不均匀，就会造成一次风压忽高忽低，使炉内火焰不稳定，易造成灭火；如果煤粉过粗，可造成不完全燃烧，q_4 增加；而煤粉过细，则制粉电耗增加，制粉系统磨损也大；若磨煤机出口温度过高，则易发生制粉系统爆炸。

6-11　什么是磨煤出力与干燥出力？

答：磨煤出力是指单位时间内，在保证一定煤粉细度的条件下，磨煤机所能磨制的原煤量。

干燥出力是指单位时间内，磨煤系统能将多少原煤由最初的水分 M_{ar}（收到基水分）干燥到煤粉水分。

6-12　磨煤通风量与干燥通风量的作用是什么？两者如何协调？

答：送入磨煤机的风量有两个作用：一是以一定的流速将磨出的煤粉输送出去；二是以其具有的热量将原煤干燥。考虑这两个方面，所需的风量分别称为磨煤通风量与干燥通风量。

协调这两个风量的基本原则是：首先满足磨煤通风量的需要，以保证煤粉细度及磨煤机出力，其次通过调节温度保证干燥任务的完成。

6-13　影响中速磨出力的主要因素是什么？

答：（1）动态分离器转速。

（2）一次风干燥能力（一次风温及通风量）。

（3）风环气流速度。

（4）磨辊碾压力。

（5）煤种特性。

6-14　磨煤机磨碗差压大有哪些原因？

答：（1）磨煤机内部有堵煤情况。

（2）石子煤堵塞或长时间没排放。

（3）磨煤机碾磨能力差。

（4）动态分离器转速太高。

（5）一次风量太低。

（6）煤水分高，黏度高，可磨性差。

6-15 为防止锅炉制粉系统粉尘爆燃或爆炸事故的发生应采取哪些措施?

答:（1）在运行中应严格控制磨煤机出口温度不超过规定值。

（2）在运行中应检查煤斗的温度，防止有火星的煤进入磨煤机内。

（3）在运行中应加强对煤质的监控，防止有爆炸性的物质进入磨煤机内。

（4）当发现磨煤机出口温度升高时，运行人员应查明温度升高的原因，并采取相应的措施把磨煤机出口温度降下来。

（5）运行的制粉系统不应有漏粉现象，漏出的煤粉应及时清除。

（6）禁止在制粉设备的附近吸烟或点火，不允许在运行中的制粉系统上进行焊接工作。

（7）锅炉停炉时间在 15 天以上应将煤斗烧空。

（8）磨煤机停止前应将磨煤机内的煤粉吹扫干净。

（9）磨煤机启动前，必须认真检查制粉系统内有无积粉自燃现象，若有应清除干净后方可启动。

（10）应根据煤质情况及时调整磨煤机的出口温度运行。

（11）磨煤机启动前和运行中保证磨煤机的四个出口门处于全开位置，防止由于煤粉管回火造成磨煤机着火。

（12）巡检在检查时要对运行的磨煤机和煤粉管道进行认真的检查，发现有温度异常现象应及早采取措施处理。

（13）磨煤机停运时，减少给煤量的同时，值班员根据煤质情况适当降低磨煤机出口温度 5～10℃运行，尽量保持磨煤机的风量稳定，防止风量波动使磨煤机在停运时发生着火现象。

（14）在磨煤机着火后，应立即停运给煤机并关闭热风门，全开冷风门，温度上升无法控制时投入蒸汽进行灭火。

6-16 直吹式制粉系统在自动投入时，运行中给煤机皮带打滑，对锅炉燃烧有何影响?

答：磨煤机瞬间断煤，磨煤机出口温度上升，给煤机给煤指令增大，汽温、汽压下降，若处理不当，将使磨煤机产生强烈振动，燃烧不稳。

6-17 中速磨煤机运行中进水有什么现象?

答：磨煤机出口温度下降，热风调门开度增大，冷空气进入炉膛，造成燃烧不稳，可能发生灭火，蒸汽压力和温度下降，机组负荷下降。

6-18 简述直吹式制粉系统的启动程序。

答：以具有热一次风机正压直吹式制粉系统为例，其原则性启动程序如下：

（1）调整风压至规定值，开启待启动的磨煤机入口密封风门，保持正常密封风压。

（2）启动润滑油泵，调整好各轴承油量及油压。

（3）开启磨煤机进口热风挡板及出口挡板进行暖磨，使暖磨后温度上升至规定值。

（4）启动磨煤机、给煤机。

（5）制粉系统运行稳定后投入自动。

6-19 简述直吹式制粉系统的停止顺序。

答：（1）停止给煤机，吹扫磨煤机及输粉管内余粉，并维持磨煤机温度不超过规定值。

（2）磨煤机内煤粉吹扫干净后，停止磨煤机。

（3）再次吹扫一定时间。

（4）磨煤机出口的隔绝挡板应随一次风机的停止而自动关闭或手工关闭。

（5）关闭磨煤机密封风门。

（6）视情况停止润滑油泵。

6-20　制粉系统为何在启动、停止或断煤时易发生爆炸？

答： 煤粉爆炸的基本条件是合适的煤粉浓度、较高的温度或火源以及有空气扰动等。

（1）制粉系统在启动与停止过程中，由于磨煤机出口温度、一次风量不易控制，易因超温而使煤粉爆炸。

（2）制粉系统在启动与停止过程中，由于磨煤机一次风量不易控制，易造成风量过低引起回火而爆燃。

（3）运行过程中因断煤而处理又不及时，使磨煤机出口温度过高而引起爆炸。

（4）在启动或停止过程中，磨煤机内煤量较少，研磨部件金属直接发生撞击和摩擦，易产生火星而引起煤粉爆炸。

（5）制粉系统中，如果有积粉自燃，启动时由于气流扰动，可能引起煤粉爆炸。

（6）制粉浓度是产生爆炸的重要因素之一，在停止过程中，风粉浓度会发生变化，当具备合适浓度又有产生火源的条件时，可能发生煤粉爆炸。

6-21　中速磨煤机停止运行时，为什么必须吹净余粉？

答： 停止制粉系统时，在给煤机停止给煤后，要求磨煤机再运行一段时间方可相继停运，以便吹净磨煤机内余粉。这是因为磨煤机停止后，如果还残余有煤粉，就会慢慢氧化升温，最后会引起自燃爆炸。另外磨煤机停止后还有煤粉存在，下次启动磨煤机，必须是带负荷启动，本来电动机启动电流就较大，这样会使启动电流更大，特别对于中速磨煤机会更明显。

6-22　锅炉停用时间较长时，为什么必须把原煤仓的原煤用完？

答： 按照有关规程要求，在锅炉停炉检修或停炉长期备用时，停炉前必须把原煤仓中的原煤用完，才能停止制粉系统运行。其主要目的是为了防止在停用期间，由于原煤的氧化升温而可能引起自燃爆炸。另外，原煤用完，也为原煤仓的检修以及为给煤机、闸板门等设备的检修，创造良好的工作条件。

6-23 磨煤机为什么不能长时间空转？

答：磨煤机在试运行时，停磨抽净煤粉时或启动时，都要有一段时间的空转。但根据有关规程要求，中速磨煤机断煤情况下的空转时间一般不得大于1min。这样要求的原因是：磨煤机空转时，研磨部件金属直接发生撞击和摩擦，使金属磨损量增大；金属直接发生撞击与摩擦，容易发生火星，又有可能成为煤粉爆炸的火源。所以，必须严格控制磨煤机的空转时间。

6-24 煤粉细度是如何调节的？

答：煤粉细度可通过改变通风量、粗粉分离器挡板开度或转速来调节。

（1）减小通风量，可使煤粉变细，反之煤粉将变粗。当增大通风量时，应适当加大分离器转速，以防煤粉过粗。同时，在调节风量时，要注意监视磨煤机出口温度。

（2）减小动态分离器转速，可使煤粉变粗，反之则变细。但在进行上述调节的同时，必须注意对给煤量的调节。

6-25 磨煤机运行时，若原煤水分升高，应注意些什么？

答：原煤水分升高，会使煤的输送困难，磨煤机出力下降，出口气粉混合物温度降低。因此，要特别注意监视检查和及时调节，以维持制粉系统运行正常和锅炉燃烧稳定。主要应注意以下几方面：

（1）经常检查磨煤机出入口管壁温度变化情况。

（2）经常检查给煤机落煤有无积煤、堵煤现象。

（3）加强磨煤机出入口压差及温度的监视，以判断是否有断煤或堵煤的情况。

（4）加强磨煤机一次风量、电流、磨碗压差监视，以判断是否堵煤。

6-26 运行过程中怎样判断磨煤机内煤量的多少？

答：（1）如果磨煤机出入口压差增大，说明存煤量大，反之是煤量少。

（2）磨煤机出口气粉混合物温度下降，说明煤量多；温度上升，说明煤量少。

（3）电动机电流升高，说明煤量多（但满煤时除外）；电流减小，说明煤量少。

（4）有经验的运行人员还可根据磨煤机发生的声响，判断煤量的多少：声音小、沉闷，说明磨煤机内煤量多；如果声音大，并有明显的金属撞击声，则说明煤量少。

6-27　停止磨煤机运行时有哪些注意事项？

答：（1）磨煤机正常停运时，必须将磨煤机内存粉彻底吹空，风量不小于90t/h进行吹扫。

（2）磨煤机吹扫10min左右后停止，可以避免下次启动时跑粉和机组负荷扰动大。

（3）磨煤机长时间停止后可停止磨煤机润滑油系统及冷却水系统。

（4）停磨煤机期间监视磨煤机各部分测点的温度变化情况，发现异常和火险及时处理。

（5）在磨煤机一次风停运前，不得将密封风关闭。

（6）在停运磨煤机时可根据下列现象判断磨煤机已吹空：

1）磨煤机电流至空载电流；

2）磨煤机噪声较大；

3）磨煤机进口和动态分离器出口的温差迅速减小；

4）磨煤机进、出口压差降低。

6-28　给煤机运行中检查、维护项目有哪些？

答：（1）给煤机皮带无跑偏、破损现象。

（2）给煤机观察窗清洁可透视，内部照明良好。

（3）称重托辊转动正常，辊子上无结煤。

（4）给煤机内无杂物或大块煤堵塞。

（5）皮带清理刮板完好，运行正常。

（6）就地控制盘显示正常，无报警信号，煤量显示累计工作正常。

（7）运行人员不可对给煤机机械设备和控制系统进行调整工作，

发现异常情况应及时联系检修处理。

（8）当发现给煤机皮带跑偏时，应立即将给煤机停运。

6-29　叙述磨煤机连锁保护项目。

答： 出现表 6-1 中任一情况时，运行磨煤机跳闸，联跳给煤机，关闭冷、热一次风挡板，密封风挡板，给煤机密封风挡板、冷风挡板，燃烧器空气冷却阀连锁开启。

表 6-1　磨煤机连锁保护项目

序号	保护内容	备注
1	磨煤机润滑油油压低低	0.05MPa
2	两台低压润滑油泵均跳闸	
3	磨煤机低压润滑油出口温度高	80℃
4	磨煤机两端轴瓦温度高高	60℃
5	磨煤机电动机轴承温度高	80℃
6	磨煤机运行时一次风关断挡板关闭	
7	所有分离器出口挡板关闭	
8	对应火检失去（两侧失去大于或等于 4 个火检或一侧失去大于或等于 3 个火检）	
9	磨煤机运行时对应的两台给煤机全停	延时 10min
10	就地事故按钮跳磨	
11	操作员手动跳磨指令	
12	磨煤机电动机开关跳闸（接受短脉冲信号）	
13	磨煤机运行一次风压低低	
14	两台一次风机全停	
15	RB 动作跳磨	
16	锅炉 MFT	

6-30　叙述密封风机连锁保护项目。

答： 见表 6-2。

表 6-2　　密封风机连锁保护项目

序号	内　容	备　注
1	密封风母管压力小于或等于 13kPa	报警
2	密封风母管压力小于或等于 12kPa	联启备用风机
3	运行密封风机跳闸	联启备用风机
4	两台密封风机全停	联开密封风旁路挡板

6-31　制粉系统启动前应进行哪些方面的检查与准备工作？

答：（1）设备检查：设备周围应无积存的粉尘、杂物；各处无积粉自燃现象；所有挡板、锁气器、检查门、人孔等应动作灵活，均能全开及关闭；制粉系统各阀门、挡板和磨煤机连锁保护试验完成正常，蒸汽灭火装置处于备用状态。

（2）转动机械检查：所有转动机械处于随时可以启动状态；润滑油系统油质良好，温度符合要求，油量合适，冷却水畅通。转动机械在检修后均进行过分部试运转。

（3）原煤仓中备用足够的原煤，煤仓温度正常，空气炮处于备用状态。

（4）电气设备、热工仪表及自动装置均具备启动条件。如果检修后启动，还需做拉合闸试验、事故按钮试验、连锁装置试验等。

6-32　磨煤机的启动操作及注意事项有哪些？

答：（1）建立正常一次风压和密封风压。

（2）打开磨煤机冷风隔离门和出口门，检查燃烧器冷却风门联动关闭，打开磨煤机密封风门，使密封风压与一次风压差值$\Delta p \geqslant 1.96$kPa。

（3）如果磨煤机跳闸后启动，为防止爆燃，以及对炉膛负压的影响，先开冷风门吹扫 10min 以上后再转动磨煤机。

（4）投一次风，打开冷热风隔绝门，调整一次风压大于 1.6kPa，吹扫磨煤机 5～10min。

（5）调整冷热风门，暖磨至磨煤机出口温度 65～80℃。

（6）启动磨煤机，启动动态分离器。

（7）暖磨温度至65℃以上，开启给煤机进口闸板，启动给煤机，将给煤机调到30t/h，观察煤火检正常。

（8）磨煤机启动事故跳闸后再启动前，必须进行至少10min通风吹扫后，方可启动给煤机。

6-33　简述磨煤机的正常停运的操作方法。

答：（1）接到停运制粉系统的命令后，逐渐将给煤率降至最小，关小热风调整门，开大冷风调整门，降低磨煤机出口温度至60℃以下。

（2）关给煤机上闸板，在给煤机走空后停运给煤机，关下闸板。

（3）保持风量90t/h以上，吹扫磨煤机和输粉管道5min，关闭热风隔绝门和调整门。

（4）磨煤机电流至空载电流后，可停止磨煤机运行，关磨煤机出口门，开燃烧器冷却风门。

（5）停运磨煤机动态分离器。

（6）如果磨煤机要备用，应保持油站运行。

6-34　给煤机皮带断裂及损害的可能原因有哪些？如何预防？

答：原因：

（1）给煤机皮带跑偏。

（2）给煤机皮带老化。

（3）原煤自燃。

（4）给煤机清扫电动机故障长期不运行而积煤严重。

（5）原煤带大块煤、矸石或异物。

（6）正常运行给煤机密封风未开启，热风串入给煤机皮带。

（7）磨煤机爆燃时灭火蒸汽开启，但给煤机密封风未开启，火苗串入给煤机烧损皮带。

预防措施：

（1）原煤预控。

（2）输煤处理。

（3）给煤机定期检查。

（4）给煤机清扫电动机确保正常。

（5）给煤机预防堵煤。

（6）给煤机密封风相关逻辑完善。

6-35 磨煤机哪些工况属于危险工况，不能连续运行？

答：（1）内部着火或出口温度急剧升高。

（2）煤粉管道漏粉大。

（3）磨煤机振动大，内部有大块。

（4）风压低，输送煤粉能力不足。

（5）动态分离器无法运行，煤粉较粗。

（6）点火能量较差。

（7）减速机等轴承温度高。

（8）油站异常。

（9）磨煤机运行状况太差，例如磨碗间隙调整不好、衬板脱落、刮板断开等。

（10）燃烧器烧红甚至烧损。

（11）粉管严重堵磨无法吹通。

6-36 磨煤机哪些工况下应及时投入灭火蒸汽？

答：（1）磨煤机爆炸、爆燃。

（2）粉管着火。

（3）出口温度快速上升。

（4）燃用高挥发分煤质时，跳闸后启动。

（5）燃烧器烧红甚至烧损。

6-37 运行磨煤机爆燃后应该怎么处理？

答：（1）爆燃后磨煤机出口温度快速上升，打跳爆燃磨煤机，通灭火蒸汽 15min 以上。

（2）快速降负荷至磨煤机对应负荷值，防止其他磨煤机堵磨。

（3）检查磨煤机、给煤机风门状态，特别是给煤机密封风要开启，防止给煤机进蒸汽。

（4）一段时间后逐渐开大冷风，至一定风量后（50t/h 以上，并具有一定风压）逐渐单个开启磨煤机出口门，对管道进行吹扫、冷却，防止大量煤粉进入炉内造成汽压突然升高。

（5）温度下降后进行石子煤排放。

（6）要及时通知消防及有关人员到现场进行应急处理。

6-38 锅炉首台磨煤机启动点火后，需要注意哪些问题？

答：（1）首台磨煤机的控制：远方参数控制，就地石子煤排放。

（2）燃烧好坏情况。

（3）点火能量的保证：等离子点火系统或者油枪。

（4）连续吹灰，防止二次燃烧：空气预热器、脱硝、脱硫。

（5）锅炉膨胀监视。

（6）升温、升压速率控制，控制好煤量、风量、水量。

6-39 如何防止制粉系统自燃爆炸？

答：（1）检查并消除制粉系统内的积煤、积粉。

（2）严格控制磨煤机出口温度在合格范围内。

（3）除去煤中易燃、易爆物，防止外来火源。

（4）保持煤粉细度、水分合格。

（5）停止磨煤机时要认真吹扫抽粉。

（6）发现磨煤机入口有积煤应及时处理掉，当发现自燃时应加大给煤量，停止磨煤机、给煤机，关闭风门并用蒸汽灭火。

（7）给煤机断煤时，应减少风量，关热风开冷风。

（8）磨煤机跳闸后启动，应先通消防蒸汽防火后，再启动磨煤机。

6-40 什么情况下应紧急停止制粉系统？

答：（1）制粉系统发生爆炸时。

（2）设备异常运行危及人身安全时。

（3）制粉系统附近着火危及设备安全时。

（4）轴承温度超过允许值时。

（5）润滑油油压低于规定值或断油时。

（6）磨煤机电流突然增大或减小超过正常变化范围时。

（7）设备发生严重振动，危及设备安全时。

（8）电气设备发生故障或厂用电中断时。

（9）紧急停止锅炉运行时。

6-41　磨煤机堵煤如何处理?

答:（1）加强石子煤排放。

（2）减小给煤量。

（3）增大风量。

（4）适当提高磨煤机出口温度。

（5）堵塞严重，停止磨煤机进行清理。

6-42　煤粉为什么有爆炸的可能性?它的爆炸性与哪些因素有关?

答:煤粉很细，相对表面积很大，能吸附大量空气，随时都在进行着氧化，氧化放热使煤粉温度升高，氧化加强，如果散热条件不良，煤粉温度升高一定程度后，即可能自燃爆炸。

煤粉的爆炸性与许多因素有关，主要有以下方面：

（1）挥发分含量。挥发分高，产生爆炸的可能性大，而对于挥发分小于10%的无烟煤，一般可不考虑其爆炸性。

（2）煤粉细度。煤粉越细，爆炸危险性越大，对于烟煤，当煤粉粒径大于100μm时，几乎不会发生爆炸。

（3）气粉混合物浓度。危险浓度为1.2～2.0kg/m^3，在运行中，从便于煤粉输送及点燃考虑，一般还较难避开引起爆炸的浓度范围。

（4）煤粉沉积。制粉系统中的煤粉沉积，往往会因逐渐自燃而成为引爆的火源。

（5）气粉混合物中的氧气浓度。氧气浓度高，爆炸危险性大，在燃用挥发分高的褐煤时，往往引入一部分炉烟干燥剂，这是防止爆炸的措施之一。

（6）气粉混合物流速。流速低，煤粉有可能沉积；流速过高，可能引起静电火花。所以气粉混合物流速过高、过低对防爆都不利，一般气粉混合物流速控制为16～30m/s。

（7）气粉混合物温度。温度高，爆炸危险性大，因此运行中应根据挥发分高低，严格控制磨煤机出口温度。

（8）煤粉水分。过于干燥的煤粉爆炸危险性大，煤粉水分要根据挥发分、煤粉贮存与输送的可靠性以及燃烧的经济性综合考虑确定。

6-43 磨煤机温度异常及着火后应如何处理？

答：正常运行中，当磨煤机出口温度高时，应采取适当增加磨煤机煤量、关小热风调节挡板、开大冷风调节挡板的措施，来控制磨煤机出口温度在正常范围内。

当磨煤机出口温度高高时，磨煤机热风隔离门自动关闭，否则应手动关闭热风隔离门，同时开大冷风调节挡板，对磨煤机内部进行降温。

经上述处理后，磨煤机出口温度仍继续上升，当温度高高高时，应保护或人为停止磨煤机及相应的给煤机运行，关闭磨煤机热风、冷风隔离门，关闭磨煤机出口门及给煤机出口煤闸门，关闭磨煤机密封隔离门，关闭磨煤机石子煤排放阀，将磨煤机完全隔离，然后开启磨煤机蒸汽灭火装置对磨煤机进行灭火。

等磨煤机出口温度恢复正常后，停止磨煤机蒸汽灭火，做好安全隔离措施后由检修人员进行处理，确认火源消除且设备无异常可重新启动。

6-44 磨煤机堵塞有哪些现象？

答：（1）磨煤机电流增大。

（2）出口温度下降。

（3）磨煤机分离器进出口压差变大。

（4）入口风压升高。

（5）风量降低。

6-45 磨煤机满煤现象及处理方案是什么？

答：磨煤机满煤现象：

（1）磨煤机电流上升。

（2）磨煤机出口温度下降。

（3）磨煤机磨碗差压升高。

（4）磨煤机通风量下降。

磨煤机满煤处理方案：

（1）立即将给煤机负荷减至最低。

（2）加大一次风量或适当提高一次风压。

（3）石子煤斗堵塞应及时进行处理。

（4）若煤粉过细，应重新调整动态分离器转速，保持合适的煤粉细度。

（5）若上述处理仍无效，应汇报值长，停止制粉系统运行，通知检修清理。

6-46　制粉系统自燃与爆炸的现象有哪些？

答：（1）检查孔处发现有火星。

（2）自燃处的管壁温度异常升高，外壳变色甚至烧红。

（3）爆炸时制粉系统负压突然变正。

（4）爆炸时有响声，系统不严密处向外冒烟，防爆门鼓起或破裂。

6-47　当煤质差时，所有磨煤机运行，协调方式下一台磨煤机跳闸处理注意事项是什么？

答：协调方式下，当6台磨煤机全部运行机组才能带满负荷运行时，一台磨煤机跳闸处理注意事项如下：

磨煤机跳闸后，如果机组自动执行RB操作，机组甩负荷至800MW，这时要检查锅炉燃烧稳定性，其他磨煤机运行正常，注意监视主汽温、再热汽温、锅炉壁温。若手动操作事故处理时，应注意以下事项：

（1）应立即解除锅炉燃料主控自动，手动将燃料主控切至340～350t/h（对应800MW左右）。

（2）用锅炉主控控制锅炉给水，如果磨煤机跳闸后，协调短时内解除，其他运行磨煤机风量波动不大时，应减少锅炉上水至300t/h左右。同时严密监视锅炉主、再热汽温，锅炉各壁温正常，并及时根据主、再热汽温，锅炉各壁温调节给水流量。

（3）若磨煤机跳闸后，导致锅炉超温超压时，注意慎用锅炉上水调节汽温，因为锅炉上水可能导致锅炉超压。若此时压力过高，可稍开汽轮机调门降压。

（4）负荷下降的同时注意风量的自动调整是否正常。要注意风量的调节与氧量相匹配，适应负荷的变化。

（5）注意锅炉燃烧稳定性及主汽温低汽温。

（6）跳闸磨煤机要注意检查内部是否有自燃、爆燃情况，特别是燃烧挥发分较高的煤种更加要注意，如印尼煤。

（7）跳闸磨煤机动态分离器出口挡板、一次风隔绝门关闭，冷热风挡板关闭，给煤机上煤闸板门、下煤闸板门关闭。

6-48　锅炉只有三台磨煤机运行时，其中一台磨煤机跳闸的处理要点有哪些？

答：（1）立即投入运行磨煤机等离子点火系统或者油枪稳燃，投运两层油枪运行，维持燃烧稳定。

（2）立即检查协调画面RB动作正常，锅炉主控输出400MW，汽轮机TF方式。否则手动RB处理。

（3）检查运行磨煤机运行正常，不过负荷运行，不发生堵煤，视情况切手动调节。监视跳闸磨煤机出口温度。

（4）燃料量160t/h左右、给水量1100t/h左右，自动调节正常。严密控制煤水比匹配，监视过热度正常。

（5）手动关闭主、再热蒸汽减温水，调节烟气挡板，维持主汽温、再热汽温稳定。

（6）监视主汽压力稳定，若波动太大，主汽调门切手动调节，维持汽压在12MPa左右。

（7）严格控制给水量和燃料量配合，防止机组转入湿态运行。

（8）尽快启动备用磨煤机，调节各台磨煤机煤量平衡。

（9）投入空气预热器、GGH吹灰。

（10）检查凝汽器、除氧器、高压加热器、低压加热器等水位正常，轴封压力温度正常，给水泵汽轮机汽源正常，手动开大汽动给水泵再循环调门开度至80%以上，维持给水流量稳定，保证给水泵汽轮机排汽温度小于60℃。

（11）检查磨煤机跳闸原因，投入蒸汽灭火5min，防止着火或爆炸。

（12）实际负荷与目标负荷相差20MW时，检查RB自动复位。查找磨煤机跳闸原因，根据情况进行处理。

6-49 制粉系统检修期间，如何防止爆燃？

答：（1）制粉系统进行任何检修工作前都必须办理工作票，并要实际确认系统已经隔离，磨煤机出口温度已经降到60℃以下。

（2）磨煤机停运前要彻底吹空积粉，进入磨煤机内进行检修工作时，应将磨煤机内的残余煤粉清理干净。

（3）进入磨煤机内进行检修工作时，要确保通风。

（4）若机组大修或制粉系统停止运行预计时间大于半个月，应尽量烧完原煤仓内的存煤，否则进行原煤仓充氮处理，或者人工清煤工作。

（5）禁止在制粉设备的附近吸烟或点火。

（6）需进行焊接工作时，测量粉尘含量低于标准才允许进行。

第七章

燃烧系统

7-1　动力煤分为哪几类？分类的依据是什么？煤的组成成分有哪些？煤的工业分析指什么？

答：动力煤分为无烟煤、烟煤、贫煤、褐煤。

分类的依据是挥发分含量的多少。

煤的组成成分主要有固定碳、挥发分、灰分、水分。

煤的工业分析是指按规定条件把煤试样进行干燥、加热和燃烧，来确定煤中水分、挥发分、固定碳和灰分的含量，从而了解煤在燃烧方面的某些特征。

7-2　煤的定压高位、低位发热量的定义是什么？标准煤的发热量是多少？

答：定压高位发热量：指1kg燃料完全燃烧时放出的全部热量。它包含燃料燃烧时产生的水蒸气的汽化潜热，即认为烟气中的水蒸气凝结成水放出它的汽化潜热。

定压低位发热量：定压高位发热量中扣除烟气中水蒸气汽化潜热后，称为燃料的定压低位发热量。

标准煤的发热量 $Q_{net,ar}$＝29 270kJ/kg。

7-3　煤的折算成分的定义是什么？什么是高水分煤、高灰分煤、高硫分煤？

答：所谓燃料的折算成分，就是每送入锅炉 4128kJ/kg 的热量，带入锅炉的水分、灰分和硫分。

煤中的 $M_{ar,zs}>8\%$时，称为高水分煤。当 $A_{ar,zs}>4\%$时，称为高灰分煤。当 $S_{ar,zs}>0.2\%$称为高硫分煤。

7-4　简述出无烟煤、烟煤、贫煤、褐煤的特点。

答：（1）无烟煤：含炭量高，含挥发分低，不易点燃，无结焦性。

（2）烟煤：含炭量较低，含挥发分较高，大部分烟煤易点燃，火焰长。但劣质烟煤灰分和水分含量较高，故发热量低，且不易点燃。大多数烟煤结焦性强。

（3）贫煤：其特点介于烟煤与无烟煤之间，挥发分含量较低，也不易点燃，但稍胜于无烟煤。

（4）褐煤：含炭量低，挥发分高，极易点燃，火焰长。含氧量、水分、灰分均较高，发热量低。

7-5　什么是灰的性质？灰的性质指标用什么来表示？

答：灰的性质主要是指其熔化性和结渣性。熔化性影响炉内的运行工况，结渣性则影响对流受热面的积灰性能。

将灰制成底面为等边三角形的灰堆，然后逐步加热，根据灰堆的形态变化确定三个温度指标来表示灰的熔化性质：

（1）变形温度 DT（原 t_1）：堆顶变圆或开始倾斜。

（2）软化温度 ST（原 t_2）：堆顶弯至堆底或萎缩成球形。

（3）熔化温度 FT（原 t_3）：堆体呈液态沿平面流动。

实践表明，相对于固态排渣炉，当灰的软化温度 ST 大于 1350℃时，结渣的可能性不大。

7-6　什么是灰的熔融性？请分析煤种灰的熔融性，如何判断煤种是属于易结焦煤种还是难结焦煤种？

答：灰的熔融性是指当它受热时，由固体逐渐向液体转化没有明显的界限温度的特性。普遍采用的煤灰熔融温度测定方法，主要为角锥法和柱体法两种。由于角锥法锥体尖端变形容易观测，我国采用此方法。

灰的熔融性中的三个温度是变形温度DT、软化温度ST、熔化温度FT，一般用软化温度ST来判断煤种结焦性，当软化温度小于1260℃时为易结焦煤，当软化温度在1260～1390℃时为中等结焦煤，当软化温度大于1390℃时为轻微结焦煤。

7-7　什么叫灰分？灰分对锅炉燃烧的影响有哪些？

答：将煤样在空气中加热到（800±25）℃，灼烧2h，余下的重量就是灰分。

灰分非但不可以燃烧，而且还阻碍氧与可燃物质的结合，造成着火和燃尽困难。另外，灰分是造成结焦、积灰和磨损的直接原因，同时灰分还会造成大气污染。

7-8　简述硫在煤中的存在形式和危害。

答：硫以有机硫、黄铁矿硫、硫酸盐硫三种形式存在于煤中。

硫在燃烧时生成二氧化硫，对受热面产生腐蚀并对大气造成污染，是煤中的有害物质。

7-9　简述水分在煤中的含量及对燃烧的影响。

答：煤样在102～105℃条件下干燥至恒重，失去的重量就是全水分。水分含量从2%～60%不等，随着煤化年代的增加，煤中水分逐渐减少。

煤中的水分不利于燃烧，它会降低燃烧温度。燃料燃烧后，水分吸收热量转变为水蒸气随烟气排入大气，降低锅炉效率，增大烟气量，同时给低温腐蚀创造了条件。

7-10　什么是煤粉经济细度？如何确定煤粉经济细度的曲线？

答：锅炉运行中，应综合考虑确定煤粉细度，把排烟热损失q_2、机械未完全燃烧热损失q_4、磨煤机电能消耗及制粉设备金属消耗q_N+q_M都核算成统一的经济指标，它们之和为最小时所对应的煤粉细度，称经济细度或最佳细度R_{90ZJ}，见图7-1。

q_2——排烟热损失；q_4——机械不完全燃烧热损失；q_N——磨煤

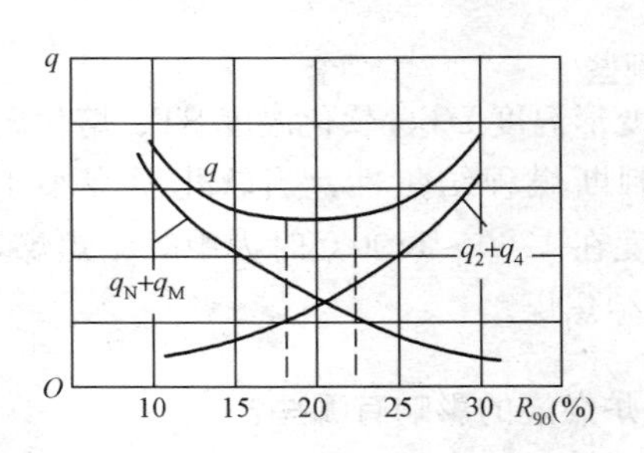

图 7-1 煤粉经济细度曲线

机电能消耗；q_M——制粉设备金属消耗；q——q_2、q_4、q_N、q_M之和；经济细度为$R_{90}\approx 20\%$。

7-11 煤粉的主要物理特性有哪些？

答：（1）颗粒特性：煤粉由尺寸不同、形状不规则的颗粒组成，一般煤粉颗粒直径范围为0～1000μm，大多为20～50μm。

（2）煤粉的密度：煤粉密度较小，新磨制的煤粉堆积密度为0.45～0.5t/m³，贮存一定时间后堆积密度变为0.8～0.9t/m³。

（3）煤粉具有流动性：煤粉颗粒很细，单位质量的煤粉具有较大的表面积，表面可吸附大量空气，从而使其具有流动性。这一特性使煤粉便于气力输送，缺点是易形成煤粉自流，设备不严密时容易漏粉。

7-12 煤粉水分过高、过低有何不良影响？

答：煤粉水分过高时，使煤粉在炉内点火困难。同时由于煤粉水分过高影响煤粉的流动性，会使供粉量的均匀性变差，在煤粉仓中还会出现结块、“搭桥”现象，影响正常供粉。煤粉水分过高，不仅会降低煤粉燃烧温度，产生的水蒸气将会造成引风机电耗和排烟热损失的增加及空气预热器的低温腐蚀。

煤粉水分过低时，产生煤粉自流的可能性增大，对于挥发分高的煤，引起自燃爆炸的可能性也增大。

7-13 锅炉燃烧设备的作用是什么？主要组成有哪些？

答：燃烧设备是锅炉的重要组成部分之一，其作用是将燃料用空气按一定方式送入炉膛使燃料及时着火，稳定燃烧。

煤粉锅炉的燃烧设备由燃烧室（炉膛）和燃烧器两部分组成。煤粉炉的燃烧器包括作为主燃烧器的煤粉燃烧器，辅助燃烧的油燃烧器和点火装置。

7-14 煤粉燃烧器的作用有哪些?

答:(1)向炉内输送煤粉和煤粉燃烧所需要的空气。

(2)合理组织,使煤粉和空气得到充分混合。

(3)保证燃料进入炉膛内能够迅速、稳定地着火和完全燃烧。

7-15 简述旋流燃烧器的工作原理。

答:各种形式的旋流燃烧器均由圆形喷口组成,并装有不同形式的旋转射流发生器。当有风粉混合物(一次风)或热空气通过时,在旋流燃烧器的作用下发生旋转,产生旋转射流,在喷口附近形成有利于风粉早期混合的烟气回流区。旋流燃烧器将二次风分为内二次风和外二次风,有意减少燃烧器中心区过量风量,从而使燃烧器中心区域实现欠氧燃烧,达到了降低 NO_x 的目的。

7-16 简述油燃烧器的分类及其作用。

答:油燃烧器一般是按照油雾化方式进行分类的,一般分为压力式、蒸汽式和空气式三种。

油燃烧器的作用是把油雾化成细小的油滴送入炉膛进行助燃或燃烧。

7-17 叙述浓淡型煤粉燃烧器的稳燃机理手段。

答:浓淡型煤粉燃烧器是将煤粉气流分离成两股煤粉含量不同的"富粉流"和"贫粉流"。富粉流由于煤粉浓度大,进入炉膛后着火较快。主要有以下稳燃手段:

(1)提高煤粉浓度,相当于减少了一次风量,可显著地减少煤粉气流的着火热。

(2)提高煤粉浓度,将会提高挥发分的容积浓度,增加火焰黑度和辐射吸热量,使煤粉温度升高较快。

(3)提高煤粉浓度可降低着火温度。"富粉流"着火后再点燃"贫粉流",这样整个煤粉气流的着火速度都加快了。

7-18 浓淡型煤粉燃烧器有哪几种分离方式?

答:(1)管道弯头分离浓缩。

（2）煤粉旋风分离浓缩。

（3）旋流叶片分离浓缩。

（4）百叶窗锥形轴向分离器浓缩。

7-19 叙述富集型燃烧器基本原理。

答：富集型燃烧器是利用富集器的作用，先实现一次增浓，再利用燃烧器内的特殊结构，在燃烧器出口组织煤粉气流分离和二次增浓，在其后形成一高温涡流区。分离后的煤粉依靠惯性射入高温涡流区，煤粉在此受到阻滞、减速、增浓，也受到加热和升温。由于增浓煤粉气流着火温度低，容易达到着火条件，这股增浓煤粉气流在燃烧器出口附件组织着火，形成稳定的小火焰，依靠首先着火的小火焰来点燃整个煤粉气流，形成大火焰。

7-20 简述 HT-NR3 型燃烧器的结构组成。

答：由一次风弯头、文丘里管、煤粉浓淡分离器、燃烧器喷嘴、稳焰环、内二次风装置、外二次风装置、中心风管道（内设油枪）及燃烧器壳体等零部件组成。如图 7-2 所示。

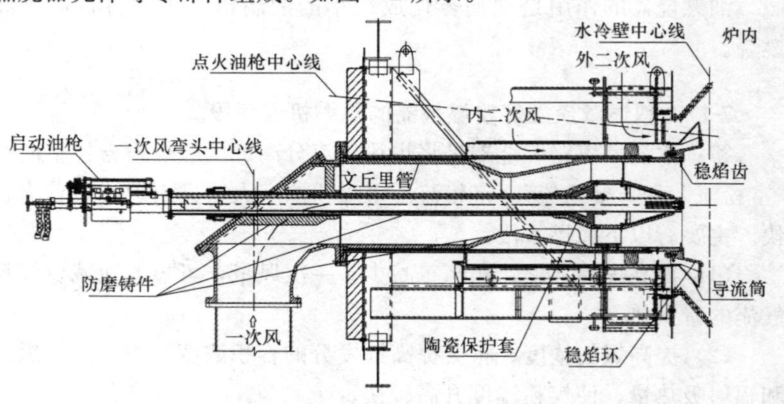

图 7-2 HF-NR3 型燃烧器的结构组成

7-21 HT-NR3 燃烧器的特点是什么？

答：（1）高温烟气回流迅速加热煤粉，使得快速着火，提高了燃烧效率。

（2）在一次风通道中布置煤粉浓缩器。

（3）二次风通过燃烧器内同心通道送入炉膛，参与燃烧。

（4）三次风通道内设有独立的旋流装置，从燃烧的不同阶段送入炉膛。

（5）着火稳定性好：

1）一次风通道中心设有煤粉浓缩器；

2）在燃烧器出口处采用火焰稳燃环。

（6）燃烧效率高：

1）采用煤粉浓缩器，并采用稳燃环，使得煤粉着火迅速；

2）分级燃烧，优化配风，促进炭的燃烧。

（7）低负荷稳燃能力强。

（8）能有效抑制 NO_x 生成：

1）HT-NR3 燃烧器采用了 NO_x 的焰内分解技术，与外部空气隔绝，有效地降低 NO_x；

2）采用燃尽风（AAP）控制燃烧反应当量，进一步降低 NO_x；

3）在一次风通道中布置煤粉浓缩器，达到稳燃、抑制 NO_x 生成的目的。

7-22 HT-NR3 型燃烧器的稳燃环、倒流环、浓淡分离器的作用分别是什么？

答：（1）稳燃环。装在煤粉喷口的末端，靠近燃烧器处产生一个负压区，产生回流、促进快速着火、提高火焰温度，提高了燃烧效率，设有稳燃环的 HT-NR3 型燃烧器与传统型燃烧器对一次风粉的作用见图 7-3。

（2）导流环。可使二次风和三次风向外扩展，因此，火焰还原区域扩大，火焰长度被缩短，扩大的还原区域提高了“焰内还原 NO_x”的能力。

（3）煤粉浓缩器。

1）形成高煤粉浓度区，加强煤粉气流的着火，特别增强了低负荷锅炉燃烧的稳定性。

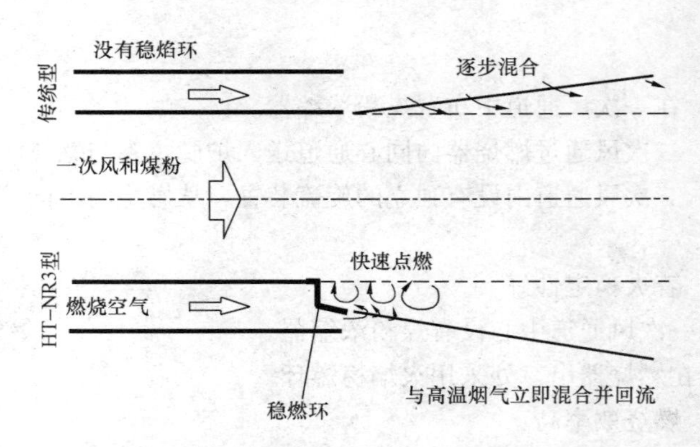

图 7-3 稳燃环与一次风粉作用示意图

2）利用浓淡分离，形成燃烧的富燃区，该区内过量空气系数 $\alpha<1$，氧量不足，呈还原性气氛，减少了 NO_x 的生成。

7-23 分别说明 HT-NR3 型燃烧器的燃用风种类和作用。

答： HT-NR3 燃烧器的燃用空气分为四种，四种风实现了燃烧器的分级燃烧：

（1）内二次风（直流）：占 35%～45%，先与一次风作用形成回流着火区，燃烧初期及时补给 O_2，形成低氧燃烧。

（2）外二次风（旋流）：占 55%～65%，再次供风，形成外部燃烧，抑制 NO_x 和结焦。叶片式可以调节风量以及旋流强度，从而改变火焰形状，运行中可以调节角度 0°～75°。

（3）中心风（直流）：占 10%，也称为冷却风，可以调节燃烧器中心回流区的轴向位置。冷却一次风口和控制着火的位置。油枪投入时作为根部风。

（4）一次风（直流）：输送空气和煤粉。

7-24 燃尽风的气流特点及作用分别是什么？结构是什么？

答： 特点：燃尽风风口有两股独立的气流，中间的气流是非旋转的气流，它直接穿透进入炉膛的中心。外圈气流是旋转气流，它与靠近炉膛水冷壁的上升烟气混合。

作用：使燃尽风沿炉膛宽度和深度同烟气充分混合，实现二级燃烧，控制 a%值，实现完全燃烧，达到高燃烧效率。

结构：燃尽风有三种风（侧燃尽风只有外二次风和中心风），如图 7-4、图 7-5 所示。

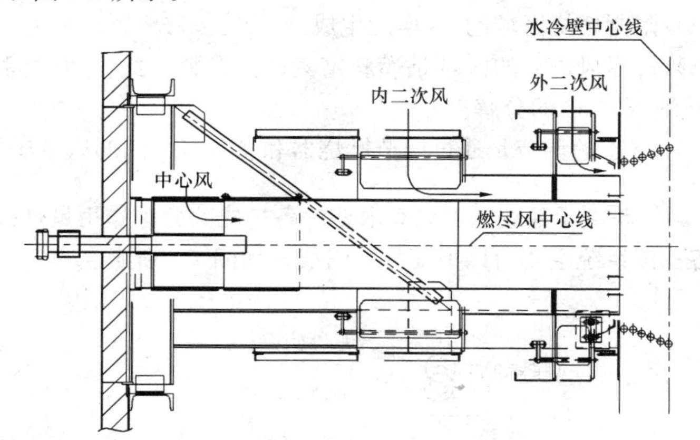

图 7-4 燃尽风（AAP）结构示意图

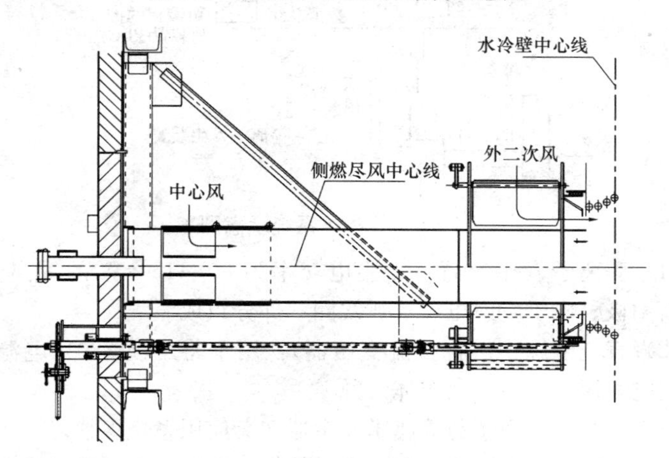

图 7-5 侧燃尽风（SAP）结构示意图

（1）内二次风（旋流）。

（2）外二次风（旋流）。

（3）中心风（直流）。

7-25 HT-NR3 型燃烧器的分级燃烧特点有哪些？

答：（1）燃烧器所需的风量少于正常的风量，有利于减少 NO_x 的生成。

（2）限制燃烧区域的 NO_x 的生成。

（3）燃尽风进入的区域是燃料富集区，燃料在此驻留时间较长，有助于 N_2 和 NO 的分解。

（4）NO_x 的调节是通过调节燃烧器和燃尽风之间的风量比例。

7-26 等离子系统的构成有哪些？各构成部分的作用是什么？

答：该系统主要由以下几部分组成，如图 7-6 所示。

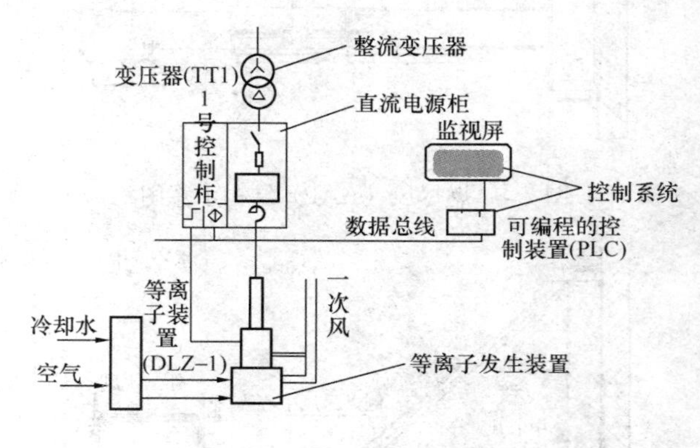

图 7-6 等离子系统示意图

（1）等离子发生装置：产生电功率为 50～150kW 的等离子体，主要由阳极、电子发射枪、稳弧线圈三部分组成。

（2）直流电源柜（含整流变压器）：用于将三项 380V 电源整流成直流电，用于产生等离子体。

（3）燃烧器：用于与等离子发生器配套使用燃烧煤粉。

（4）辅助系统：由冷却水、空气的供给系统组成，用于冷却等离子发生装置。

（5）控制系统：由 PLC、监视屏、通信接口和数据总线构成，用于操作人员对等离子系统的监视和控制。原理图如图 7-7 所示。

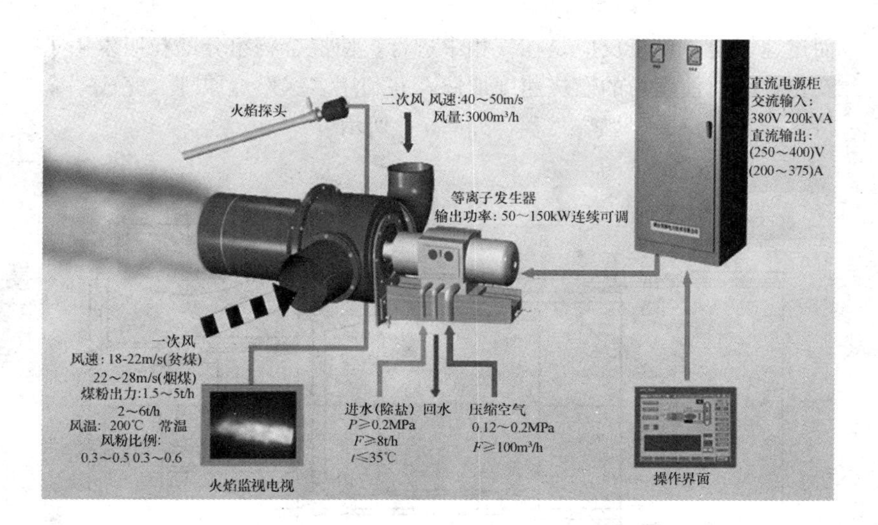

图 7-7 等离子系统原理图

7-27 等离子装置的点火机理是什么?

答: 利用直流电流（大于 200A）在介质气压大于 0.1MPa 的条件下接触引弧，并在强磁场下获得稳定功率的直流空气等离子体，如图 7-8 所示，该等离子体在燃烧器的一次燃烧筒中形成 $T>5000K$ 的梯度极大的局部高温区，煤粉颗粒通过该等离子“火核”受到高温作用，并在 3～10s 内迅速释放出挥发物，并使煤粉颗粒破裂粉碎，从

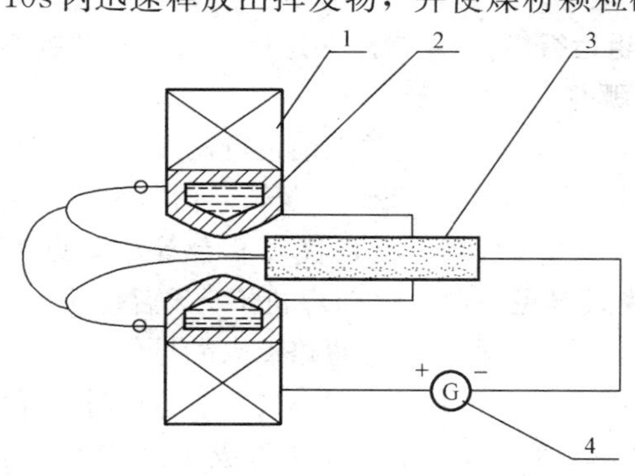

图 7-8 等离子拉弧原理图

1—线圈；2—阳极；3—阴极；4—电源

而迅速燃烧。由于反应是在气相中进行，使混合物组分的粒级发生了变化，因此使煤粉的燃烧速度加快，并利用多级燃烧原理，完成一个持续稳定的点火、燃烧过程，如图 7-9 所示。

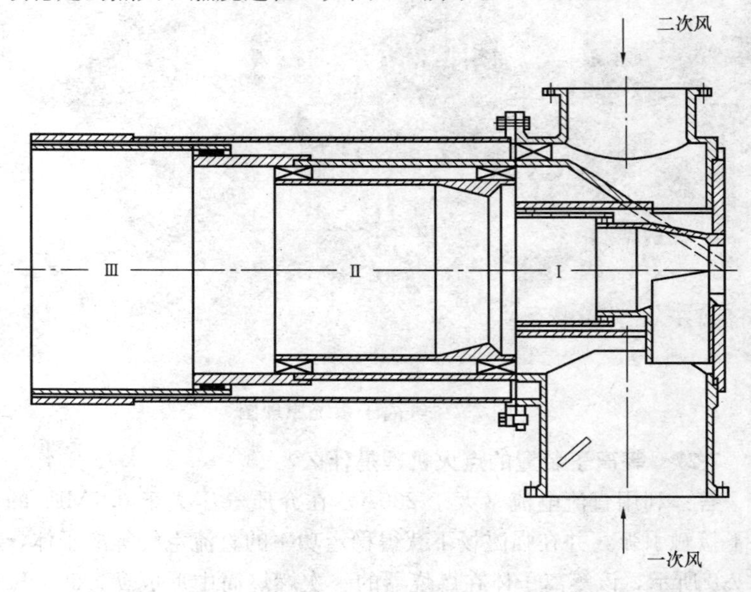

图 7-9 等离子多级燃烧原理图

7-28 机组运行中，“正常点油运行模式”与“等离子运行模式”的连锁条件有哪些?

答：（1）当磨煤机在“正常点油运行模式”运行时，该磨煤机维持原有的燃烧器管理系统（FSSS）逻辑。由等离子主控 PLC 送 6 个接点信号给锅炉 DCS 系统，分别代表 6 台等离子点火器运行正常，“等离子运行模式”运行时，该磨煤机 FSSS 启动条件中增加 6 台等离子点火器运行正常条件，同时忽略点火能量信号。

（2）当磨煤机在“等离子运行模式”下运行时，任意两个等离子装置工作故障（不管点火油枪自投是否成功），连锁停该磨煤机，此逻辑在 FSSS 中由 6 个等离子点火器运行信号判别（不满足“6 选 5”条件时）。

(3) 当磨煤机在“等离子运行模式”运行时，若该磨煤机跳闸，连锁等离子点火器跳闸。

(4) 锅炉 MFT 时，等离子点火器应全部跳闸并禁止启动。

7-29 燃烧调节的目的是什么?

答: (1) 保持正常稳定的汽压、汽温和蒸发量。

(2) 着火稳定，燃烧中心适当，火焰分布均匀，不烧坏燃烧器、过热器等设备，避免结渣。

(3) 使机组运行保持最高的经济性。

7-30 强化着火的意义是什么?

答: 强化着火的意义：着火阶段是整个燃烧过程的关键，要使燃烧能在较短的时间内内完成，必须强化着火过程，即保证着火过程能稳定而迅速地进行。

7-31 煤粉燃烧分为哪几个阶段?

答: 煤粉在炉膛内的燃烧大致可分为三个阶段：

(1) 着火前的准备：煤粉进入炉膛至着火前这一阶段为着火前的准备阶段。在此阶段内，煤粉中的水分蒸发，挥发分析出，煤粉温度升高到着火温度，故又称为干燥、挥发阶段，这是一个吸热阶段，这个阶段在炉膛内位于着火区。

(2) 燃烧阶段：当煤粉温度升高到着火点，而煤粉浓度又适合时，开始着火进入燃烧阶段。挥发分首先着火燃烧并放出大量热量，对焦炭直接加热，于是焦炭在高温下燃烧。此阶段是一个强烈放热阶段，在炉膛中位于燃烧区。

(3) 燃尽阶段：未燃尽的少量固体炭继续燃烧，直到燃尽。此阶段是在氧气供应不足、气粉混合较弱、炉内温度较低的情况下进行的，过程时间长。此阶段在炉膛中位于燃尽区。

这些阶段的划分不是绝对的，不能截然分开，其实它们是互相联系并交错进行的，并且各个阶段的长短与煤粉性质有关，与锅炉设备的结构和操作方法也有关。

7-32 锅炉运行中，燃尽风调整的原则是什么？

答：（1）在 NO_x 排放达标的情况下，减小燃尽风层风量，增大投运燃烧器层风量，使煤粉充分燃烧，减小未燃尽炭损失。

（2）NO_x 排放达标时可关掉各燃尽风的旋流风，增大燃尽风的刚度，使燃尽风到达炉膛中部，增大炉膛绕动。

（3）在 NO_x 排放超标时开大燃尽风层风箱开度，增大燃尽风量。

（4）炉膛氧量左右分布不均匀时，不对称调节燃尽风层风箱入口左右侧开度，哪边氧量低就开大相应的风门挡板。

7-33 在对冲燃烧锅炉中，燃烧器错层燃烧要注意什么问题？

答：某型锅炉系列超（超）临界锅炉的炉膛均为下部螺旋管圈加上部垂直管圈布置方式。如果错层投运燃烧器，应注意：

（1）防止同一根水冷壁管流经投运的所有燃烧器层，这样容易造成该根管子超温或者各管子间温差较大。

（2）当全炉膛有两层及以上燃烧器在投运时，不允许一侧有超过另一侧两层及以上的燃烧器运行。

7-34 燃料在炉内怎样才能实现迅速而完全的燃烧？

答：（1）供给适当的空气，空气量不足则燃烧不完全，空气量过大则炉温降低，燃烧不好。

（2）维持炉内足够高的温度，炉温必须在燃料的着火温度以上。

（3）燃料与空气良好混合。

（4）保证足够的燃烧时间。

（5）保持适当的煤粉细度。

7-35 简述炭粒燃烧的三个不同区域。

答：（1）当环境温度小于 1000℃时，炭粒表面化学反应速度很慢，需氧量很少，此时的燃烧速度主要取决于化学反应的动力因素，即温度和燃料的反应特性，故将这个反应温度区称为动力燃烧区，简称为动力区。

（2）当温度大于 1400℃时，炭粒表面的化学反应速度显著地超过氧向反应表面的输送速度，由于扩散到炭粒表面的氧远不能满足化学反应的需求，扩散速度已成为制约燃烧速度的主要因素，故将此时的反应温度区称为扩散燃烧区，简称为扩散区。

（3）介于上述两个燃烧区之间的中间温度区，炭粒表面上的化学反应速度同氧的扩散速度相差不多，此时化学反应速度和氧的扩散速度对燃烧速度都有影响，将这个反应温度区称为过渡燃烧区，简称为过渡区。

7-36 全炉膛分级燃烧分为哪三个区域？对 NO_x 排放有何作用？

答：全炉膛分级燃烧可分为主燃烧区、NO 还原区、燃尽区。如图 7-10 所示。

作用：

（1）主燃烧区总体处于缺氧状态，避免还原性介质在氧化性气氛下被氧化。

（2）还原区使燃烧初期剩余的还原性介质有一定的空间和时间与燃烧初期产生的 NO_x 和焦炭燃烧中生成的 NO_x 发生反应。

（3）采用燃尽区燃尽风，可以控制全炉膛的风量和氧量的分配，有效降低 NO_x。

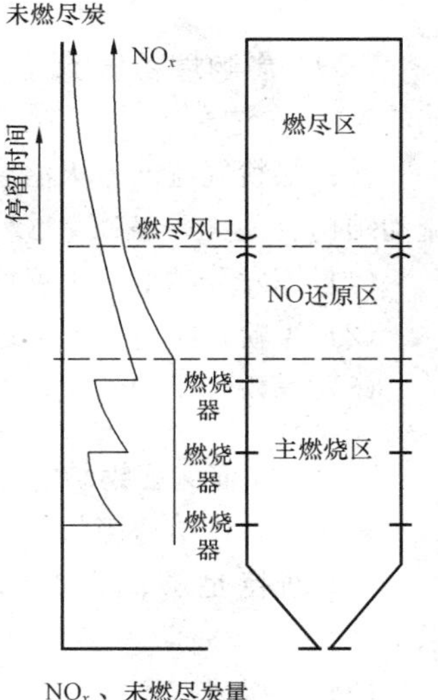

图 7-10 全炉膛分级燃烧示意图

7-37 强化煤粉气流燃烧的措施有哪些？

答：（1）保持适当的空气量并限制一次风量。

（2）选择适当的气流速度。

（3）合理送入二次风。

（4）在着火区保持高温。

（5）选择适当的煤粉细度。

（6）在强化着火阶段的同时必然强化燃烧阶段本身。

（7）合理组织炉内空气动力工况。

7-38 影响煤粉着火速度的因素主要有哪些？分别对着火速度有何影响？

答：主要因素包括煤粉的挥发分、灰分的含量，气粉比和煤粉细度。

（1）挥发分越低，灰分越高，着火速度越慢，反之亦然。

（2）煤粉越细，着火速度越快，反之亦然。

（3）不同的煤种有不同的最佳气粉比，挥发分越低，灰分越高，则最佳气粉比越低。

7-39 影响煤粉气流着火温度的主要因素是什么？各是如何影响的？

答：煤粉气流的着火温度与煤的挥发分、煤粉细度和煤粉气流的流动结构有关：

（1）挥发分越低着火温度越高，挥发分越高着火温度越低。

（2）煤粉越粗着火温度越高，煤粉越细着火温度越低。

（3）煤粉气流为紊流，对着火温度也有一定影响。

7-40 如何保证锅炉的稳定燃烧？

答：（1）供给适当的空气量。

（2）维持足够高的炉膛温度，炉温必须在燃料的着火温度以上。

（3）一次风速不能太高，合理送入二次风，合理组织炉内空气动力工况，使燃料与空气混合良好。

（4）选择适当的煤粉细度。

（5）低负荷运行或燃烧不稳定时要投油助燃。

7-41 油煤混燃时，为什么要维持较高的过量氧量？

答：因为油在燃烧时需要更高的氧量，如果氧量不足，将造成油在燃烧时生成纯炭，而纯炭很难再燃烧，流至尾部受热面易造成事故并降低经济性。

7-42 在观察锅炉燃烧时应注意什么？

答：(1) 维持燃烧稳定，保持较高炉膛负压。

(2) 站在看火孔的侧面，斜着看火。

(3) 不要在锅炉受热面吹灰时观察。

(4) 注意火焰喷出伤人。

(5) 戴防护眼镜。

7-43 如何判断锅炉燃烧是否正常？

答：(1) 负压、烟温、壁温正常。

(2) 汽温、汽压稳定。

(3) 火焰呈金黄色、没有脉动。

(4) 火焰没有偏斜。

(5) 飞灰、炉渣可燃物含量低。

(6) 烟囱不冒黑烟。

7-44 燃烧器原定设计煤种为低硫分煤，现改为高硫分煤，如何防止高温腐蚀？

答：高温腐蚀主要出现在还原性气氛下的水冷壁上。

(1) 通过调整燃烧器稳燃环和导流筒的扩展角结构，即延迟二次风和一次风的混合，保持煤粉在缺氧状态下高温燃烧，有利于生成还原性介质，还原 NO_x。同时又形成外侧空气包裹内侧煤粉的结构——风包粉，使水冷壁处于氧化性氛围下，有效防止水冷壁的高温腐蚀。

(2) 对运行中的锅炉，适当进行风量和粉量的调整来避免高温腐蚀。

7-45 当挥发分变化大时应如何调整锅炉燃烧？

答：当干燥无灰基挥发分大于35%时：

(1) 控制磨煤机出口温度小于75℃。

(2) 加强吹灰防止锅炉结焦。

(3) 适当提高锅炉氧量。

(4) 控制原煤斗煤量并加强清仓，防止煤斗自燃。

(5) 适当增加磨煤机的风量。

(6) 控制磨煤机一次风入口温度。

(7) 加强石子煤排放。

当干燥无灰基挥发分小于28%时:

(1) 控制磨煤机出口温度大于85℃，但应小于100℃。

(2) 适当减少锅炉吹灰次数。

(3) 适当减少磨煤机的风量，提高煤粉细度。

(4) 在低负荷时要特别注意燃烧情况，发现燃烧不稳时及早投油或等离子点火系统助燃。

(5) 维持锅炉氧量3.0%～3.4%，防止磨煤机断煤造成灭火。

7-46 锅炉运行过程中风量是如何调节的?

答: 运行过程中，当外界负荷变化时，需要调节燃料量来改变蒸发量，要及时调节风量，以满足燃料燃烧对空气的需要量。锅炉升负荷时，先增加引风量，再增加送风量，最后增加燃料量。锅炉降负荷时，先减少燃料量，再减少送风量，最后减少引风量，维持最佳过量空气系数，以保持良好的燃烧和较高的热效率。

大容量电站锅炉除装有烟氧表外，还装有空气流量表（二次风流量、磨煤机通风量、一次风量），可按烟氧表或按最佳过量空气系数确定不同负荷时应供给的空气量进行风量调节。

对未装空气流量表的锅炉，一般省煤器后均装有烟氧表，运行中可根据燃烧调整试验确定的不同负荷时的最佳烟氧量来调节送风量。当烟氧表损坏检修时，运行人员应根据运行经验控制送风机电流来调节送风量。

7-47 燃烧调整的基本要求有哪些?

答: (1) 着火、燃烧稳定，蒸汽参数满足机组运行要求。

(2) 减少不完全燃烧热损失和排烟热损失，提高燃烧经济性。

(3) 保护水冷壁、过热器、再热器等受热面的安全，不超温超压，不高温腐蚀。

(4) 燃烧调整适当，燃料燃烧完全，炉膛温度场、热负荷分布均匀。

(5) 减少 SO_x、NO_x 的排放量。

7-48 什么是燃烧反应速度和燃烧程度？燃烧快慢与哪些因素有关？

答： 燃烧反应速度通常是指单位时间内反应物或生成物浓度的变化。

燃烧程度即燃料燃烧的完全程度，表现为燃烧产物离开燃烧室时带走可燃质的多少。

燃烧的快慢取决于燃烧过程中化学反应所需的时间和氧气供给燃料所需的时间，此外，也与某些催化剂有关。

7-49 煤粉达到迅速而又完全燃烧必须具备哪些条件？

答： (1) 供给适当的空气量。

(2) 维持足够高的炉膛温度。

(3) 燃料与空气能良好混合。

(4) 有足够的燃烧时间。

(5) 维持合格的煤粉细度。

(6) 维持较高的空气温度。

7-50 如何控制运行中的煤粉水分？

答： 通过控制磨煤机出口气粉混合物的温度，可以实现对煤粉水分的控制。温度高，水分低；温度低，水分高。为此，运行中应严格按照规程要求，控制磨煤机出口温度。当原煤水分变化时，应及时调节磨煤机入口干燥剂的温度，以维持磨煤机出口干燥剂温度在规程规定的范围之内。

7-51 煤的多相燃烧过程分为哪几个步骤？

答： (1) 参加燃烧的氧气从周围环境扩散到反应表面。

(2) 氧气被燃料表面吸附。

(3) 在一定温度下在燃料表面进行燃烧化学反应。

(4) 燃烧产物燃烧释放的热量进一步加热固体焦炭使之燃烧。

(5) 燃烧产物离开燃料表面，扩散到周围环境中。

7-52 风量如何与燃料量配合?

答: 风量过大或过小都会给锅炉安全经济运行带来不良影响。锅炉的送风量是经过送风机进口挡板进行调节的。经调节后的送风机送出风量，经过一、二次风的配合调节才能更好地满足燃烧的需要，一、二次风的风量分配应根据它们所起的作用进行调节。

一次风应满足进入炉膛风粉混合物挥发分燃烧及固体焦炭质点的氧化需要。

二次风量不仅要满足燃烧的需要，而且要补充一次风末段空气量的不足，更重要的是二次风能与刚刚进入炉膛的可燃物混合，这就需要较高的二次风速，以便在高温火焰中起到搅拌混合作用，混合越好，燃烧得越快、越完全。

一、二次风还可调节由于煤粉管道或燃烧器的阻力不同而造成的各燃烧器风量的偏差，以及由于煤粉管道或燃烧器中燃料浓度偏差所需的风量。此外炉膛内火焰的偏斜、烟气温度的偏差等均需要用风量调整。

7-53 旋流燃烧器如何将燃烧调整到最佳工况?

答: 运行中对旋流燃烧器的二次风舌形挡板的调节是以燃煤挥发分的变化和锅炉负荷的高低作为主要依据的。对于挥发分较高的煤，由于容易着火，则应适当开大舌形挡板。若炉膛温度较高，燃料着火条件较好，燃烧也比较稳定，可将舌形挡板适当开大些。在低负荷时，则应关小舌形挡板，便于燃料的着火和燃烧。

7-54 锅炉如何调整燃料量以适应外界负荷的变化?

答: 外界负荷不断变化，锅炉要经常调整燃料量以适应外界负荷的变化，调整燃料量的根据是主蒸汽压力，汽压反映了锅炉蒸发量与外界负荷的平衡关系，当锅炉蒸发量大于外界负荷时，汽压必然升高，此时应减少燃料量，使蒸发量减少到与外界负荷相等时汽压才能保持不变。当锅炉蒸发量小于外界负荷时，汽压必然要降低，此时应增加燃料量，使锅炉蒸发量增加到与外界负荷相等时汽压才能稳定。

7-55 锅炉运行中对一次风速和风量过高或过低有什么危害?

答: 一次风量和风速不宜过高。一次风量和风速增大，将使煤粉气流加热到着火温度所需时间增长，热量增多；着火点远离喷燃器，可能使火焰中断，引起灭火，或火焰伸长引起结焦。

一次风量和风速也不宜过低。一次风量和风速过低，煤粉混合不均匀，燃烧不稳定，增加不完全燃烧损失，严重时造成一次风管堵塞；着火点过于靠近喷燃器，有可能烧坏喷燃器或造成喷燃器附近结焦；煤粉气流的刚性减弱，煤粉燃烧的动力场遭到破坏。

7-56 煤粉气流着火点的远近与哪些因素有关？

答：(1) 原煤挥发分。

(2) 煤粉细度。

(3) 一次风温、风压、风速。

(4) 煤粉浓度。

(5) 炉膛温度。

7-57 简述煤粉的燃烧过程。

答：煤粉颗粒受热之后，首先析出其水分，接着分解出挥发分。当温度足够高时，挥发分开始燃烧，同时将燃烧产生的热量加热煤粒，随着煤粒温度的升高，挥发分进一步得到释放。但由于剩余焦炭的温度还很低，同时释放出的挥发分阻碍了氧气向焦炭的扩散，故此时焦炭未燃烧。在挥发分释放完毕且与其他燃烧产物一起被空气流带走后，焦炭开始燃烧，此时保持不断地供氧，燃烧将进行到炭粒完全烧尽为止。

7-58 为什么说煤的燃烧过程是以炭的燃烧为基础的？

答：(1) 炭是煤中的主要可燃物质。

(2) 焦炭（以炭为主要可燃物）着火最晚、燃烧最迟，其燃烧过程是整个燃烧过程中的最长阶段，故它的燃烧过程决定着整个炭粒子的燃烧时间。

(3) 焦炭中炭的含量大，其总的发热量占全部发热量的40%～90%，它的发展对其他阶段的进行有着决定性的影响。

因此说煤的燃烧过程是以炭的燃烧为基础的。

7-59 燃料在炉膛内燃烧会派生哪些问题?

答:(1)受热面的积灰和结焦。

(2)污染物如氧化氮(NO_x)等的生成。

(3)受热面外壁的高温腐蚀。

(4)蒸发段水动力工况的安全性。

(5)火焰在炉膛内的充满程度。

7-60 煤粉细度及煤粉均匀性对燃烧有何影响?

答:煤粉越细、越均匀,煤粉总的表面积越大,挥发分越容易尽快析出,有利于着火和燃烧,降低排烟、化学、机械不完全燃烧热损失,提高锅炉效率,但煤粉过细炉膛容易结焦。

煤粉越粗、越不均匀,不仅不利于着火,而且燃烧时间延长,燃烧不稳,火焰中心上移,烟温升高,增加机械不完全燃烧和排烟热损失,降低锅炉效率,同时增加受热面磨损程度。

7-61 简述锅炉烧劣质煤时应采取的稳燃措施。

答:(1)控制一次风量,适当降低一次风速,提高一次风温。

(2)合理使用二次风,控制适当的过量空气系数。

(3)根据燃煤情况,适当提高磨煤机出口温度及煤粉细度,控制制粉系统的数量。

(4)尽可能提高给煤机转速,燃烧器集中使用,保证一定的煤粉浓度。

(5)避免低负荷运行,低负荷运行时,可采用滑压方式,控制好负荷变化率。

(6)燃烧恶化时及时投油助燃。

(7)采用新型稳燃燃烧器。

7-62 简述降低 NO_x 的燃烧技术措施。

答:目前,低 NO_x 燃烧技术主要是从以下四个方面来控制:

(1)空气分级燃烧技术。将空气分成多股,使之逐渐与煤粉相混合而燃烧,这样可以减小火焰中心处的风煤比。由于煤在热分解和着火阶段缺氧,故可以抑制 NO_x 的产生。

(2)烟气再循环燃烧技术。将锅炉尾部烟气抽出掺混到一次风中，一次风因烟气混入而氧气浓度降低，同时低温烟气会使火焰温度降低，也能使 NO_x 的生成受到抑制。

（3）浓淡燃烧技术。由于煤粉在浓相区着火燃烧是在缺氧条件下进行的，因此可以减少 NO_x 的生成量。

（4）燃料分级燃烧法。向炉内燃尽区再送入一股燃料流，使煤粉在氧气不足的条件下热分解，形成还原区，在还原区内使已生成的 NO_x 还原成 N_2。

7-63　点火油闪点、燃点的定义是什么？

答：当油面上的油气达到一定浓度时，如有火源，则会发出短暂的闪光，此时的油温叫该油的闪点。

油温达闪点后遇明火即可闪燃，但要使油连续燃烧下去，必须使油温更高一些。当油面上的油气与空气的混合物遇明火能着火连续燃烧，持续时间不少于 5s 时，此时的最低油温为其燃点。

7-64　炉前油系统为什么要装电磁速断阀？

答：电磁速断阀的功能是快速关闭，迅速切断燃油供应。炉前油系统装设电磁速断阀的目的是：当因某种缘故需要立即切断燃油供应时，通过电磁速断阀即可快速关闭。例如运行中需要紧急停炉时，控制手动电磁速断阀按钮，就能快速关闭，停止燃油供应。又如锅炉一旦发生灭火时，灭火保护装置可自动将电磁速断阀关闭，避免灭火后不能立即切断燃油供应，而发生炉膛爆炸（打炮）事故。

7-65　运行中油枪检修应采取哪些措施？

答：（1）停止油枪运行，断开气源。

（2）关闭油枪供油手动门，关闭油枪电磁阀。

（3）关闭蒸汽吹扫手动门和油枪电磁速断阀。

（4）准备充足的消防器材。

（5）拆开油枪后检查接口是否仍漏油，确认油阀隔离严密。

7-66　一般火力发电厂锅炉燃油泄漏试验允许条件有哪些？

答：（1）所有油枪电磁阀关闭。

（2）燃油母管压力正常（4.0MPa），燃油母管压力变送器正常。

（3）总风量为 30%～40%B-MCR 风量。

（4）燃油跳闸阀关闭。

（5）燃油再循环阀关闭。

7-67 如何进行燃油泄漏试验？

答：为了检验油系统设备的可靠性在点火前应该做燃油泄漏试验，该试验应与炉膛吹扫同时进行。确认燃油系统泄漏试验条件满足，在操作员站启动燃油泄漏试验。

（1）燃油快关阀及燃油流量调节阀开启，15s 后关闭燃油快关阀。

（2）若燃油快关阀前后差压大于 100kPa，泄漏试验失败，“LEAK TEST FAILURE”灯亮，查泄漏点，消除后重新做泄漏试验。

（3）若燃油快关阀前后差压小于 100kPa，打开燃油回油阀，10s 后关闭燃油回油阀。

（4）60s 后燃油环管压力大于 100kPa，则泄漏试验失败，“LEAK TEST FAILURE”灯亮，查泄漏点，消除后重新做泄漏试验，若燃油环管压力小于 100kPa，则泄漏试验完成，“LEAK TEST COMPLETE”灯亮及监视屏上“LKST OK”变红。

7-68 油枪点火过程是如何进行的？

答：（1）二次风门置燃油位。

（2）进高能点火器，关吹扫阀。

（3）高能点火器进到位后进油枪，油枪进到位后高能点火器开始打火，打火 15s 后自动退出。

（4）高能点火器打火 2s 后开油阀，开启油枪电磁阀，外二次风挡板置燃油位。

（5）在 15s 内检测到火焰且高能点火器退到位。

（6）当以下条件均满足时，则顺控启动完成：吹扫阀关到位；油枪进到位；外二次风挡板置燃油位；油枪电磁阀开到位；检测到油火检。

（7）上述任一条件未满足，则油枪点火失败。

7-69 投入油枪时应注意的问题有哪些？

答：（1）检查油管上的阀门和连接软管等有无漏泄。

（2）检查油枪和点火枪等有无机械卡涩。

（3）就地观察油枪着火情况，有无雾化不良、配风不当的情况。

（4）油温和油压要符合规定。

（5）油中含水较多时，要先放水后再启动油枪。

7-70 点火油枪和启动油枪的区别是什么？

答：见图7-11。

（1）点火油枪。点火油枪燃油量较小（250kg/h左右），主要用于点燃煤粉燃烧器、启动油枪，当煤粉燃烧器出现燃烧恶化时，维持煤粉燃烧器火焰的稳定。同时，在切停启动油枪和煤粉燃烧器时，应先投入点火油枪，然后再切停启动油枪和煤粉燃烧器。

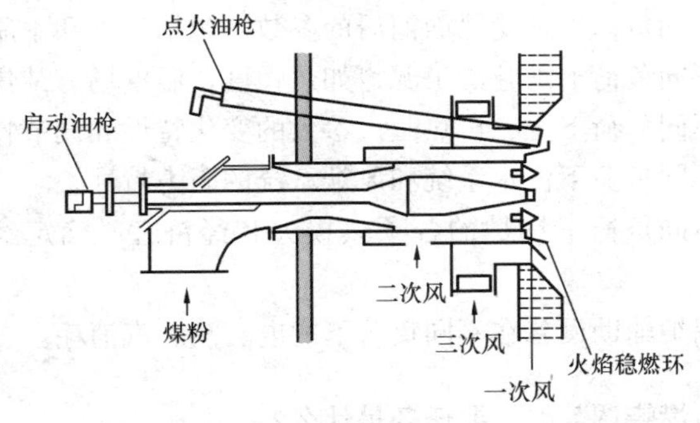

图7-11 点火油枪与启动油枪示意图

（2）启动油枪。启动油枪燃油量较大（1t/h左右），用于暖炉、冲管及维持一定的锅炉负荷，也有稳燃、事故处理助燃的作用。

7-71 为什么要调整火焰中心？

答：火焰中心调整是燃烧调整中一项很重要的工作，不仅对燃烧过程的好坏起着决定作用，而且对受热面的安全也有很大影响。如果火焰中心偏斜，将使火焰充满程度大大恶化，造成锅炉左右、前后存在较大的烟温偏差，使水冷壁受热不均匀，有可能破坏正常的水循环，引起管子过热、胀粗或爆管。此外，火焰中心偏斜必导致炉膛出口左右烟温相差很大，可能导致过热器管局部超温过热。因此运行中应注意调整火焰中心位置。

7-72 “全炉膛火焰丧失”和“临界火焰”的含义是什么？

答：“全炉膛火焰丧失”是指所有燃烧器丧失火焰。

“临界火焰”是指所有投运的燃烧器中在9s内有部分（一般为25%）的燃烧器丧失火焰。比如，在有24只燃烧器投运时，有6只燃烧器在9s内丧失火焰。

7-73 通过锅炉的燃烧调整试验可取得哪些经济运行特性数据？

答：（1）燃烧设备最适宜的燃煤可调参数，如煤粉细度。

（2）不同负荷下燃料和空气的合理供给方式，如过量空气系数，一、二次风风率。

（3）不同负荷下各受热面前后的参数，包括烟气和工质参数。

（4）不同负荷下炉膛的工况，如热强度、温度场、结焦情况等。

（5）不同负荷下主、再热蒸汽参数的变化特性和调节特性。

（6）不同负荷下汽水系统和风烟系统的阻力特性。

（7）不同负荷下锅炉的各项热损失和经济性，确定经济负荷范围。

（8）锅炉辅助设备在不同负荷下的电、热、汽消耗。

7-74 燃烧调整的主要任务是什么？

答：（1）在满足外界负荷需要的蒸汽流量和合格的蒸汽质量的同时，保证锅炉的安全性和经济性。

（2）保证蒸汽参数达到额定数值并使锅炉稳定运行。

（3）保证床温稳定，流化充分，燃烧份额合理，不烧坏设备，避免积灰结渣。

（4）使锅炉和机组在最经济的条件下运行。

（5）保证燃料完全燃烧。

7-75 目前强化燃烧的主要措施有哪些？

答：（1）提高热风温度。

（2）提高一次风温和限制一次风量。

（3）控制好一、二次风的混合时间。

（4）选择适当的一次风速。

（5）选择适当的煤粉细度。

（6）在着火区保持高温。

（7）在强化着火阶段同时，必须强化燃烧阶段本身。

7-76 如何判断燃烧过程的风量调节为最佳状态？

答：（1）烟气的含氧量在规定的范围内，即合适的过量空气系数。

（2）炉膛燃烧正常、稳定，具有鲜红色光亮火焰，并均匀地流化充满整个炉膛。

（3）烟囱颜色呈淡灰色。

（4）蒸汽参数稳定，两侧烟气温差小。

（5）燃料燃烧完全。

（6）有较高的燃烧效率。

7-77 简述在炉内引起煤粉爆燃的条件。

答：（1）炉膛灭火未及时切断供粉，炉内积粉较多，第二次再点火时可能引起爆炸。

（2）输粉管道积粉、爆燃。

（3）操作不当，使邻近正在运行的磨煤机煤粉漏泄到停用的燃烧器一次风管道内，并与热风混合，引起爆燃。

（4）由于磨煤机停用或磨煤机故障停用时，吹扫不干净，煤粉堆积（缺氧），再次启动磨煤机时，燃烧器射流不稳定，发生爆燃。

7-78 防止锅炉燃烧低熔点煤种时结焦有哪些措施？

答：为防止锅炉燃烧低熔点煤种时引起锅炉结焦，结合锅炉热态燃烧调整试验结果的分析，要做好防范措施，以防止或减少锅炉炉膛水冷壁及炉膛出口受热面的结焦。

（1）应避免全烧低熔点温度的煤种，如燃烧低熔点的煤时，采用高熔点的煤种进行掺烧。

（2）尽量采用下四层磨煤机运行，磨煤机负荷控制采用最上层小、最下层大的控制方式（宝塔型控制方式），尽量减少上层磨煤机的负荷，以降低炉膛出口温度。

（3）锅炉负荷在250MW以上时，控制省煤器出口氧量在4.5%左右。

（4）加强锅炉炉膛结焦检查、详细记录结焦部位，加强对结焦部位的吹灰，以防止受热面结焦恶化。

第八章

吹灰系统

8-1　简述锅炉吹灰系统的组成。

答：锅炉的吹灰系统由吹灰器、减压站、吹灰管道及其固定和导向装置等组成。

8-2　锅炉吹灰器如何分布？

答：吹灰器分布在锅炉炉膛、水平烟道、后竖井包墙、省煤器、脱硝区域和空气预热器系统、脱硫区域中。百万机组锅炉布置在炉膛水冷壁的四面墙折焰角以下的炉膛吹灰器（共设有 82 只）；布置在锅炉两侧水平烟道及后竖井烟道两侧墙内的长伸缩式吹灰器（设有 34 只）；布置在后竖井烟道前墙的半伸缩式吹灰器（设有 18 只）；安装在空气预热器区域、脱硫区域的吹灰器（各设有 4 只），炉膛对流受热面在炉墙预留的吹灰器孔（有 14 个）。

8-3　吹灰过程有哪些注意事项？

答：(1) 吹灰投运前必须充分地暖管疏水，应在规定的温度和压力下吹灰，温度 280～340℃，保证 100℃以上的过热度。

(2) 吹灰器投运时，应特别注意炉膛压力和汽温的变化。

(3) 吹灰器投运时若遇吹灰器故障，应立即就地检查吹灰器退出，防止吹损受热面。吹灰器未退出前必须保证有蒸汽流动，以防吹灰器损坏。

(4) 吹灰顺序：不论以何种方式进行吹灰，都应先进行空气预热器吹灰，再进行炉膛吹灰和烟道受热面的吹灰，最后再进行一次空气预热器吹灰。

(5) 烟道受热面吹灰时，按烟气流向逐对进行。

(6) 炉膛中易积灰的区域，可增加该区域吹灰器的吹灰次数。

(7) 在炉膛和烟道吹灰器的吹灰过程中，严禁打开检查孔、人孔门进行人工除焦或观察燃烧情况。

(8) 检查辅汽至吹灰系统供汽电动门已关闭，止回阀完好，防止高压蒸汽串至低压管道。

(9) 吹灰期间，应派巡检就地检查吹灰器是否内漏，防止吹破受热面管子。

(10) 吹扫时最低压力不得低于 0.78MPa，以保证有足够的能力冷却吹灰管路。

8-4 锅炉吹灰系统汽源一般取自哪里?

答: 吹灰系统的汽源取自高温过热器进口连接管上。目前，个别火力发电厂增加了一路由冷端再热器供吹灰的汽源，进一步降低采用主汽吹灰汽源的节流损失。

8-5 吹灰需要具备的条件有哪些?

答: (1) 确认系统无检修工作，且工作票已结束。

(2) 锅炉运行正常，燃烧工况稳定。

(3) 进行炉膛吹灰及大屏过热器吹灰，锅炉负荷应不低于 70% MCR，且过、再热器汽温稳定。

(4) 炉膛压力正常，引、送风机运行工况稳定，引风机有调节余地。

(5) 捞渣机工作正常，有裕量。

8-6 吹灰器伸进炉膛，退不出来如何处理?

答: (1) 保持汽源。

(2) 手动摇出。

(3) 退不出应关闭汽源，吹灰枪作废，这时可一段一段地抽出并锯掉处理。

8-7 发现锅炉严重结焦后如何进行处理?

答:(1) 加强吹灰。

(2) 改变煤种。

(3) 增加风量。

(4) 采用除焦剂。

(5) 频繁升降负荷。

8-8 受热面容易受飞灰磨损的部位有哪些?

答:锅炉中的飞灰磨损都带有局部性质,易受磨损的部位通常为烟气走廊区,蛇形弯头、管子穿墙部位、管式空气预热器的烟气入口处及在灰分浓度大的区域等。

8-9 受热面积灰有什么危害?

答:灰的导热系数小,在锅炉受热面上发生积灰,将会大大影响锅炉受热面的传热,从而使锅炉效率降低。当烟道截面积的对流受热面上发生积灰时,会使通道截面减小,增加流通阻力,使引风机出力不足,降低运行负荷,严重时还会堵塞尾部烟道,甚至被迫停炉检修;由于积灰使烟气温度升高,还可能影响后部受热面的运行安全。

8-10 影响省煤器飞灰磨损的主要因素有哪些?

答:(1) 烟气的流动速度。

(2) 气流的运动方向。

(3) 管壁的材料和管壁温度。

(4) 灰粒的特性。

(5) 管束的排列和冲刷方式。

(6) 烟气的化学成分。

(7) 烟气走廊的设计和安装。

(8) 运行调整因素。

8-11 锅炉在吹灰过程中,遇到什么情况应停止吹灰或禁止吹灰?

答:(1) 锅炉吹灰器有缺陷。

（2）锅炉燃烧不稳定。

（3）锅炉发生事故时。

8-12 锅炉吹灰器的故障现象及原因有哪些？

答：故障现象包括：

（1）吹灰器电动机过载报警。

（2）吹灰器运行超时报警。

（3）吹灰器电动机过流报警。

（4）吹灰器卡涩。

（5）吹灰器泄漏。

故障原因包括：

（1）吹灰器机械传动机构过紧。

（2）吹灰器导轨弯曲。

（3）电动机卡涩。

（4）吹灰器联轴销子断裂。

（5）吹灰器密封部件损坏。

8-13 锅炉除焦时锅炉运行值班员应做好哪些安全措施？

答：（1）除焦工作开始前应得到锅炉运行值班员同意。

（2）除焦时，锅炉运行值班员应保持燃烧稳定，并适当提高炉膛负压。

（3）捞渣机应适当提高转速，防止捞渣机卡涩。

（4）当燃烧不稳定或有炉烟向外喷出时，禁止打焦。

（5）当结焦严重或存在大块焦掉落可能时，应停炉除焦。

8-14 影响锅炉受热面积灰的因素有哪些？

答：（1）受热面温度的影响。当受热面温度太低时，烟气中的水蒸气或硫酸蒸汽在受热面上发生凝结，将会使飞灰黏在受热面上。

（2）烟气流速的影响。如果烟气流速过低，很容易发生受热面堵灰，但流速过高，受热面磨损严重。

（3）飞灰颗粒大小的影响。飞灰颗粒越小，则相对表面积越大，也就越容易被吸附到金属表面上。

（4）气流工况和管子排列方式的影响。当汽流速度增加时，错列管束气流扰动大，管子上的松散积灰易被吹走，错列管子纵向节距越小，气流扰动大，气流冲刷作用越强，管子积灰也就越少。相反，顺列管束中，除第一排管子外，均会发生严重积灰。

（5）管子积灰情况的影响。受热面积灰严重，堵塞受热面间隙，烟气流通受阻，将使受热面积灰加剧。

8-15　锅炉结渣的原因有哪些？

答：受热面结渣过程与多种复杂因素有关。任何原因的结渣都由两个基本条件构成：一是火焰贴近炉墙时，烟气中的灰仍呈熔化状态，二是火焰直接冲刷受热面。但是，与这两个因素相关的具体原因又很复杂。

（1）燃烧过程中空气量不足。燃烧过程中空气量不足，使煤粉不易完全燃烧，未完全燃烧将产生一氧化碳，在烟气中存在较高较多的一氧化碳灰熔点就会显著降低，这时虽然炉膛出口温度并不高，但因有一氧化碳等半还原性气体存在，结渣就显得很剧烈。燃用挥发分较高的煤，如果空气量不足，也会使结渣加剧。

（2）与空气混合不良。由于燃料与空气混合搅拌不好，即使供给了正常所需的空气量，也会出现空气不足的问题。因为混合搅拌不良，某些部分空气多些则燃烧就完全，有的地方空气少些则燃烧就不完全。

混合不良是由于风量调配不恰当（例如一、二次风比例不当等）、燃料与二次风调整不好造成的。所以燃烧器结构对风粉的混合搅拌有很大影响。燃烧器布置不当和结构上有缺陷，往往会使结渣加剧。

（3）燃料和空气分布不均造成火焰偏斜。火焰偏斜是燃料和空气分布不均所造成的。在正常运行中炉膛中心温度应该最高，由于火焰偏斜将使最高火焰层移动到边侧，当它与水冷壁接触时，就会很快黏附上去而形成焦渣。燃料和空气分布不均往往是由于运行调整不及时或调整不当所至。

（4）炉膛热负荷。炉膛热负荷大，炉膛容积相应就小，炉膛温度就高，当炉膛燃烧中心温度高达1450℃以上时，灰的表面将开始熔化使结渣性增加。炉膛出口烟温增高与空气量过多、火焰中心位置太高、受热面内部结垢和外部积灰等因素有关。炉膛漏风对烟温的升高亦有很大影响。

(5) 运行操作。在锅炉某些受热面上积灰后表面变得粗糙，一有黏结性的灰碰上去就容易附在上面，若稍一疏忽大意，清焦渣不及时，结渣就会极为严重，导致被迫停炉打焦渣。

(6) 锅炉设计或检修质量不佳。如燃烧中心不正，喷口烧坏没有更换，吹灰装置检修质量太差不能正常投用等等。

(7) 燃料质量。燃煤灰熔点低，灰分多是促成结渣的条件。

8-16 如何判断锅炉结渣情况？

答：(1) 观察炉膛出口烟温，折焰角烟气温度，上述温度是结渣情况最直接的反映。

(2) 通过观察捞渣机上是否有大渣、炉底是否有落渣的声音是判断有无结渣的间接的方法。

(3) 通过燃烧器层观察孔可以观察燃烧器喷口附近是否结渣。

(4) 通过炉膛观察孔可以观察锅炉水冷壁和屏式过热器区域是否结渣。

(5) 注意监视水冷壁及屏式过热器壁温温差，温差大于 50℃（经验数值），就有可能存在局部结渣现象。

(6) 燃烧稳定的情况下注意监视壁温有无突升的现象，如果发现局部壁温突升，说明炉膛掉大焦。

(7) 如果炉膛负压不正常波动、引风机电流不正常晃动，有可能是落焦引起的。

(8) 空气预热器出口排烟温度不正常升高，是锅炉受热面结渣或积灰引起的。

(9) 主汽温、再热汽温、壁温异常升高，减温水流量异常升高，可能是结渣引起的。

(10) 停炉检修时对燃烧器和受热面进行检查，如果发现某处结渣，对以后的重点检查监视是最好的第一手资料。

8-17 如何从运行操作方面预防锅炉结渣？

答：(1) 合理调整燃烧，使炉膛火焰不偏斜，不发生贴壁燃烧现象；合理调整一、二次风量比，按照燃烧调整操作卡优化调节各工况风门开度，确保火焰中心运行；定期测量煤粉管温度，防止煤粉管道堵塞，造成炉内火焰分配不均。没有特殊情况，必须保证一台磨煤机的八只燃烧器同时运行。

（2）严格控制风量，使风量既不能太大，又不能太小。保持适当氧量运行，高负荷时适当提高运行氧量，提高运行氧量一方面可以降低炉膛烟温，另一方面富氧燃烧可以防止产生还原性气氛，而还原性气氛会降低灰熔点导致结渣发生。

（3）锅炉正常运行时，应加强对受热面壁温的监视，受热面壁温不正常升高，应及时查明是否出现燃烧偏斜现象，并对燃烧进行调整消除偏差。

（4）加强对主汽温、再热汽温的监视与调整，主汽温、再热汽温异常，减温水量变化大时，应及时查明原因进行处理。

（5）减缓降负荷的速率，防止由于急速降负荷造成的大量焦块同时下落；可以通过多次升降负荷的方法使生成的焦块分批脱落。

（6）加强与燃料的联系与配合，根据煤种变化，合理调整运行方式，及时调整锅炉一次风压力和磨煤机出口温度。当煤质较差，挥发分较低时，可以采用相对较低的一次风压和较高的磨煤机出口温度，以使煤粉气流着火点提前，有利于煤粉的完全燃烧；当煤质较好，挥发分较高时，可以采用较高的一次风压和较低的磨煤机出口温度，以使煤粉气流着火点推迟，有利于防止燃烧器喷口周围结渣。

（7）锅炉正常运行时，定期对捞渣机、燃烧器层、屏式过热器等处观火孔进行全面检查，以便及时发现锅炉结渣情况，并采取相应措施进行处理。检查时，若发现炉底有落焦声音、捞渣机上有大焦，应及时汇报当值领导，并通知灰水采取相应措施。但应注意打开观火孔进行检查时，应通知值班员适当调大炉膛负压，戴好头盔及防护眼镜，不可正对观火孔。

（8）坚持定期吹灰制度，保持受热面清洁；吹灰时，对吹灰器进行跟踪检查，发现缺陷及时处理；若吹灰器卡在炉内退不出来，应及时通知检修。水冷壁吹灰能保持水冷壁清洁，强化炉膛吸热，降低进入锅炉屏式过热器的烟气温度。屏式过热器吹灰能及时清除屏式过热器上的结渣，防止焦块变大掉大焦砸坏渣斗或冷灰斗水冷壁。

(9) 加强燃烧调整，降低火焰中心位置。正常运行时，尽量增加下层燃烧器出力，减少上层燃烧器出力，尽量关小燃尽风门，以降低火焰中心和炉膛出口温度，防止结渣。同时消除炉膛漏风，防止炉膛下部漏风抬高火焰中心。

(10) 磨煤机停运期间，燃烧器冷却风门保持开启状态。

(11) 长期高负荷运行的机组应注意观察炉膛出口温度的变化，在结渣不严重时及时吹灰控制结渣程度，必要时申请降负荷以消除部分结渣。

(12) 锅炉低负荷运行发生炉膛负压波动大时应及时查明原因，采取相应的调整措施，保证锅炉负压运行，严禁冒正压。磨煤机容量风挡板晃动造成磨煤机风量晃动时，可以切为手动控制；如果因空气预热器漏风造成炉膛负压波动大，可以适当降低扇形板位置，降低空气预热器漏风。

(13) 停止油枪运行时，必须将油枪吹扫干净后方可退出，防止油枪滴油造成结渣或损坏。

(14) 磨煤机紧急停运后，应及时对煤粉管道进行吹扫。

(15) 防止锅炉结渣，关键是做好配煤工作，不单上容易结渣煤种。

(16) 检查煤粉细度，煤粉过粗会导致燃尽困难，火焰拖长，火焰中心上升，屏式过热器区烟温升高。如果煤粉较粗，联系检修人员调整动态分离器折向挡板。

(17) 及时化验锅炉燃煤的灰成分和灰熔点，如果灰熔点偏低，为配煤提供掺烧依据。

8-18　结渣对锅炉运行有什么危害?

答: (1) 结渣会引起过热汽温升高，增加减温水，降低锅炉效率。

(2) 锅炉结渣会使锅炉受热不均，水冷壁结渣后，各部位管子受热不均，锅炉的正常水循环将受到破坏，导致传热恶化，炉管过热爆管。

(3) 结渣会缩短锅炉设备的使用寿命。

(4) 结渣后炉内温度升高，耐火材料易脱落，易使炉墙松动和倒塌。炉膛负压过小时火焰向外冒，使钢架、钢梁易被烧红。当渣块掉落时，水冷壁管易被渣块砸弯和损坏。

(5) 焦渣是一种绝热体，当渣块黏附在受热面上时，受热面吸热量就会大大减少，使排烟温度升高，增加了排烟热损失。结渣后锅炉出力降低，为保持额定出力，燃料量就要增加，使煤粉在炉内的停留时间缩短，因此机械未燃烧热损失增大。空气量不足时，化学未完全燃烧热损失也将增大，因而使锅炉效率降低。

(6) 对流管结渣时，增加了烟气阻力，使引风机耗电量增加。

(7) 水冷壁结渣还会对锅炉水冷壁的热偏差带来不利的影响。

8-19 锅炉设计方案上采取了哪些防止锅炉受热面结渣的措施?

答: (1) 采用较大的炉膛容积(29 810m^3)和炉膛断面积(529m^2)，选取较小的炉膛热负荷(容积热负荷 79kW/m^3、断面积热负荷 4.5kW/m^2)，降低整个炉膛温度，以便减小结渣的可能性，同时以满足 NO_x 排放要求。

(2) 燃烧器对称布置在炉膛的前后墙上，采用合适的燃烧器间距、燃烧器与侧水冷壁间的间距，以避免火焰冲刷受热面。

(3) 选择能够防止对流受热面出现结渣的炉膛出口烟气温度(1016℃)。

(4) 采用合理的过热器和再热器管屏的横向节距和结构形式，防止部件管子出列、变形和结渣。

(5) 采用较小的燃烧器热功率，采用 48 只较小功率的燃烧器。

(6) 选取合理的燃烧器区域化学反应当量比，满足 NO_x 排放要求。

(7) 燃烧器喉口周围布置水冷壁弯管，与高级合金材料相结合，从而降低燃烧器喉口的表面温度，有效防止燃烧器区域出现结渣。

(8) 控制燃烧器中燃料和空气的分布，保证沿整个炉膛宽度的均匀燃烧并防止还原区的形成。

(9) 在炉膛易结渣区域布置 82 只炉膛吹灰器定时吹灰，有效和可靠地保证炉膛水冷壁的清洁。

（10）在对流受热面区域布置足够数量的长吹、半程吹灰器，穿过悬吊过热器中央的吹灰器与过热器的设计相结合保证吹灰器的有效性。

8-20　如何对锅炉吹灰优化以便达到节能效果?

答：（1）过热器喷水量大时，投入炉膛吹灰器。

（2）高温再热器喷水量大或温度较高时，投入屏式过热器吹灰。

（3）末级过热器吹灰将影响后面的低温过热器，故高温过热器吹灰不一定提高主汽温度。

（4）省煤器的吹灰将提高主汽温、再热汽温。

（5）采用实时吹灰模式优化系统，实施吹灰方式的改进。

第九章

脱硝系统

9-1　火力发电厂锅炉降低 NO_x 排放方法有哪些？燃烧中脱硝方法有何优、缺点？

答：锅炉降低 NO_x 排放的方法有两大类：一类为燃烧中的脱硝方法，另一类为燃烧后脱硝方法。

燃烧中脱硝方法，投资成本和运行费用低，但存在锅炉效率降低、炉膛结渣可能性增加及炉膛水冷壁发生高温腐蚀的趋势增加的问题。

9-2　画图说明选择性催化还原（SCR）工艺的基本流程。

答：图 9-1 中可以看出脱硝装置位于锅炉省煤器出口和空气预热器之间。

9-3　SCR 工艺原理及主要化学反应式是怎样的？

答：在催化剂（TiO_2）作用下，向温度为 300～420℃的烟气中喷入 NH_3，将 NO_x 还原成 N_2 和 H_2O，反应方程式为

$$4NO+4NH_3+O_2 \longrightarrow 4N_2+6H_2O+HEAT$$

$$6NO_2+8NH_3 \longrightarrow 7N_2+12H_2O+HEAT$$

$$6NO+4NH_3 \longrightarrow 6H_2O+5N_2+HEAT$$

9-4　什么是烟气脱硝的选择性还原法？

答：烟气脱硝的选择性还原法是利用 NH_3 对 NO_x 的还原功能，

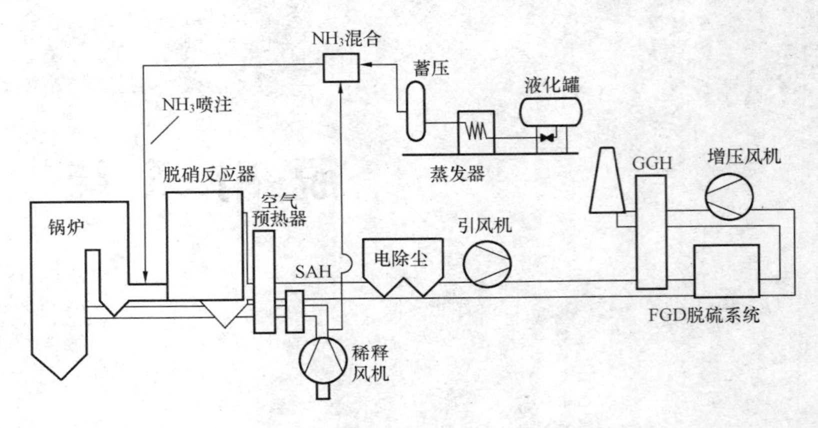

图 9-1 SCR 工艺基本流程图

在一定条件下将 NO_x 还原为对大气没有太大影响的 N_2 和 H_2O。“选择性”在这里是指 NH_3 只选择对 NO_x 进行还原。

9-5 SCR 系统的脱硝原理和过程是什么?

答: SCR 系统安装于锅炉省煤器之后空气预热器之前的烟道上，NH_3 通过固定于氨喷射格栅上的喷嘴喷入烟气中，与烟气混合均匀后一起进入填充有催化剂的脱氮反应器。反应器通常竖直放置（也有个别水平放置的），在一定的温度下，NH_3 与 NO_x 在催化剂的作用下发生还原反应。反应器中的催化剂分上下多层，经过最后一层催化剂后，使烟气中的 NO_x 控制在排放限值以内。

9-6 催化剂的运行温度为什么不能太高也不能太低?

答: 催化剂的运行温度范围为 300～420℃，当运行温度高于催化剂的最高温度限值时，陶瓷材质的蜂窝式催化剂将发生烧结和脆裂；当运行温度低于催化剂的最低温度限值时，容易生成硫酸氢铵，生成的硫酸氢铵附着在催化剂表面将堵塞催化剂孔，导致催化剂活性降低，影响脱硝效率。

9-7 SCR 系统如何布置? 系统组成有哪些?

答: 为避免烟气再加热消耗能量，一般将 SCR 反应器置于省煤器后、空气预热器之前。NH_3 在空气预热器前的水平管道上加入，与烟气混合。

SCR 系统由氨供应系统、NH_3/空气喷射系统、催化反应系统以及控制系统等组成。催化反应系统是 SCR 工艺的核心，设有 NH_3 的喷嘴和粉煤灰的吹扫装置，主要设备有 SCR 反应器、SCR 进口烟道、SCR 出口烟道、NH_3/空气混合器、NH_3 注射栅格（及其静力混合器）、稀释风机、吹灰器等。

9-8 SCR 脱硝装置主要性能指标有哪些？

答： 在燃烧设计煤种、B-MCR 工况下，省煤器出口（即脱硝装置入口）烟气 NO_x 含量小于或等于 300mg/m^3 条件下，SCR 脱硝装置性能满足表 9-1 中要求。

表 9-1　SCR 脱硝装置性能指标

名　称	单　位	数　值
脱硝效率	%	≥60（性能考核期≥62）
NH_3 逃逸率	ppm	≤3
SO_2/SO_3 转化率	%	<1
SCR 压降（60%脱硝效率）	mbar	7.6（性能考核期） 9.0（备用层运行）
催化剂寿命	h	16000

9-9 脱硝系统启动的主要步骤有哪些？

答：（1）启动前系统检查，氨站正常，锅炉已经满足投脱硝条件。

（2）启动液氨蒸发系统，向锅炉供 NH_3。

（3）启动稀释风机系统。

（4）投入蒸汽吹灰系统。

（5）检查 SCR 反应器系统。

9-10 脱硝系统运行主要调节的内容有哪些？

答： 运行过程中需进行调整的内容主要包括：运行烟气温度、氨喷射流量、稀释风流量、喷氨格栅（AIG）喷氨平衡优化、吹灰器吹灰频率等。

9-11　影响脱硝效率的因素有哪些？

答：（1）催化剂活性。在一定 NH_3/NO_x 摩尔比和一定反应器尺寸条件下，催化剂活性越大，氨气与 NO_x 反应越剧烈，NO_x 还原量越大，脱硝效率越高。

（2）反应温度。反应温度在一定程度上决定了氨气与烟气中 NO_x 的反应速度，同时也影响催化剂的活性。一般来说，反应温度越高，脱硝效率也越高。

（3）烟气在反应器内的空间速度。空间速度表示单位时间内单位体积催化剂所能处理的烟气量。催化剂空间速度愈大，表明催化剂的生产能力愈强。空间速度的大小取决于催化剂结构，决定反应的彻底性。空间速度越大，脱硝效率越高。

（4）催化剂类型、结构、表面积。对于选定的催化剂，结构越简单，表面积越大，越有利于还原反应，也有利于脱硝效率的提高。

9-12　氮氧化物 NO_x 的危害有哪些？

答：氮氧化物分为一氧化氮（NO）和二氧化氮（NO_2）。NO 无色无味，与血红蛋白的结合能力强，吸入这种气体之后，容易造成人体缺氧。NO_2 的毒性比 NO 高 4～5 倍。它对人体的心脏、肝脏、肾脏和血液组织有强烈损害。当空气中弥漫着大量的这两种气体时，就会无声无息地置人于死地。这两种气体能慢慢侵入人体，诱发各种病症。氮氧化物能够直接到达呼吸道深部细支气管及肺泡，溶于水中形成亚硝酸、硝酸，刺激、腐蚀肺组织，引起肺水肿，严重者更可能发展成肺癌，还会引发高铁血红蛋白症及损害中枢神经系统。

锅炉炉膛燃烧过程中形成的 NO 在排向大气过程中氧化成 NO_2，NO_2 在阳光的照射下会分解成 NO 和 O。NO_2 在阳光的照射下分解产生的氧原子，发生一系列连锁反应并进一步与大气中的污染物生成以 O_3、过氧乙酰基硝酸酯（PAN）和 H_2SO_4（有 SO_2 存在时）为主要成分的光化学烟雾。它们不仅会减少可见度，而且对人的眼睛、呼吸道与肺有强烈的毒害作用，并能致癌。NO 还可与 O_3 反应，从而使O_3变成O_2，导致臭氧层越来越薄。当NO_x与SO_x和粉尘共存时，可生成毒性更大的硝酸或硝酸盐气溶液，形成酸雨。

9-13 氮氧化物NO_x的产生机理是什么？

答：在氮氧化物中，NO占有90%以上，NO_2占5%～10%，产生机理一般分为如下三种：

（1）燃料型。由燃料中氮化合物在燃烧中氧化而成。由于燃料中氮的热分解温度低于煤粉燃烧温度，在600～800℃时就会生成燃料型NO_x，它在煤粉燃烧NO_x产物中占60%～80%。

（2）热力型。燃烧时，空气中氮在高温下氧化产生热力型NO_x，随着反应温度T的升高而增加。

（3）快速型。快速型NO_x是1971年Fenimore通过实验发现的。在碳氢化合物燃料燃烧在燃料过浓时，在反应区附近会快速生成NO_x。

上述热力型和快速型两种氮氧化物不是NO_x的主要来源。

9-14 低NO_x排放的主要技术措施有哪些？

答：（1）改变燃烧条件。包括低过量空气燃烧法，空气分级燃烧法，燃料分级燃烧法，烟气再循环法。

（2）炉膛喷射脱硝。包括喷氨及尿素，喷入水蒸气，喷入二次燃料。

（3）烟气脱硝。

1）干法脱硝：烟气催化脱硝SCR，电子束照射烟气脱硝。

2）湿法脱硝：同时脱硫脱硝的湿式系统，二氧化氯氧化吸收，臭氧氧化吸收，高锰酸钾氧化吸收。

9-15 运行人员采取哪些措施降低锅炉NO_x的生成？

答：（1）低氧燃烧。在不影响燃烧效率的条件下，尽可能采用低过量空气系数运行。过量空气系数具体值应通过燃烧优化调整试验来确定，在运行中，必须准确控制各燃烧器的配风和配煤，减少漏风，监测炉膛出口烟气中含氧量和CO含量。

（2）降低热负荷。炉膛热负荷大，火焰温度升高，因而NO_x生成量增加，所以为了减少 NO_x，需控制炉膛热负荷。

(3) 降低热风温度。降低热风温度将降低炉内温度水平，特别是降低燃烧前期的温度水平，使挥发分释出量减少，因而挥发分 NO_x 减少。

(4) 合理地分级配风方式。适当降低一次风率，将直接减少挥发分着火燃烧阶段的氧浓度，而且由于煤粉着火提早，相对延迟了二次风的掺入，延长了在富燃料区的停留时间，因而 NO_x 生成量减少。但是，一次风率太少会影响煤粉着火，还将生成大量的烟黑和碳氢化合物。因此，必须综合考虑高燃烧效率和低 NO_x 排放的要求来确定合理的一次风率值。

9-16 硫酸氢铵/亚硫酸盐冷凝物对锅炉尾部有何影响?

答: (1) 硫酸氢铵堵塞催化剂孔，降低催化剂活性。

(2) 硫酸氢铵和飞灰沉积在空气预热器表面。

(3) 亚硫酸对空气预热器和GGH有腐蚀。

(4) GGH净烟气侧形成气溶胶。

9-17 降低硫酸氢铵沉积的措施有哪些?

答: (1) 减少未参加反应的 NH_3。

(2) 减少 SO_3 的产生。

(3) 提高锅炉的燃尽度。

(4) 降低燃煤机组的飞灰含炭量。

(5) 选择合适的空气预热器和吹灰系统。

9-18 降低 SO_3 的途径有哪些?

答: (1) 锅炉入炉煤选用低硫燃料。

(2) 采用低过量空气燃烧。

(3) 采用低 SO_2/SO_3 转化率的SCR催化剂。

9-19 减小铵盐影响的措施有哪些?

答: (1) 采用搪瓷换热元件。

(2) 采用较大波纹的换热元件板型。

（3）增加冷段换热元件的高度。

（4）配置有效的清洗装置。

（5）采用良好的吹灰设备，提高吹灰效果。

9-20　NO_x 脱除率低的原因及处理方法有哪些?

答：可能原因：

（1）供氨系统故障或阀门开度不足，氨量不够。

（2）出口 NO_x 设定值太高。

（3）催化剂寿命衰退，效率下降。

（4）进入炉内的 NH_3 分布不均匀。

（5）氨分析仪给出不正确的信号。

（6）摩尔比设定点太低。

处理方法：

（1）检查是否氨泄漏，检查氨压力、浓度，检查喷嘴是否堵塞等。

（2）出口 NO_x 设定点调节至正确值。

（3）根据催化剂使用要求适量增加 NH_3 喷入量。

（4）重新调节喷管阀门，检查喷嘴是否堵塞。

（5）检查仪表空气压力，取样管是否堵塞，检查分析仪表的数据。

（6）摩尔比重新变更试验调整。

9-21　SCR 系统差压偏高的原因及处理方法有哪些?

答：原因：灰尘沉积。

处理方法：

（1）用吹灰器进行吹扫。

（2）检查吹灰器耗气量。

9-22　氨关断阀频繁故障的原因及处理方法有哪些?

答：原因：

（1）压缩空气压力低。

（2）NH_3/空气混合物中 NH_3 浓度高。

（3）烟气温度过高或过低。

处理方法：

（1）检查压缩空气情况，压力低时启动备用仪用空气压缩机。

（2）检查稀释空气流量和 NH_3 流量，不匹配时注意手动调节 NH_3 浓度。

（3）检查锅炉负荷和 SCR 系统进出口温度是否超限。

9-23　SCR 系统在机组启动过程中为减少机械应力有哪些规定？

答：锅炉和 SCR 系统的启动过程中必须采取措施，控制温度的上升速度，避免对 SCR 系统造成损害，特别是在冷态启动时必须进行预热。为了减少机械应力，规定：

（1）在烟气温度低于 70℃时，烟气温度上升速度不超过 5℃/min。

（2）烟气温度升高到 120℃前，烟气温度上升速度不超过 10℃/min。

（3）烟气温度高于 120℃到催化剂运行温度区域，温度速度可以增加到 60℃/min。

（4）锅炉启动过程中，加强 SCR 系统吹灰，防止压差过大。

9-24　SCR 系统在运行中的注意事项有哪些？

答：（1）控制催化剂的运行温度合适（300～420℃）。运行温度高于催化剂的最高温度限值时，陶瓷材质的蜂窝式催化剂将发生烧结的脆裂；当运行温度低于催化剂的最低温度限值时，容易生成硫酸氢铵，生成的硫酸氢铵附着在催化剂表面将堵塞催化剂孔，导致催化剂活性降低，影响脱硝效率。

（2）防止低温时产生的硫酸氢铵黏结在空气预热器的换热片上，造成空气预热器堵塞和腐蚀，故定期进行空气预热器吹灰。

（3）注意 NH_3 逃逸量，NH_3 和稀释空气混合后注入烟道，NH_3 浓度超过 5%，NH_3 会爆炸。

（4）脱硝运行过程中，重点检查 NH_3 是否泄漏，发现问题及时处理。

（5）当脱硝供氨管道出现泄漏时，应该通知氨站将氨蒸发器后供氨门关闭，开启脱硝供氨调门（将供氨电动门挂“禁操”），将管道内存氨由锅炉负压抽至AIG，待管道压力低于10kPa后，开启N_2进行置换。

9-25 SCR系统监视目的是什么？

答：（1）减少SCR损耗品。SCR失效会影响脱硝的反应效果，所以要监视检查SCR的损耗情况，锅炉停运后，要对SCR取样栅格进行送检，以判断脱硝投入的情况。

（2）脱硝的成本控制。脱硝投运目的是降低烟气中NO_x的含量，通过运行调整控制喷入氨量，以控制脱硝的效率，从而控制NO_x的排放量，但氨量过大，会产生氨逃逸，增加了成本，因此要对氨的逃逸度做严密的监视。

9-26 SCR系统启动前的检查和准备工作重点有哪些？

答：（1）SCR系统的各设备、阀门、管道连接严密，脱硝SCR系统周围无动火检修工作。

（2）吹灰蒸汽汽源正常，脱硝系统吹灰器可以正常投入。

（3）氨站系统的安全设备俱全，洗眼与淋浴设备、氨泄漏检测与声光报警设备、泄压系统、水喷淋系统均正常，储罐中NH_3的储存量至少能满足24h的运行需要。

（4）反应器入口温度300～420℃，SCR系统进出口压差小于240Pa。

（5）长时间停运的氨管道，在每次启动前必须用N_2对氨管道进行吹扫置换，吹扫压力为$4kg/cm^2$，排放、加压重复2～3次即可。

（6）检查并确认所有控制仪表及就地指示仪表校验完毕、动作可靠，NO_x、O_2、NH_3分析仪等DCS热工信号显示正确。

9-27 SCR系统的投运操作步骤有哪些？

答：（1）在DCS的脱硝供氨系统开启流量调节阀，将流量调节阀设为自动运行，NH_3流量调节阀总是处于开启状态。

（2）确认炉前对应侧NH_3压力在100～200kPa，稀释空气流量大于$3200m^3/h$。

(3) 在DCS的脱硝供氨系统打开流量调节阀入口的NH_3流量关断，NH_3供应系统开始向氨注射栅格供应NH_3。

(4) 进入氨注射栅格NH_3/稀释空气混合物中NH_3浓度设计为不超过8%（体积百分比），NH_3/稀释空气混合物从混合器排出，每侧通过19个喷射器分别进入各SCR反应器的氨注射栅格。

(5) 控制系统根据SCR反应器出口的NO_x检测值和设定值间的差值计算需要增加的NH_3流量，再加上NH_3流量与稀释空气流量计算NH_3的浓度，确保不超过准许最大NH_3的浓度设计值（8%）。

9-28 SCR系统停止操作步骤有哪些?

答: (1) 关闭液氨储罐出口气动阀，停止液氨供应。

(2) 关闭液氨泵旁路门（当液氨泵运行时，关闭液氨泵出、入口门停止液氨泵运行)。

(3) 继续加热氨蒸发器数分钟，然后关闭蒸发器入口气动门，自力式压力调节阀完全关闭。

(4) 关闭氨蒸发器气氨出口气动门，使氨系统完全停止供应。

(5) 关闭SCR氨进口气动关断门，关闭混合器喷氨自力式压力调节阀，关闭自力式压力调节阀前、后手动隔离阀。

(6) 稀释空气风机将继续运行，在停运锅炉前，没有NH_3的注入下系统至少要运行15min以后，停止稀释风机。

9-29 SCR系统的运行维护项目有哪些?

答: (1) 检查AIG各流量计橡胶管是否有损坏漏氨情况，有则隔离流量计氨取样门，及时更换橡胶管。

(2) 检查系统无漏氨，就地无刺鼻的氨味，主控无氨泄漏报警。

(3) NH_3分配蝶阀是依据流量计将各喷氨调平，一般不要变动，定期检查各流量计是否在正常范围内，如果有流量计显示流量很低或为零，即有可能喷氨头或阀门进口杂物堵塞，应安排对喷氨头进行吹通或打开进口阀门检查。

(4) 每天要做好脱硝耗氨和脱硝效率的记录，以便月度脱硝单耗计算；做好储罐液位、温度和压力记录。

(5) SCR进出口各测点显示正常，没有报警信号；检查SCR出、入口差压应正常（小于 240Pa），以及各层的压差正常；SCR 出口 NH_3 逃逸率小于或等于 3ppm，SO_2/SO_3 转化率小于或等于 1%；定期投入吹灰系统。

(6) 监视 NH_3 和稀释空气混合后注入烟道 NH_3 浓度不超过 5%，防止 NH_3 爆炸。

(7) 如果锅炉在运行，应保持稀释风机运行，出口隔离阀开启向 AIG 供气，以避免 NH_3 分配管堵灰；稀释风机运行时注意检查油压、油位、滤网清洁及振动情况。

(8) 系统阀门仪表检修之前，必须通过 NH_3 对氨管道系统进行彻底吹扫，清除管道内残余氨，防止 NH_3 和空气混合造成危险。

(9) 利用停炉时间安排检修检查 SCR 催化剂测试单体，检查是否损坏或失效。

(10) 每天校定 SCR 反应器供氨量和氨站供氨量是否对应，以确定氨系统是否泄漏，并校定流量表是否存在误差，定期标定氨泄漏仪，以确保泄漏仪能正确反映 NH_3 的泄漏量。

9-30 为什么要在 SCR 反应器中设置吹灰器？

答：催化剂被污染会对整个系统的运行产生严重的影响，为保证理想的脱除效率，催化剂表面必须保持清洁。在反应器内安装吹灰器，对催化剂进行定期吹灰清洁是解决这一问题的有效方法。

9-31 SCR 系统吹灰注意事项有哪些？

答：(1) 吹灰前，蒸汽管道必须暖管充分、疏水充分。

(2) 锅炉启动初期，要开启辅汽至脱硝吹灰，投入脱硝连续吹灰，以确保把未燃尽的燃料吹走，并监视 SCR 进出口压差是否正常。

(3) 正常运行中每天定期对系统吹灰（1～3 次/d），当系统差压大时，可适当增加吹灰次数。

(4) 吹灰器投运时若遇吹灰器故障，应立即至就地检查吹灰器退出，防止吹损各催化剂，吹灰器未退出前必须保证有蒸汽流动，以防吹灰器损坏。

(5) 锅炉 MFT 时立即停在脱硝系统吹灰，关闭吹灰蒸汽电动门。

9-32 脱硝系统一般有哪些故障?

答:(1)液氨蒸发系统故障。

(2)稀释风机故障。

(3)吹灰器故障。

(4)催化剂运行故障,效率低、供氨系统阀门故障、脱硝差压高等。

(5)催化剂中混入油雾或易燃物、受潮。

(6)发生火灾。

9-33 脱硝系统故障处理的一般原则是什么?

答:(1)故障发生时迅速按规程规定正确处理,保证人身、设备安全,保证不影响机组安全运行。

(2)应防止故障扩大,限制故障范围或消除故障原因,恢复装置运行。在装置确定已不具备运行条件或危害人身、设备安全时,应按临时停运处理。

(3)在电源故障情况下,应确认挡板门、阀门状态,查明原因及时恢复电源。若短时间内不能恢复供电,应按临时停运处理。

(4)故障处理完毕,运行人员应实事求是地把事故发生的时间、现象、所采取的措施等做好记录。

9-34 脱硝装置紧急停运的条件有哪些?

答:(1)锅炉 MFT。

(2)反应器烟气温度小于最高极限值,大于最低极限值。

(3)反应器进出口挡板未开。

(4)NH_3 稀释浓度超过设定值。

(5)反应器出口 NH_3 含量大于极限值。

(6)危及人身、设备安全。

第十章

锅炉启动前准备

10-1　新装锅炉的调试工作有哪些?

答: 新装锅炉的调试分为冷态调试和热态调试两个阶段。

(1) 冷态调试的主要工作有：转机的分部试运行、阀门挡板的测试、炉膛及烟道的漏风试验、受热面的水压试验、锅炉酸洗等。

(2) 热态调试的主要工作有：吹管、蒸汽严密性试验、安全阀压力整定（定砣)、整机试运行等。

10-2　锅炉从安装到整体启动之间主要进行哪些操作项目?

答: (1) 水压试验：一次系统—二次系统。

(2) 化学清洗：碱洗—酸洗—钝化。

(3) 冲管。

(4) 分部试转。

(5) 整组启动。

10-3　新安装的锅炉在启动前应进行哪些工作?

答: (1) 水压试验（超压试验)，检验承压部件的严密性。

(2) 辅机试转及各电动门、风门的校验。

(3) 烘炉。除去炉墙的水分及锅炉管内积水。

(4) 煮炉与酸洗。用碱液清除蒸发系统受热面内的油脂、铁锈、氧化层和其他腐蚀产物及水垢等沉积物。

（5）炉膛空气动力场及漏风试验。

（6）吹管。用锅炉自生蒸汽冲除一、二次汽管道内杂渣。

（7）校验安全阀等。

（8）锅炉连锁保护装置试验。

10-4 为什么要对新装和大修后的锅炉进行化学清洗？

答：锅炉在制造、运输、安装、检修的过程中，在汽水系统各承压部件内部难免会产生和粘污一些油垢、铁屑、焊渣、铁的氧化物等杂质。这些杂质一旦进入运行中的汽水系统，将对锅炉和汽轮机造成极大的危害。通过化学清洗，清除这些杂物，保持受热面内表面清洁，防止受热面结垢、腐蚀引起事故，同时提高火力发电厂水汽品质。所以对新装和大修后正式投运前的锅炉必须进行化学清洗。

10-5 使用乙二胺四乙酸（EDTA）化学清洗有何优点？

答：对超超临界直流锅炉而言，EDTA 铵盐是目前最好的锅炉清洗剂。它除具有一般有机酸清洗剂的优点外，对铜、钙、镁等垢都有较强的清除能力。清洗后金属表面能形成良好的防腐保护膜，无需另行钝化。在溶液中 EDTA 与锅炉内部的金属化合物反应生成可溶性稳定络合物：Me＋Y——MeY。

采用 EDTA 清洗锅炉有很多优点：除污能力强；形成的沉渣少；对基体金属腐蚀性小，无需专用耐蚀泵；可达到用同一溶液实现除垢和钝化金属表面的目的，工艺简单，水耗低。其不足之处是药品贵，清洗成本较高。但 EDTA 清洗废液可以采用加酸回收的办法进行处理，回收处理后清洗废液中绝大部分是络合态的 EDTA 和过剩的 EDTA 沉淀。

清洗液的 pH 值为 9.0～9.5，清洗液浓度为 5%～6%（过剩浓度应超过 1%～2%），清洗温度在 130℃左右，循环 6h 以上，可得到较好的清洗效果。

10-6 锅炉化学清洗区域如何界定？需要注意什么？

答：需清洗的地方：给水管道、临时管道、省煤器、炉膛水冷壁、分离器和储水罐。清洗回路为：清洗泵→临时管道→省煤器→炉膛水冷壁→启动分离器→储水罐。整个系统的水容积约为 300m³。

锅炉系统的蒸汽空间不需要进行化学清洗：顶棚、包墙、过热器、主蒸汽管道。这些地方在锅炉化学清洗过程中采用水密封。

注意：化学清洗包括炉膛水冷壁、启动分离器和省煤器；水冲洗和反冲洗适用于过热器和主蒸汽管道。

10-7 锅炉化学清洗有哪些步骤？

答：（1）安装临时管道。

（2）临时管道的冲管和水压试验。

（3）向过热器、主蒸汽管道等不需要清洗的区域注水。

（4）向锅炉本体注水。

（5）预热。

（6）加药。

（7）化学清洗。

（8）第一次水洗。

（9）过热器、主蒸汽管道等反冲洗。

（10）第二次水洗。

（11）钝化。

（12）N_2 吹扫。

（13）设备检查和复原。

10-8 锅炉化学清洗有哪些注意事项？

答：（1）整个化学清洗过程中，应严格按规定控制酸（碱）的温度、流量、药液浓度等参数。

（2）在清洗过程中，对过热器中可能进入了酸（碱）液的水要重新用除盐水或冷凝水置换和清除。

（3）锅炉化学清洗最好安排在临近锅炉蒸汽吹管阶段进行。如果化学清洗后与锅炉蒸汽吹管时间相隔太长，可能会使受热面再次腐蚀。

（4）对清洗液的排放时间应控制在一定范围内，以免清洗后的脏物又重新附着在下集箱。

（5）清洗液的排放要避免排放超标，造成环境污染。

10-9　锅炉碱洗、酸洗、钝化的目的是什么？如何进行？

答：（1）碱洗。

目的是去除锅炉内的油污、油渣和其他保护剂。

碱洗是指将温度为95～100℃的含碱溶液在凝结水—给水管路和锅炉本体内进行循环，以去除油污、油渣及其他保护剂。机组采用的碱洗药品为碱化磷酸盐溶液，并根据清洗回路的污染情况配制不同比例的药品。碱洗结束后即用除盐水进行水冲洗，先大流量冲洗约30min，然后继续用较小流量的除盐水冲洗，直至出水无细颗粒且pH值小于8.4。

（2）酸洗。

目的是将管内结垢物全部清除。

在机组碱洗结束后即可进行酸洗，酸洗药品可采用盐酸和柠檬酸等。管内结垢物应在酸洗时全部清除，但又不应腐蚀炉管本身金属，因此必须在酸液中加入适量的缓蚀剂，使金属表面形成一层保护膜。机组酸洗结束后应按碱洗水冲洗方法进行水冲洗，直至出水中无细颗粒沉淀物及pH值大于6。

（3）钝化。

目的是使酸洗干净的金属表面形成一层磁性氧化铁的保护膜，以保护清洗结束后至启动、试运行期间机组的金属不受腐蚀。

通常采用氨化水合肼进行钝化，即在每升除盐水中加入500mg的N_2H_4和10mg的NH_3，溶液的pH值为9～9.5，温度为98～100℃，循环30h左右。在钝化处理接近结束时，若发现有黑色粉状沉淀物，应用除盐水进行水冲洗一次，再配制钝化溶液继续处理，钝化结束后仍有沉淀物时，则再进行水冲洗，直至出水无沉淀。最后，再配制含有500mg/L的N_2H_4和10mg/L的NH_3除盐水溶液进行保护。

10-10　锅炉水压试验有哪几种？水压试验的目的是什么？

答：种类：工作压力下的水压试验、超水压试验。

水压试验的目的是为了检验承压部件的强度及严密性。

10-11　水压试验的范围有哪些？

答：一次汽系统：从锅炉主给水电动门到汽轮机自动主汽门前，

包括排汽、排污、疏水、取样、仪表、上部空气门、紧急放水门、省煤器放水等承压部件。

二次汽系统：从冷端再热器水压试验堵板到中压联合主汽门前，包括排汽、疏水、取样、仪表、上部空气门等承压部件。

10-12 锅炉水压试验压力及升压速度是如何规定的?

答：一般情况下，水压试验压力为额定工作压力。

(1) 锅炉超压试验的压力按制造厂规定执行，过热器、汽水分离器、储水罐、水冷壁、省煤器作为一个整体以省煤器进口设计压力(33.3MPa) 的 1.1 倍（即 36.63MPa）作水压试验。

(2) 再热系统以再热器进口工作压力（4.99MPa）的 1.5 倍（即 7.49MPa）单独进行水压试验。

压力从 0 升至工作压力时升压速度应小于或等于 0.294MPa/min，达到工作压力后升压速度应小于 0.098MPa/min。

10-13 锅炉水压试验时，有哪些注意事项？

答：(1) 进行水压试验前应认真检查压力表投入情况，压力表均已校准，压力传送管均正确连接，所有安全阀必须装上堵头隔离。

(2) 水压试验用水必须进行水处理，用除盐水或冷凝水，水中氯离子含量应小于 25mg/L。

(3) 水压试验时，环境温度不低于 5℃，否则必须有防冻措施。

(4) 水压试验进水前，各承受部件上放空气阀必须全部开启，待空气放尽冒水后再逐只关闭。

(5) 水压试验过程，调节进水量应缓慢。阀门不可猛开猛关，以防发生水冲击。

(6) 在进行一次汽水系统水压试验的升压过程中，应经常检查再热器内的压力，当压力异常时应立即停止水压试验。

(7) 接近试验压力时，应放慢升压速度，以防超压。

(8) 压力达超压试验压力时，不得进行检查工作，待压力降至工作压力时，方可进行检查。

(9) 水压试验结束，必须确认放水管处无人工作方可进行放水。

(10) 水压试验的顺序，应先做再热蒸汽系统，后做锅炉一次汽系统。

（11）锅炉各阀门的水压试验，应先做二次门，后做一次门。

（12）试验时应有指定专业人员在现场指挥监护，由专人进行升压控制。

（13）控制升压速度在规定范围内。

（14）注意防止汽缸进水。

10-14 如何进行再热器水压试验？

答：首先在汽轮机高压缸出口蒸汽管道上加装打压堵板，然后在汽轮机允许的情况下用再热器冷段事故喷水或减温水给再热器上水。上水前应关闭汽轮机中压缸入口电动门和再热器疏水门，打开再热器空气门（见水后关闭）。

当压力升到 1MPa 时暂停升压，通知有关人员进行检查。无问题后继续升压直至额定值。此间应严防超压。检查完毕，应按照规定的降压速率降压到 0。打开空气门及疏水门，放净炉水。

10-15 水压试验合格标准是什么？

答：水压试验合格标准：

（1）停止上水后（在给水门不漏的条件下）5min 压力下降值为，主蒸汽系统不大于 0.5MPa，再热蒸汽系统不大于 0.25MPa。

（2）承压部件无漏水及湿润现象。

（3）承压部件无残余变形。

10-16 简述锅炉超水压试验的规定。

答：正常情况下，一般两次大修（6～12 年）一次，有下列情况之一时，应进行超水压试验：

（1）新装和迁移的锅炉投运时。

（2）停用一年以上的锅炉恢复运行时。

（3）锅炉改造，受压元件经重大修理或更换后，如水汽壁更换管数在 50%以上，过热器、再热器、省煤器等部件成组更换。

（4）锅炉严重超压达 1.25 倍工作压力及以上时。

（5）锅炉严重缺水后，受热面大面积变形时。

（6）根据运行情况，对设备安全可靠性有怀疑时。

10-17 锅炉蒸汽吹管的目的及吹管的范围是什么？

答：目的：锅炉汽水系统中的部分设备如减温水、启动旁路、过热器、再热器管路系统等，由于结构、材质、布置方式等原因不适合化学清洗，所以新装锅炉在正式投运前需用物理方法清除内部残留的杂物。另外由于采用酸洗时U型布置的过热器（再热器）污垢容易积在管底，可能造成屏式过热器、高温过热器、高温再热器的堵塞。而酸洗对合金钢材料的腐蚀作用很大，因此过热器及再热器系统一般采用蒸汽吹管法进行清洗。

范围：过热器、再热器系统，减温水管道系统，锅炉过热器、再热器系统的疏水和对空排气管道等。

10-18 锅炉吹管质量合格的标准是什么？

答：为了检验吹管质量的好坏，需在被吹管道末端的临时排汽管内或排汽口处装设靶板。靶板可用铅板制作，每次吹管后应将靶板换下，检查上面的杂物和冲击坑痕。当最大冲击坑痕直径小于1mm，目测总数少于10点，并且连续两次吹管均符合上述要求时，则为吹管质量合格。

10-19 锅炉蒸汽吹管的方式、方法和要求是什么？

答：吹管方式。吹管可采用锅炉点火自身产生的蒸汽作为吹洗介质。冲管方式一般分为一阶段冲管和二阶段冲管两种。一阶段冲管：全系统冲管一次完成（简称一步法）。二阶段冲管：第一阶段冲过热器、主汽管路及冷段再热蒸汽管路，第二阶段进行全系统吹洗（简称二步法）。再热机组采用一步法冲管时，必须在再热蒸汽冷段管上加装集粒器。

蒸汽吹管有稳压冲管、降压冲管两种基本方法。过热器、再热器及其蒸汽管道采用降压法进行吹管。主蒸汽系统可单独吹管，也可与再热器系统串联吹管。吹管时的蒸汽参数可通过预先计算决定。

（1）稳压冲管。稳压冲管一般适用于一阶段冲管。冲管时，锅炉升压至冲管压力，逐渐开启临冲门。再热器无足够蒸汽冷却时，应控制锅炉炉膛出口烟温不超过厂家规定。在开启临冲门的过程中，尽可能控制燃料量与蒸汽量保持平衡，临冲门全开后保持冲管压力，吹洗一定时间后，逐步减少燃料量，关小临冲门直至全关，一次冲管结束。每次临冲门全开持续时间主要取决于补水量，一般为15～30min。一次冲管结束后，应降压冷却，相邻两次吹洗宜停留12h的间隔。

（2）降压冲管。降压冲管时，用点火燃料量升压到冲管压力，保持点火燃料量或熄火，并迅速开启临冲门，利用压力下降产生的附加蒸汽冲管。降压冲管一般采用燃油或燃气方式，燃料投入量以再热器干烧不超温为限。每小时冲管不宜超过4次。在冲管时，应避免过早地大量补水。降压冲管时每次冲管时因压力、温度变动剧烈，有利于提高冲管效果。但为防止汽包寿命损耗，冲管时汽包压力下降值应严格控制在相应饱和温度下降不大于42℃的范围以内。每段冲管过程中，至少应有一次停护冷却（时间12h以上），冷却过热器、再热器及其管道，以提高冲管效果。

（3）吹管要求。吹管过程中，必须保证管道中的蒸汽动能大于锅炉MCR时蒸汽的动能，以某段受热面而言，吹管时要保证吹管系数$K>1$，保证过热器和再热器管道内的清洁。

10-20　锅炉蒸汽吹管的主要注意事项有哪些？

答：（1）锅炉吹管过程中，由于吹管周期内锅炉各受热面和管道（特别是厚壁元件）会产生较大热冲击，因此在保证吹管质量前提下，应尽量减少吹管次数。

（2）对临时设置的吹管管道，其设计参数应保证锅炉在吹管过程中不发生超温超压。

（3）当锅炉进行吹管时，应控制炉膛出口烟气温度不超过540℃，防止过热器及再热器干烧。

（4）冲管过程中，应按要求控制水质，在停炉冷却期间，可进行全炉换水。

（5）为提高冲管效果，可在基本的蒸汽冲管方法中加入一定量的氧气，有利于锈垢脱落及保护膜的生成。

10-21 锅炉蒸汽吹管的验收标准是什么？

答：（1）以铝为冲管的靶板材质，其长度不小于临时管内径，宽度为临时管内径的8%。

（2）冲管系统各段吹洗系数大于1.0。

（3）斑痕粒度：没有大于0.8mm的斑痕，0.5～0.8mm（包括0.8mm）的斑痕不大于8点，0.2～0.5mm的斑痕均匀分布，0.2mm以下的斑痕不计。

10-22 为什么要进行蒸汽严密性试验？

答：为了进一步检验锅炉焊口、胀接口、人孔、手孔、法兰盘、密封填料、垫料，以及阀门、附件等处的严密性，检查汽水管道的膨胀情况，校验支吊架、弹簧的位移、受力伸缩情况有无妨碍膨胀，故必须对新装锅炉进行蒸汽严密性试验。

10-23 锅炉大小修后，运行人员验收的重点是什么？

答：（1）机组各设备的连锁保护动作是否正常。

（2）检查设备部件执行机构动作是否灵活，设备有无泄漏。

（3）标志、指示信号、自动装置、保护装置、表计、照明等是否正确齐全。

（4）核对设备系统的变动情况。

（5）检查现场文明卫生情况。

10-24 锅炉启动前应进行哪些系统的检查？

答：（1）汽水系统检查。所有阀门及操作装置应完整无损，动作灵活，并正确处于启动前应该开启或关闭的状态，管道支吊架应牢固，有关测量仪表处于工作状态。

（2）锅炉本体检查。炉膛内、烟道内检修完毕，无杂物，无人在工作，所有门、孔完好，处于关闭状态；各膨胀指示器完整，并校对其零位。

（3）除灰除尘系统检查。所有设备完好，具备投入运行条件。

（4）转动机械检查。地脚螺栓及安全防护罩应牢固；润滑油质量良好，油位正常；冷却水畅通，试运行完毕，接地线应牢固，电动机绝缘合格。

(5) 制粉系统检查。系统内各种设备完整无缺，操作装置动作灵活，各种挡板处于启动前的正确位置，防爆门完整严密，锁气器启闭灵敏。

(6) 燃油系统及点火系统检查。系统中各截门处于应开或应关的位置，电磁速关阀经过开关试验，点火设备完好，处于随时可以启用的状态。

(7) 确认厂用气系统、仪表用气系统已投运，有关供气阀门开启。

10-25 锅炉检修后启动前应进行哪些试验？

答：(1) 锅炉风压试验。检查炉膛、烟道、冷热风道及制粉系统的严密性，消除漏风点。

(2) 锅炉水压试验。锅炉检修后应进行锅炉工作压力水压试验，以检查承压元部件的严密性。

(3) 连锁及保护装置试验。所有连锁及保护装置均需进行动、静态试验，以保证装置及回路可靠。

(4) 电（气）动阀、调节阀试验。进行各电（气）动阀、调节阀的就地手操、就地电动、遥控远动全开和全关试验，闭锁试验，观察指示灯的亮、灭是否正确；电（气）动阀、调节阀的实际开度与监视屏/表盘指示开度是否一致；限位开关是否可靠。

(5) 转动机械试运。辅机检修后必须经过试运，并验收合格。主要辅机试运行时间不得低于 8h，风机试运行时，应进行最大负荷试验及并列特征试验。

(6) 冷炉空气动力场试验。如果燃烧设备进行过检修或改造，应根据需要进行冷炉空气动力场试验。

(7) 安全阀校验。安全阀经过检修或运行中发生误动、拒动，均需进行此项试验。

(8) 空气预热器漏风试验。以检验空气预热器漏风情况，验证检修质量。

10-26 什么叫冷炉空气动力场试验？

答：冷炉空气动力场试验是根据相似理论，在冷态模拟热态的空气动力工况下所进行的冷态试验，是在冷炉状态下观察燃烧器和炉膛的空气动力场工况，即燃料、空气和燃烧产物三者的运动情况的一项试验。模拟热态必须使冷态相似，即几何相似和动力相似。

10-27 炉膛冷态空气动力场试验的目的是什么？如何观察？主要观察内容有哪些？

答：目的是研究炉膛内气流工况，将炉内一、二次风速及气流方向调至制造厂指定的工况。

观察的方法通常有飘带法、纸屑法、火花法和测量法等。这些方法分别利用布带、纸屑和自身能发光的固体微粒及测试仪器等显示气流方向、微风区、回流区、涡流区的踪迹。

主要观察内容有：

(1) 炉膛气流的主要观察内容。

1) 一次风速、二次风速、二次风旋流方向及角度。

2) 炉内气流的流动情况以及观察是否有冲刷炉壁、贴墙和偏斜等现象。

3) 炉内各种气流的相互干扰情况。

(2) 旋流式燃烧器的主要观察内容。

1) 射流属开式还是闭式气流。

2) 射流的扩散角及回流区的大小和回流速度。

3) 射流的旋转情况及出口气流的均匀性。

4) 二次风的混合特性。

5) 调节部件对以上各射流特性的影响。

10-28 锅炉燃烧调整试验的目的和内容是什么？

答：为了保证锅炉燃烧稳定和安全经济运行，凡新投产或大修后的锅炉，以及燃料品种、燃烧设备、炉膛结构等有较大变动时，均应通过燃烧调整试验，确定最合理、经济的运行方式和参数控制要求，为锅炉的安全运行、经济调度、自动控制及运行调整和事故处理提供必要的依据。

锅炉燃烧调整试验一般包括：

(1) 炉膛冷态空气动力场试验。

（2）制粉系统一次风粉调平试验。

（3）锅炉负荷特性试验，一般为100%、75%～80%、最低稳燃负荷等工况。

（4）风量分配试验，各层二次风挡板开度一般为均匀形、宝塔型和倒宝塔型等工况。

（5）最佳过量空气系数试验，一般为1.1、1.2、1.3等工况。

（6）经济煤粉细度试验。

（7）燃烧器的负荷调节范围及合理组合方式试验。

（8）按照上述基本内容再进行组合，最后根据结果得出最佳运行工况。

10-29　锅炉热效率试验的主要测量项目有哪些？

答：输入—输出热量法（正平衡法）：

（1）燃料量。

（2）燃料发热量及工业分析。

（3）燃料及空气温度。

（4）过热蒸汽、再热蒸汽及其他用途蒸汽的流量、压力和温度。

（5）给水和减温水的流量、压力和温度。

（6）暖风机进出口的风温、风量，外来热源工质的流量、压力和温度。

（7）泄漏和排污量。

热损失法（反平衡法）。

（1）燃料发热量、工业分析及元素分析。

（2）烟气分析。

（3）烟气温度。

（4）外界环境干、湿温度，大气压力。

（5）燃料及空气温度。

（6）暖风机进出口空气温度、空气量。

（7）其他外来热源工质流量、压力和温度。

（8）各灰渣量分配比例及可燃物含量。

（9）灰渣温度。

(10) 辅助设备功耗。

10-30 锅炉热平衡试验的任务有哪些?

答: (1) 通过热平衡试验，确定对应某种煤的最佳过量空气系数。即 $q_2+q_3+q_4$ 最小时的过量空气系数。

(2) 通过试验确定在不同煤种下制粉系统的最佳煤粉细度 R_{90} 值，即 $q_2+q_4+q_N+q_M$ 最小 (q_N、q_M 分别为制粉电耗和钢耗)。

(3) 在正常运行情况下，确定锅炉各项热损失的大小，为运行调整、评价检修前后质量提供依据。

10-31 锅炉安全阀的动作压力值是怎么规定的?

答: (1) 过热器安全阀起座压力：1.05 倍过热器出口压力。

(2) 再热器安全阀起座压力：1.1 倍工作压力。

(3) 安全阀回座压力比起座压力低 4%～7%，最大不超过 10%。

10-32 锅炉安全阀的校验原则以及注意事项是什么?

答: 校验原则：

(1) 锅炉大修后，或安全阀部件检修后，均应对安全阀定值进行校验。

(2) 安全阀的校验顺序应按照其设计动作压力，遵循先高压后低压的原则。先主蒸汽侧，后再热蒸汽侧，依次对汽包、过热器出口，再热器进、出口安全阀逐一进行校验。

(3) 当锅炉压力升至 70%～80%额定工作压力时，拆除校验安全阀的锁紧装置，手动操作开启安全阀 10～20s，对安全阀管座进行吹扫。

(4) 带电磁力辅助操作机械的电磁安全阀，除进行机械校验外，还应做电气回路的远方操作试验及自动回路压力继电器的操作试验。

(5) 纯机械弹簧式安全阀可采用液压装置进行校验调整，一般在 75%～80%额定压力下进行，经液压装置调整后的安全阀，应至少对最低起座值的安全阀进行实际起座复核。校验后可视情况选择同一系统起座压力最低的一只安全阀进行实际起座复核，二者起座压力的相对误差应在 1%范围之内，超出此范围应重新校验。

(6) 安全阀校验，一般应在汽轮发电机组未启动前或解列后进行。

注意事项：

(1) 将锅炉压力升至安全阀起座压力，进行安全阀校验，并记录其起座压力、阀芯提升高度及回座压力。

(2) 在安全阀整定过程中，根据需要进行安全阀起座压力、回座压力、前泄现象的调整。

10-33 锅炉安全阀校验应具备的条件有哪些？

答：(1) 化学制水车间储存一定的除盐水量。

(2) 锅炉点火前的检查、试运工作已结束，主要仪表校验合格并投入运行，安全阀及其排汽管、消声装置完整。

(3) 现场通信联络设施齐全。

(4) 现场就地压力表应更换经校验合格精度等级在0.5级以上的标准压力表，校验时需要经常与主控室内压力表进行核对，安全阀动作及回座压力以就地压力表指示为准。

(5) 过热器、再热器对空排汽门，锅炉事故放水门传动正常，灵活好用。

(6) 脉冲电磁安全阀电气回路静态传动试验合格，锅炉的电磁泄压阀应可操作，并置于手动操作位置，保证在安全阀校验时能可靠排汽泄压。

(7) 校验工具、安全防护设施符合“安规”校验要求，且准备完毕。

10-34 锅炉安全阀校验的验收标准是什么？

答：(1) 安全阀的起座压力与设计压力的相对偏差：过热器安全阀允许相对偏差为整定压力的±1%；再热器安全阀允许相对偏差为±0.069MPa。

(2) 安全阀的回座压力一般比起座压力低4%～7%，最大不得比起座压力低10%。

(3) 起座复核安全阀实际动作值与整定值的误差应控制在1%的范围内，超出此范围应重新校验。

10-35　锅炉转机试运合格的标准是什么?

答: (1) 轴承及转动部分无异常声音，无摩擦声音和撞击。

(2) 轴承工作温度正常，一般滑动轴承不高于 70℃，滚动轴承不高于 80℃。

(3) 振动在额定转速 1000r/min 的不超过 0.10mm，1500r/min 不超过 0.085mm。

(4) 无漏油、漏水现象。

(5) 采用强制油循环润滑时其油压、油量、油位、油温应符合要求。

第十一章

锅炉的运行

11-1　目前锅炉过、再热汽温调整的一般方法有哪些?

答: 过热器的蒸汽温度由煤水比和两级喷水减温来控制的。煤水比控制温度用顶棚过热器出口蒸汽温度、屏式过热器出口蒸汽温度以及一、二级减温水流量偏差作为修正。

燃煤锅炉中较为常用的再热汽温调节方式有:

(1) 摆动燃烧器。多用于燃用烟煤，或较高挥发分的贫煤，因为燃烧器的摆动对易燃且燃烧稳定的燃料在运行时不会造成不利影响。

(2) 锅炉尾部双烟道，调节烟气挡板。对贫煤、无烟煤而言，由于燃料本身的着火、稳燃特性不及烟煤，采用固定式燃烧器，在锅炉尾部分别布置低温再热器和低温过热器，通过烟气调节挡板改变再热器侧的烟气份额的挡板调温方式，来达到调节再热汽温的目的。但调节的滞后性亦是它的不足之处。

(3) 采用事故喷水控制。

11-2　汽温调节的影响因素主要有哪些?

答: 汽温每降低10℃，循环热效率降低0.5%，而且汽温过低，会使汽轮机排汽湿度增加，从而影响汽轮机末级叶片的安全工作。汽温调节过程中影响的因素主要有:

(1) 锅炉负荷对汽温的影响。对于对流式受热面，汽温会随着锅炉负荷的增大而增大；而对于辐射式受热面，汽温随负荷的增大而降低。

（2）给水温度对汽温的影响。给水温度升高，由于工质在锅炉中的总吸热量减少，燃料减少，炉膛温度水平降低，辐射传热量有所下降，且对流传热量也因烟温和烟速的降低而减少，过热汽温随给水温度的提高而提高，再热汽温随给水温度的升高而降低。

（3）过量空气系数对汽温的影响。过量空气系数增大，再热汽温增加。过热器吸热量减少，汽温下降。

（4）火焰中心对汽温的影响。火焰中心位置下移，再热汽温将下降，主汽温上升。

（5）受热面污染情况对汽温的影响。炉膛受热面结渣或积灰，会使炉内辐射传热量减少，再热器区的烟温提高，因而再热汽温增加，再热器本身严重积灰、结渣或管内结垢将导致再热汽温下降。

（6）当吹灰用的饱和蒸汽量增加时，燃料量增大，再热汽温增加。

11-3　画出对流、辐射、半辐射过热器汽温随负荷变化关系图。

答：见图 11-1。

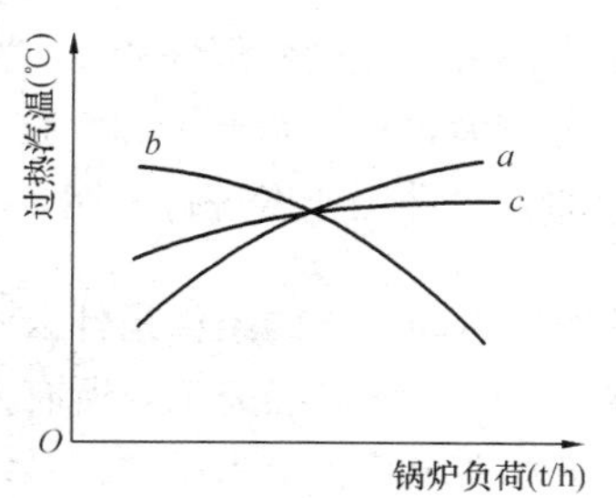

图 11-1　过热器汽温特性

a—对流过热器；*b*—辐射过热器；*c*—半辐射过热器

11-4　为什么保持适当的煤水比，主汽温可保持稳定？

答：由热平衡式（蒸汽焓＝给水焓＋煤水比×定压低位发热量×锅炉效率）知道，若燃料发热量、锅炉效率、给水焓不变，保持煤水比不变，则主汽温度不变。

11-5　百万机组直流锅炉启动过程的主要控制点有哪些？

答：（1）百万机组锅炉由于热负荷较高，所以在启动过程应更加注意水冷壁的水循环安全情况，严格控制水冷壁各管子的温升。

（2）由于存在炉水循环泵，因此在启动过程要注意炉水循环泵的注水、清洗和启动的安全。

（3）给水控制形式不一样，要注意 360 阀、361 阀和给水上水流量的配合问题。

（4）由于机组正常运行后炉水将实行加氧（OTC）处理，因此启动过程应更加严格控制水质情况。

11-6　简述影响直流锅炉启动速度的主要因素。

答：（1）启动汽水分离器和过热器出口集汽联箱热应力。对于直流锅炉，启动分离器是厚壁部件，其对升温升压过程的影响与汽包相似，需要对其升压速度进行限制，以减少其热应力。但由于壁厚比汽包小，且启动初期水冷壁安全性较好（建立了启动流量），所以升压速度可比汽包锅炉快。

（2）汽轮机热应力。由于汽轮机部件较厚，加热速度较慢，启动过程中，产生的热应力较大，特别是转子和汽缸受热不均匀产生的胀差，因此需要对锅炉的升温升压速度进行限制。

11-7　直流锅炉冷态启动上水的条件是什么？

答：（1）锅炉本体检修工作已经完工，所有人员撤离。

（2）汽水系统、给水系统具备上水条件，系统检查卡执行完毕。

（3）除氧器加热至 80℃以上。

（4）炉水循环泵已经注水完毕。

（5）361 阀处于备用状态。

11-8　锅炉冷态启动过程的主要操作步骤有哪些？

答：见图 11-2。

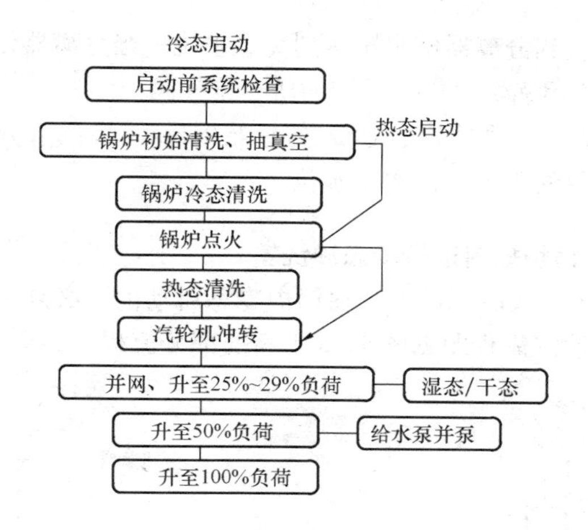

图 11-2 锅炉冷态启动过程

11-9 锅炉启动前检查主要有哪些工作?

答:(1) 启动确认化学水处理系统、锅炉的废水系统、输煤系统、磨煤机石子煤系统、除灰除渣系统(包括电除尘)等正常,可以投运。

(2) 做好锅炉的送引风机系统、给水系统冷却水系统、辅汽系统、燃油系统、锅炉的启动系统、启动系统的疏水系统、锅炉本体、锅炉汽水系统、制粉系统(包括等离子点火系统)等的启动前的检查。

(3) 锅炉上水冲洗前,应对汽轮机的相关系统管道进行冲洗,如凝汽器的进水管道、凝结水系统、给水系统等。

11-10 锅炉冷态启动上水的主要操作步骤有哪些?

答:(1) 在锅炉上水前必须完成炉水循环泵的电动机腔室的注水。

(2) 锅炉上水前应检查锅炉启动系统和汽水系统的各阀门的状态,火力发电厂一般有标准的汽水系统启动前阀门操作卡。

(3) 炉水循环泵电动机腔室注水完成后,方可开始锅炉上水,锅炉上水的水质必须符合要求。

(4) 按程序启动电动给水泵(或汽动给水泵前置泵),保持一定的速度上水直到分离器储水罐达到一定水位，当分离器储水罐水位达到 8m 时，关闭锅炉水冷壁系统的所有排气阀。

（5）分离器储水罐水位达到或高于 9.5m，将汽水分离器疏水控制阀投自动以便于控制储水罐水位。

11-11 锅炉如何进行冷态冲洗？

答：（1）开式冷态冲洗。在锅炉冷态启动前，必须进行开式冷态冲洗，系统冲洗流程图见图 11-3 中斜线部分流程。

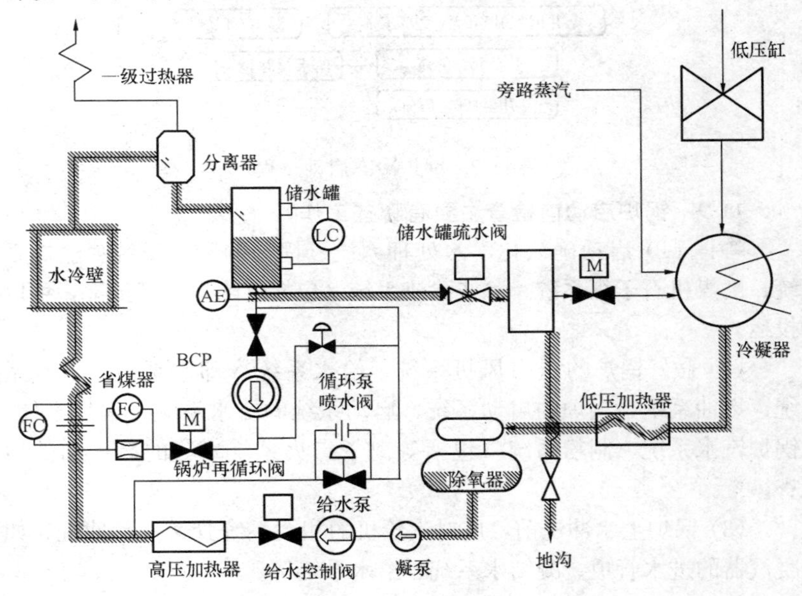

图 11-3 开式冷态冲洗

（2）冷态循环冲洗。当储水罐出口的水质满足要求时，启动炉水循环泵，进行锅炉的冷态循环冲洗，系统冲洗流程图见图 11-4 中斜线部分流程。

（3）如果冷态冲洗再循环系统时间过长，应进行下列操作：

1）通过增加再循环流量或电动给水泵升流量提高给水流量；

2）反复增减再循环流量。

（4）当储水罐出口水质铁离子含量小于 200μg/L 时，冷态循环冲

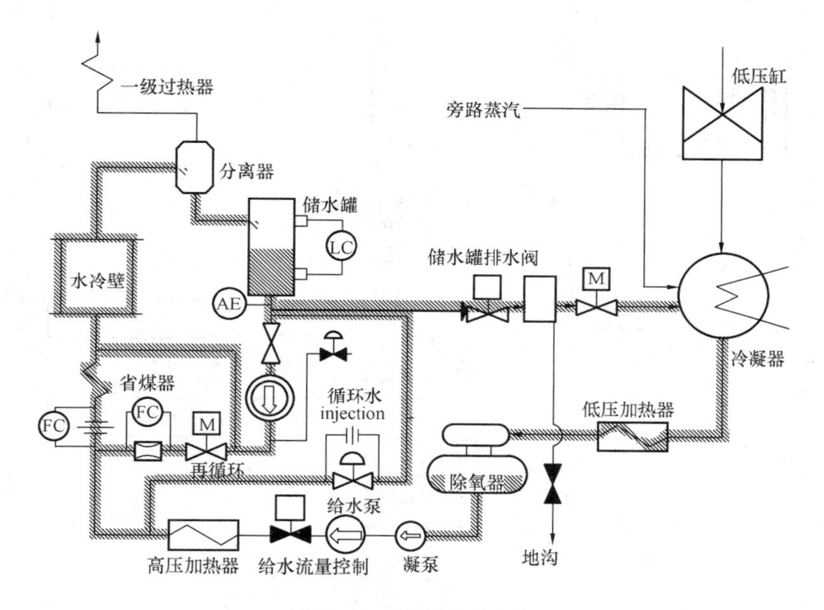

图 11-4 冷态循环冲洗

洗结束。维持炉水循环泵和电动给水泵（前置泵）运行，维持锅炉水冷壁的循环流量大于 25%B-MCR 流量。

11-12 简单用方框图表示锅炉点火前准备工作，并用文字叙述说明。

答：见图 11-5。

（1）整个锅炉的人孔和观察孔全部关闭。

（2）启动风烟系统，包括空气预热器、引风机、送风机及其辅助设备。

（3）将锅炉的总风量提高到 40%B-MCR。

（4）启动燃油系统，并进行炉前燃油系统泄漏试验。

（5）进行炉膛吹扫。炉膛 5min 的吹扫完成后，若燃油泄漏试验成功，锅炉 MFT 复归，开启燃油进油跳闸阀，开启进油和回油调节阀，维持炉前的燃油压力正常。

（6）锅炉 MFT 复归后，可以启动一次风机和磨煤机的密封风机，

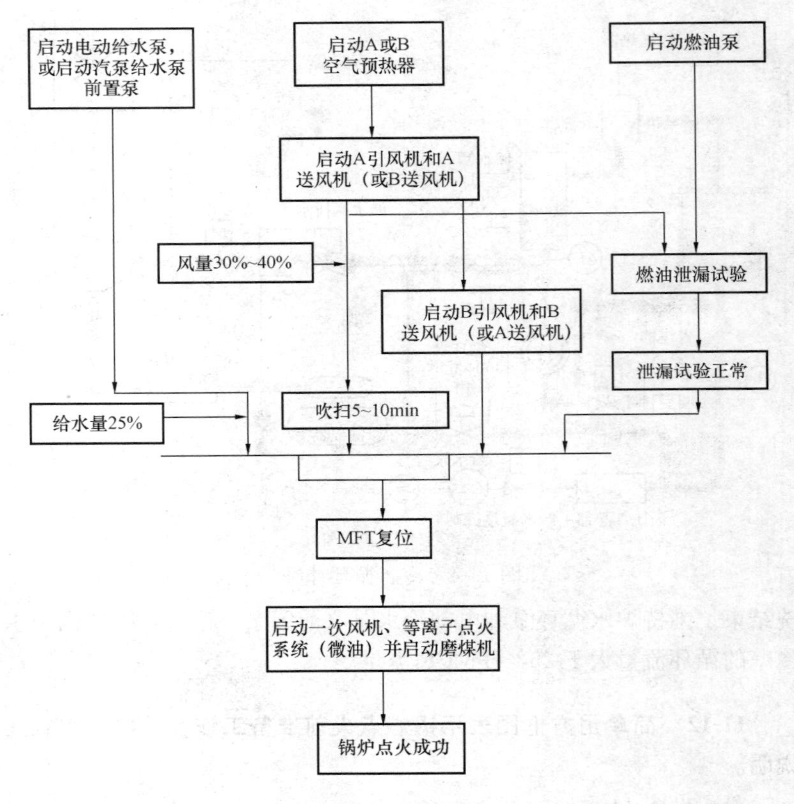

图 11-5　锅炉点火前准备工作

投运下层磨煤机（A 层燃烧器）等离子系统的暖风器，对 A 磨煤机进行暖磨。

（7）确认点火的条件满足锅炉的总风量大于 30%B-MCR，锅炉的水冷壁循环流量大于 Yt/h，炉膛出口烟温探针投入、火检冷却风投入、火焰监视电视冷却风投入、火焰监视电视可监视炉膛燃烧情况。炉水循环泵的出口调节阀投入自动。

（8）锅炉点火。投入等离子点火系统或者微油油枪，并启动磨煤机和给煤机。锅炉点火后，为防止未燃尽的油和煤粉在空气预热器受热面上沉积，应投入空气预热器、脱硝的连续吹灰。

11-13 锅炉如何进行热态冲洗?

答: 当水冷壁出口温度在190℃左右时对锅炉进行热态冲洗，因为此温度下铁离子的溶解度最高。

(1) 通过控制燃料量和储水罐水位调节阀开度将水冷壁出口温度控制在190℃左右。

(2) 保持上述状态和给水量，直到储水罐出口水质合格。

(3) 当储水罐出口水质合格时，锅炉热态冲洗完成。

(4) 如果热态冲洗需要很长时间，应进行下列操作以加速冲洗时间:

1) 通过增加再循环流量或给水泵流量增加给水流量;

2) 反复增减再循环流量;

3) 改变燃料量使水温在190℃以下波动。

11-14 如何进行锅炉升温升压?

答: 锅炉热态冲洗完成后，为了满足汽轮机冲转的要求，通过调节燃料量、风煤比、高压旁路阀的开度将主蒸汽压力、温度提高到汽轮机要求的值。

(1) 将燃料量提高到一特定值。

(2) 将高压旁路阀按逻辑开到初始值。

(3) 储水罐压力大于0.8MPa后，将过热器出口电磁泄压阀开1min。

(4) 注意检查储水罐水位调节阀和循环泵出口调节阀的可控性，观察由于汽水膨胀而引起的储水罐水位上涨的情况(在冷态启动过程中通常没问题)。

(5) 在再热器保护动作之前，通过改变煤水比的方法降低炉膛出口烟温，以防止再热器超温:

1) 如果炉膛温度高于550℃，煤水比适当减少;

2) 如果炉膛温度高于560℃，煤水比减少比例加大。

(6) 密切监视所有过热器和再热器壁温以防止其超过允许值。

(7) 当主汽压力满足汽轮机冲转的条件时进行下列操作。

1) 如果主汽温度大于410℃，煤水比减少，维持汽温稳定。

2）用汽轮机入口压力控制代替高压旁路阀控制。

3）将一级过热器进口集箱疏水阀全关。

4）将燃料量减少到一特定值以防汽轮机入口温度过高。

5）如果通过改变煤水比和高压旁路阀开度的方法不能降低汽轮机入口温度，那么只能通过增加顶部风（AA）量来实现降低炉膛出口烟温的目的，进而降低汽轮机入口温度。

11-15 并网至转干态前，锅炉的关键操作有哪些？

答：（1）增加第一台磨煤机的出力，通过调节高压旁路阀开度和燃料量来控制汽轮机入口的主汽压力。

（2）当机组负荷达到初始最低负荷时，全关主蒸汽管道、高温再热器蒸汽管道疏水阀，并网后保持初始负荷暖机。

（3）主汽温度主要靠三级过热器喷水调节（根据程序打开一、二级过热器喷水）；再热汽温通过烟气挡板调节；再热器事故喷水作为烟气挡板的备用手段。

（4）初始最低负荷完成后，机组运行模式从锅炉跟随变到协调控制。

（5）初始负荷保持完成后，机组负荷将升到200MW，在这个过程中，启动第二台磨煤机并完成给水泵切换。

（6）在汽轮机冲转过程中，投入低压加热器系统，在升负荷过程中投高压加热器系统；当负荷大于150MW时，关闭冷段再热器入口管道疏水阀；在给水泵切换过程中将负荷维持在200MW；在投煤粉前应该启动灰渣处理系统。

11-16 写出百万机组锅炉开式冷态清洗、冷态循环清洗和热态清洗的主要步骤和水质标准。

答：（1）开式冷态清洗。

开式循环保持给水流量20%～25%B-MCR，361阀投自动控制水位，开启至疏扩排水电动门。

水质合格标准：铁离子小于200μg/L或混浊度小于或等于3ppm；油脂小于或等于1ppm；pH值小于或等于9.5，开式冷态清洗完毕。

（2）冷态循环清洗。

1）启动炉水循环泵，过冷水管路自动投入，360阀全开，使锅炉循环水流量为20%MCR（仅7%B-MCR流量的清洗水通过361阀排出）。

2）储水罐水质合格后，开启361阀去凝汽器电动门，关闭至疏扩排水电动门，回收水质。

省煤器入口水质合格标准铁离子小于100μg/L，pH值为9.3～9.5，水的电导率小于或等于1μS/cm，冷态循环清洗结束。

（3）热态冲洗。

1）锅炉点火后，当水冷壁出口温度达到190℃时，锅炉需进行热态清洗。热态清洗阶段应控制调整锅炉的燃料量，维持水冷壁出口温度在190℃。

2）热态清洗时，投入机组精处理装置，清洗水全部排至凝汽器后盐质由精处理吸收。

3）储水罐出口水质铁离子小于50μg / L合格，热态清洗结束。

11-17　机组启动过程中，直流锅炉如何采用变流量冲洗方法？有何优点？

答：变流量冲洗方法：锅炉冲洗前先用10%（约200t/h）的流量向锅炉进水，在汽水分离器出现水位后，将流量加大到33.5%，此时打开分离器排放阀，进行排放直至水质合格铁离子小于500μg/L，然后将给水流量减至0%，投入除氧器加热，当给水箱温度达到80℃左右时，再以10%流量向锅炉进水，对省煤器、水冷壁进行预热，当分离器内壁温度达到50℃左右时，加热结束。将流量再减至0%，然后再用50%的流量（约900t/h）快速冲洗3min，最后将流量快速减至35%进行连续循环排放，直至水质达到铁离子＜500ppb。

采用变流量水冲洗的主要优点：

（1）可初步除去杂质和铁；

（2）用加热冷却方法可达到进一步除铁的目的，从实践经验看，当流速达到0.8～1.0m/s时，除铁效果最好；

（3）快速大流量变化可以冲去铁和炉内死角的空气。

11-18 直流锅炉为什么要进行充分的循环冲洗？水质的控制点有哪些？

答：锅炉启动过程中，水中杂质有三个去向，即：①沉积在受热面内壁；②沉积在汽轮机通流部分；③进入凝汽器。主要是前两项，而进入凝汽器的杂质很少。因此，每次启动要对管道系统和锅炉本体进行冷、热态循环清洗，严格控制水质。

控制点：

（1）凝结水水质。

（2）点火后水质。

（3）给水品质。

（4）省煤器进口水品质。

（5）分离器出口水品质。

（6）蒸汽品质控制。

11-19 直流锅炉为何不能在干湿态间来回变换？

答：（1）干态和湿态转换之间的相变点汽水状态有较大的变化，在相变点来回变化会对水冷壁管材产生较大影响，影响管材寿命。

（2）361阀如果来回开和关对管子产生振动，拉坏管子。

（3）在主汽压超过10MPa后361阀闭锁开启，这样储水罐的水就会进入到顶棚过热器，这样顶棚管的工况很危险，顶棚由于吸热量少将导致汽温大幅下降，影响机组的安全。

（4）炉水循环泵启动频繁，威胁炉水循环泵安全。

11-20 百万机组锅炉干湿状态转换的标志是什么？

答：（1）湿态→干态方式：锅炉负荷指令（BM）＞29％且（炉水循环泵停止或高压旁路阀全关）延迟60s。

（2）干态→湿态方式：BM＜25％或（炉水循环泵运行且高压旁路阀开）延迟60s。

11-21 电除尘器投入前锅炉的准备工作有哪些？

答：（1）在锅炉启动前12h，投入各灰斗加热器，使灰斗温度缓慢达到100℃。

(2) 在锅炉启动12h，投入电除尘器保温箱的电加热器，使除尘器保温箱内温度缓慢达到120℃，以使保温箱充分干燥。

(3) 在锅炉启动前2h，投入阴、阳极振打装置，并使之连续运行。

11-22 为什么说给水温度并不是越高越经济？

答：最佳给水温度要由技术、经济比较来决定。因为较高的给水温度要求用较高压力的抽汽，此抽汽在汽轮机中所做的功就少了。此外，还与回热系统设备投资有关。因此，给水被加热的温度是有一定限度的，不是越高越经济。

11-23 对流过热器的出口汽温为什么随负荷的增加而升高？

答：在对流过热器中，烟气与管外壁的换热方式主要是对流换热，对流换热不仅取决于烟气的温度，而且还与烟气的流速有关。当锅炉负荷增加时，燃料量增加，烟气量增多，通过过热器的烟气流速相应增加，因而提高了烟气侧对流放热系数。同时，当锅炉负荷增加时，炉膛出口烟温升高，从而提高了平均传热温差，虽然流经过热器的蒸汽量随锅炉负荷增加也增大，其吸热量也增多，但由于传热系数和平均传热温差同时增大，使过热器传热量的增大大于因蒸汽流量增大而需要增加的吸热量。因此，每千克蒸汽所获得的热量相对增多，出口汽温也就升高。

11-24 锅炉点火后应注意些什么？

答：(1) 点火后立即调节配风，派人直接观察炉膛亮度及烟囱冒烟情况，逐步调节油、风比例适度。若油枪雾化不好，油量太多或油枪喷射火焰太短，应检查油枪是否有堵或雾化片有问题，查明原因及时处理。

(2) 为使锅炉受热均匀，应定期调换对角油枪。

(3) 按升温升压曲线要求，适当调整油量或增投油枪个数，及时调节配风。

(4) 点火后约1h可适当投入煤粉燃烧器，若粉仓内无粉，一般过热器后烟温达350℃，热风温度150℃以上时，可投入一套制粉系统制粉。

（5）若发生灭火，应以不低于25%的风量通风5min后重新点火。

（6）经常检查燃油系统应无漏油，防止火灾事故的发生。

11-25 锅炉运行调节的主要任务是什么？提高锅炉效率的主要调节方法有哪些？

答：锅炉运行调节的主要任务是：

（1）锅炉蒸发量随时满足外界负荷要求。

（2）汽温、汽压稳定在规定范围内。

（3）炉水和蒸汽品质合格。

（4）维持经济燃烧，尽量减少热损失，提高锅炉效率。

提高锅炉效率的主要调节方法有：

（1）依不同负荷及煤种，合理配风，维持燃烧稳定，保持蒸汽参数稳定。

（2）合理配风，保持最佳过量空气系数。

（3）减少各种漏风，以降低排烟温度。

（4）依煤种不同，及时调节煤粉细度，保持在经济细度下运行。

11-26 简述直流锅炉的给水温度、煤水比、过量空气系数、受热面积灰、火焰中心改变情况下的汽温特性。

答：（1）给水温度降低，主汽温度降低。

（2）煤水比降低，主汽温度降低，再热汽温降低。

（3）受热面沾污，主汽温度降低，再热汽温降低。

（4）过量空气系数升高，主汽温度降低，再热汽温升高。

（5）火焰中心升高，主汽温度降低，再热汽温升高。

11-27 冷态启动时应注意什么问题？

答：（1）正确点火。充分通风后先投点火装置，然后投油枪。

（2）对角投用火嘴，及时切换，力求火焰均匀。

（3）调整引送风量，炉膛负压不宜过大。

(4) 监视排烟温度，防止二次燃烧。

(5) 尽量提高一次风温，根据不同燃料合理送入二次风，调整两侧烟温差。

(6) 操作中做到制粉系统开停稳定，给煤机下煤量稳定，风煤配合稳定，氧量稳定，汽压、汽温上升稳定，升负荷稳定。

(7) 尽量增加蒸汽流通量，监视各管壁温度不超限。

11-28 机组负荷控制有哪几种？各有何特点？

答：(1) 手动方式：锅炉主控手动，调整燃烧，控制汽压；汽轮机主控手动，控制负荷。特点：①负荷稳定不受电网影响，只能手动响应负荷的变化；②运行调整工作量大。

(2) 机基本（炉跟机）：汽轮机主控手动，控制负荷；锅炉主控自动，控制汽压。特点：①响应负荷的速度快，适应调峰机组；②汽压波动大；③变负荷的幅度较小。

(3) 炉基本（机跟炉）：汽轮机主控自动，控制汽压，锅炉主控手动，控制负荷。特点：①汽压波动小；②响应负荷速度慢，适应带基本负荷。

(4) 协调控制：机炉主控均投入自动，锅炉调整汽压，汽轮机调整负荷。

特点：①汽压稳定；②响应负荷速度快，适应带基本负荷和调峰。

11-29 协调控制方式是如何保证机炉协调的？

答：当外界负荷发生变化时，机组的实际输出功率与给定功率的偏差以及压力给定值与实际主汽压力值的偏差信号，通过协调主控制器同时作用于锅炉主控器和汽轮机主控器，使之分别进行调节。

11-30 管道运行中应检查什么？

答：(1) 支吊架有无损坏。

(2) 保温是否完善。

(3) 管道有无泄漏和振动。

11-31 超超临界 1000MW 锅炉和 600MW 锅炉的给水控制方式有什么不同?

答: 见表 11-1。

表 11-1 超超临界 1000MW 锅炉和 600MW 锅炉的给水控制方式比较

容量	1000MW	600MW
给水控制方式	给水控制分湿态和干态两个控制方式，主给水量信号由锅炉主控燃料量产生，但其给水变化值由各级受热面分级控制（顶棚过热器过热度和大屏过热器出口汽温控制来实现），没有分离器过热度增益环节，增加了给水燃料交叉限制和防止省煤器沸腾回路	主给水量信号由锅炉主控燃料量产生，给水变化值由分离器过热度（工质焓值）产生

11-32 锅炉烟温探针的作用是什么？何时退出?

答: 在升火初期用控制烟温来保护再热器和过热器，利用烟温探针来测出烟温，从而加以控制。烟温探针在烟温大于 540℃时退出。

11-33 锅炉排烟热损失与哪些因素有关?

答:（1）过量空气系数的大小。

（2）锅炉燃烧的好坏及燃料的配比。

（3）受热面外结垢结渣情况。

（4）受热面内结垢情况。

（5）漏风情况。

（6）锅炉受热面吹灰情况。

11-34 如何预防锅炉打炮?

答:（1）灭火后应加强吹扫，严防用爆燃的方式点火。

（2）锅炉燃烧不稳定及时投油助燃。

（3）磨煤机跳闸后恢复时注意防止大量煤粉进入炉内。

（4）防止大量未燃尽的煤粉进入尾部烟道。

（5）启动前应对锅炉进行充分吹扫。

（6）停炉后应防止燃油漏入炉内。

11-35 锅炉过热汽温的主要调节手段有哪些?

答:（1）控制煤水比、减温水的大小。

（2）控制燃烧的好坏及过量空气系数的大小。

（3）监视锅炉结灰结渣程度。

（4）锅炉吹灰。

（5）控制锅炉给水温度的高低。

（6）监视煤质的变化及磨煤机的工作情况及投入情况。

11-36 空气压缩机紧急停止的条件有哪些?

答:（1）润滑油或冷却水中断。

（2）气压表损坏，无法监视气压。

（3）危及人身及设备安全。

（4）油压表损坏或油压低于最低运行值。

（5）空气压缩机出现不正常的响声或产生剧烈振动。

（6）二级缸排气压力大幅度波动。

（7）电动机转子和定子摩擦引起强烈振动或电气设备着火冒烟。

（8）电动机电流突然增大并超过额定值。

（9）二级缸排气中任一个压力达到安全阀动作值而安全阀拒动。

11-37 在什么情况下可先启动备用电动机，然后停止故障电动机?

答:（1）电动机内发出不正常的声音或绝缘有烧焦的气味。

（2）电动机内或启动调节装置内出现火花或烟气。

（3）定子电流超过运行数值。

（4）出现强烈的振动。

（5）轴承温度出现不允许的升高。

11-38 锅炉运行中单送风机运行，另一台送风机检修结束后并列过程中应注意哪些事项?

答:（1）应注意保持炉膛负压稳定，机组负荷稳定。

（2）保持总风量基本稳定。

（3）风机加减负荷时要缓慢。

（4）防止送风机发生喘振。

(5) 风机启动前入口风门要关闭。

11-39　炉底水封破坏后，为什么会使过热汽温升高?

答: 锅炉从底部漏入大量的冷风，降低了炉膛温度，延长了着火时间，使火焰中心上移，炉膛出口温度升高，同时造成过量空气量的增加，对流换热加强，导致过热汽温升高。

11-40　什么是超温和过热? 两者之间有什么关系?

答: 超温或过热是在运行中金属的温度超过其允许的温度。

两者之间的关系：超温与过热在概念上是相同的。所不同的是，超温指运行中出于种种原因，使金属的管壁温度超过所允许的温度，而过热是因为超温致使管子发生不同程度的损坏，也就是说超温是过热的原因，过热是超温的结果。

11-41　影响锅炉受热面传热的因素及增强传热的方法有哪些?

答: 影响锅炉受热面传热的因素为传热系数 K、传热面积 F 和冷热流体的传热平均温差 Δt。

增强传热的方法：

(1) 提高传热平均温差 Δt。

(2) 在一定的金属耗量下增加传热面积 F。

(3) 提高传热系数 K。

11-42　锅炉金属氧化皮生成机理是什么? 给水加氧处理对氧化皮生成有何影响?

答: 目前业界公认对影响氧化皮生成主要机理是金属的水蒸气高温氧化，金属在高温水蒸气中会发生严重的氧化，在温度大于 450℃ 下，金属铁与水蒸气反应，生成铁氧化物，反应式为

$$3Fe + 4H_2O = Fe_3O_4 + 4H_2$$

而给水加氧处理对于奥氏体不锈钢氧化皮生成的影响，出现了比较极端的现象，争议也非常大。一些火力发电厂给水加氧处理后，未发现有异常的氧化皮增厚脱落的现象，但也有某些火力发电厂在给水加氧处理后，在短短几个月内连续发生因氧化皮脱落导致的爆管事

故。一般认为，在建未投产的新机组，采用给水加氧处理，比已经投产的机组改给水加氧处理好。

11-43　如何防止金属氧化皮的脱落?

答: (1) 改善锅炉运行工况，加强对锅炉受热面的壁温监视，采取措施避免、减少超温。

(2) 减少机组负荷波动，控制锅炉升降负荷速率。

(3) 避免机组频繁启停，减少热冲击。

(4) 锅炉停炉过程中，严格执行机组的停备用保护规定，尽量采取较低的温降速率，严格执行锅炉降温操作，停炉后采用闷炉方式停炉，降低已经生成的氧化皮脱落的几率。

(5) 加强机组启动前的冷、热态水冲洗，能防止腐蚀产物在过热器、再热器管的沉积。

(6) 建立长期的炉管监视机制，包括定期氧化皮测量，利用停炉机会进行射线检查，确认垂直管屏底部弯头部位氧化层碎片堆积并及时割管清理。

11-44　引起蒸汽压力变化的基本原因是什么?

答: 外部扰动：外部负荷变化引起的蒸汽压力变化称外部扰动，简称“外扰”。当外界负荷增大时，机组用汽量增多，而锅炉尚未来得及调整到适应新的工况，锅炉蒸发量将小于外界对蒸汽的需要量，物料平衡关系被打破，蒸汽压力下降。

内部扰动：由于锅炉本身工况变化而引起蒸汽压力变化称内部扰动，简称“内扰”。运行中外界对蒸汽的需要量并未变化，而由于锅炉燃烧工况变动（如燃烧不稳或燃料量、风量改变）以及锅炉内工况（如传热情况）的变动，使蒸发区产汽量发生变化，锅炉蒸发量与蒸汽需要量之间的物料平衡关系破坏，从而使蒸汽压力发生变化。

11-45　影响蒸汽压力变化速度的因素有哪些?

答: (1) 锅炉负荷变化速度。

(2) 锅炉的蓄热能力。

(3) 燃烧设备惯性。

11-46　如何避免汽压波动过大？

答：（1）掌握锅炉的带负荷能力。

（2）控制好负荷增减速度和幅度。

（3）增减负荷前应提前提示，提前调整燃料量。

（4）运行中要做到勤调、微调，防止出现反复波动。

（5）投运和完善自动调节系统。

11-47　直流锅炉蒸汽压力 p 和温度 T 如何协调调节？

答：（1）p 下降、T 下降：

1）为外扰时，p 变化大、T 变化小，给水量会自动地增加一些，因此增加给煤量即可恢复。注意：此时中间点温度一般不变（煤水比不变）。

2）为内扰时，T 变化大、p 变化小，不应操作给水，增加给煤量即可恢复。注意：此时中间点温度会随着变化。

（2）p 上升、T 下降：

原因：给水量增加的结果，给水压力升高的同时，喷水量增加。

处理：同时减少给水量和喷水量。

（3）中间点温度偏差大：

原因：给煤、给水信号问题。

处理：切手动控制。

11-48　锅炉滑压运行有何优点？

答：（1）负荷变化时蒸汽温度变化小，汽轮机各级温度基本不变，减小了热应力与热变形，提高了机组的使用寿命。

（2）低负荷时汽轮机的效率比定压运行高，热耗低。

（3）电动给水泵电耗小。

（4）延长了锅炉承压部件及汽轮机调节汽门的寿命。

（5）减轻汽轮机通流部分结垢。

11-49　阀门操作原则是什么？应注意哪些事项？

答：热力系统中一、二次串联布置的疏水门、空气门、一次门用于系统隔绝，二次门用于调整或频繁操作，开启操作时应先开一次门，后开二次门，关闭操作时先关二次门，后关一次门。除非特殊情况，不得将一次门作为调整用，防止一次门门芯吹损后，不能起到隔绝系统的作用。

手动阀门操作时应使用力矩相符的阀门扳手，操作时用力均匀缓慢，严禁使用加长套杆或使用冲击的方法开启关闭阀门。电动阀门的开关操作在发出操作指令后，应观察其开关动作情况，直到反馈正常后进行下一步操作。阀门要保温，管道停用后要将水放尽，以免天冷时冻裂阀体。阀门存在跑、冒、滴、漏现象，及时联系处理。

操作时应注意以下几点：

（1）敲打手轮或用长扳手操作过猛都容易造成手轮损坏，因此要求操作时精心。

（2）盘根压得过紧或填料干枯，会造成开关阀门费力，此时应放松压盖或更换填料。

（3）杜绝阀内跑、冒、滴、漏现象。

（4）关闭阀门不应过急，以免损伤密封面。

（5）由于介质压力的波动，容易使机械波动，高速汽体收缩和扩张都会引起冲击和湍流产生。

（6）操作用力过猛，容易使螺纹损伤；缺乏润滑，会使门杆升降机构失灵。

（7）阀门要保温，管道停用后要将水放尽，以免天冷时冻裂阀体。

11-50　蒸汽压力、蒸发量与炉膛热负荷之间有何关系？

答：当外界负荷不变时，蒸发量增加，汽压随之上升，反之汽压下降。

保持汽压不变时，外界负荷升高，蒸发量随之增大，反之蒸发量减少。

炉膛热负荷增加时，若保持汽压稳定，则蒸发量相应增大、外界负荷升高；若保持蒸发量不变，外界负荷不变，则汽压升高。

11-51　影响汽温变化的因素有哪些？

答：（1）烟气侧的影响因素。主要有炉内火焰中心的位置、燃料的性质、受热面的清洁程度、过量空气量的大小，一、二次风的配比及烟道和炉膛的漏风、制粉系统的启停、吹灰和打焦操作。

（2）蒸汽侧的影响因素。主要有饱和蒸汽的湿度、给水温度、锅炉蒸发量、减温水量、受热面的布置和特性等。

11-52　简述锅炉负荷对汽温的影响。

答： 锅炉过热器一般分为辐射式、半辐射式、对流式。但由于辐射式和半辐射式过热器所占份额较少，故其总的汽温特性是对流式的，即随锅炉负荷的增加而升高，随锅炉负荷的减少而降低。

一般再热器布置为辐射式、半辐射式、对流式串联组成的联合型式，整体特性一般呈现对流特性，故其总的汽温特性是对流式的，受负荷影响时，同过热汽温变化趋势是相同的。

11-53　简述燃料性质对锅炉汽温的影响。

答： 燃用发热量较低且灰分、水分含量高的煤种时，相同的蒸发量所需燃料量增加，同时煤中水分和灰分吸收了炉内热量，使炉温降低，辐射传热减少。水分和灰分的增加增大了烟气容积，抬高了火焰中心，使对流传热量增大，出口汽温升高、减温水量增大。

煤粉变粗时，煤粉在炉内燃尽的时间增加，火焰中心上移，炉膛出口烟温升高，对流过热器吸热量增加，蒸汽温度升高。

11-54　与过热器相比，再热器运行有何特点？

答：（1）放热系数小，管壁冷却能力差。

（2）再热蒸汽压力低、比热容小，对汽温的偏差较为敏感。

（3）由于入口蒸汽是汽轮机高压缸的排汽，所以入口汽温随负荷变化而变化。

（4）机组启停或突甩负荷时，再热器处于无蒸汽运行状态，极易烧坏。

（5）由于其流动阻力对机组影响较大，故对其系统的选择和布置有较高的要求。

11-55　如何调节直流锅炉的汽温和汽压？

答： 直流锅炉的汽温主要是通过调节给水量和燃料量来实现的。

汽压的调节主要是利用给水量的调节来实现的。

直流锅炉发生外扰时，如外界负荷增大，首先反映的是汽压降低，而后汽温下降，此时应及时增加燃料量，根据中间点温度的变化情况适当增加给水量，维持中间点温度正常，将汽压、汽温恢复到原始水平。

直流锅炉发生内扰时，比如给水量增大时，汽压会上升，而汽温下降。具体调节时应迅速减小给水量。

11-56 汽温调整过程中应注意哪些问题?

答:（1）汽压的波动对汽温影响很大，尤其是对那些蓄热能力较小的锅炉，汽温对汽压的波动更为敏感，所以减小汽压的波动是调整汽温的一大前提。

（2）用增减烟气量的方法调节汽温，要防止出现燃烧恶化。

（3）不能采用增减炉膛负压的方法调节汽温。

（4）受热面的清灰除焦工作要经常进行。

（5）低负荷运行时，尽可能少用减温水，防止受热面出现水塞。

（6）防止出现过热汽温热偏差，左右两侧汽温偏差不得大于20℃。

11-57 升压过程中为何不宜用减温水来控制汽温?

答: 保护过热器和再热器时，要求通过限制燃烧率、调节排汽量或改变火焰中心位置来控制汽温，而应尽量不采用减温水来控制汽温。因为升压过程中，蒸汽流量较小，流速较低，减温水喷入后，可能会引起过热器蛇形管之间的蒸汽量和减温水量分配不均匀，造成热偏差；或减温水不能全部蒸发，积存于个别蛇形管内形成“水塞”，使管子过热，造成不良后果。因此，在升压期间应尽可能不用减温水来控制汽温。假如需要用减温水时，也应尽量减小减温水的喷入量。

11-58 低负荷时混合式减温器为何不宜多使用减温水?

答: 锅炉在低负荷运行调节汽温时，是不宜多使用减温水的，更不宜大幅度地开或关减温水门。这是因为在低负荷时，流经减温器及过热器的蒸汽流速很低，如果这时使用较大的减温水量，水滴雾化不好，蒸发不完全，局部过热器管可能出现水塞；没有蒸发的水滴，不可能均匀地分配到各过热器管中去，各平行管中的工质流量不均，导致热偏差加剧。上述情况，都有可能使过热器管损坏，影响运行安全。所以，锅炉低负荷运行时，不宜过多地使用减温水。

11-59　简述运行中通过改变风量调节蒸汽温度的缺点。

答：（1）使烟气量增大，排烟热损失增加，锅炉热效率下降。

（2）增加送、引风机的电能消耗，使火力发电厂经济性下降。

（3）烟气量增大，烟气流速升高，使锅炉对流受热面的飞灰磨损加剧。

（4）过量空气系数大时，会使烟气露点升高，增大空气预热器低温腐蚀的可能。

11-60　为什么再热汽温调节一般不使用喷水减温？

答：使用喷水减温将使机组的热效率降低。这是因为使用喷水减温将使中低压缸工质流量增加。这些蒸汽仅在中低压缸做功，就整个回热系统而言，限制了高压缸的做功能力。而且在原来热循环效率越高的情况下，若增加喷水量，则循环效率降低就越多。

11-61　为什么锅炉在启动时升压速度必须遵循先慢后快的原则？

答：从工程热力学可知，随着压力的升高，水的饱和温度也随之升高，但升高的速率是非线性的，开始增长很快，而后越来越慢。例如：压力由 0.5MPa 增加到 1.0MPa，饱和温度由 151.1℃上升到 179.0℃，上升了 27.9℃；压力由 2.0MPa 增加到 2.5MPa，饱和温度由 211.4℃上升到 222.9℃，上升了 11.5℃；压力由 5.0MPa 增加到 5.5MPa，饱和温度由 262.7℃上升到 268.7℃，上升了 6.0℃。

因此，在锅炉启动过程中本着控制升温速度、保护锅炉受热面的原则，刚开始的升压速度不宜过快，而后可以逐步加快速度。

11-62　锅炉的热态启动有何特点？

答：（1）点火前即具有一定的压力和温度，所以点火后升压、升温可适当加快速度。

(2) 因热态启动时升压、升温变化幅度较小，故允许变化率较大。

(3) 极热态启动时，因过热器壁温很高，故应合理使用对空排汽门和旁路系统，防止冷汽进入过热器产生较大热应力，损坏过热器。

11-63 机组极热态启动时，锅炉如何控制汽压、汽温？

答：极热态锅炉启动初期，要采取一些措施提高过热蒸汽温度，如适当加大底层二次风，多开上层油枪，提高火焰中心。风量够用即可，不能过大，温升速度可适当加快，冲转前主要靠加减燃料量来控制汽温，靠调整旁路的开度和向空排汽门的开度控制汽压。并网后，机组尽快接带负荷，应适时投入减温水，并改变炉内配风，控制汽温上升的速度，随负荷增长，涨汽压，略涨汽温，等汽温与汽压匹配时，再按升温升压曲线控制机组参数。

11-64 滑参数启动有何优点？

答：(1) 启动时间短。

(2) 工质的热量损失小。

(3) 汽轮机暖机充分，热应力小。

(4) 自始至终有工质冷却，避免烧坏过热器。

11-65 启动过程中记录各膨胀指示值有何重要意义？

答：记录膨胀指示的意义就是在锅炉工况扰动时能够及时发现膨胀受阻的地方，及时采取措施，避免设备损坏。

11-66 为什么直流锅炉启动时必须建立启动流量和启动压力？

答：汽包锅炉启动时，水冷壁的冷却依靠逐步建立的自然循环工质。直流锅炉不同于汽包锅炉，启动过程中必须有连续不断的给水流经蒸发段以冷却它。同时为了保证受热的蒸发段不在压力较低时即发生汽化，使部分管子得不到充分冷却而烧坏，直流锅炉启动时还需建立一定的启动压力。

11-67 启动分离器水位过高或过低有什么危害？

答：(1) 启动分离器水位过高，会造成给水经过热器进入汽轮机尤其是在热态启动时，会给汽轮机带来严重危害，也会使过热器产生极大的热应力，损伤过热器。

（2）启动分离器水位过低，有可能造成汽水混合物大量排泄，使过热器得不到充足的冷却工质造成超温，即所谓的“蒸汽走短路”现象。

11-68　影响停用锅炉腐蚀的因素有哪些？

答：对于采用热炉放水保护受热面和汽水管路的锅炉，影响停用腐蚀的因素主要有温度、湿度、金属表面的清洁程度和水膜的化学成分等；对于采用充水防腐方法保护受热面及汽水管路的锅炉，影响停用腐蚀的因素主要有水温、溶氧量、水的化学成分和金属表面的清洁度等。

11-69　什么是滑参数停炉？直流锅炉滑参数停炉如何操作？

答：停炉时锅炉与汽轮机配合，在降低电负荷的同时，逐步降低锅炉参数的停炉方式称为滑参数停炉，一般只用于单元制机组。

操作步骤为：

（1）锅炉减负荷。首先将锅炉负荷减至25%～30%的额定负荷。

（2）降温降压。注意降温降压的速度和维持过热汽温保持有50℃以上的过热度。

（3）投入启动分离器。

（4）汽轮机减负荷至空载，解列汽轮机。开启旁路维持锅炉运行。

（5）继续减少燃料和给水。注意控制受热面壁温。

（6）停炉灭火。注意在灭火前必须保持连续不断的给水。

11-70　停炉后达到什么条件锅炉才可放水？有何作用？

答：根据锅炉保养要求，可采用带压放水，中压炉在压力为0.3～0.5MPa、高压及以上锅炉在0.5～0.8MPa时就可放水。其作用是可加快消压冷却速度，放水后能使受热面管内的水膜蒸干，防止受热面内部腐蚀。

11-71 锅炉低负荷运行时应注意什么?

答:(1) 保持合理的一次风速，炉膛负压不宜过大。

(2) 尽量提高一、二次风温。

(3) 风量不宜过大，煤粉不宜太粗，制粉系统操作要缓慢、平稳。

(4) 尽量减少锅炉漏风，特别是油枪处和底部漏风。

(5) 保持煤种的稳定，减少负荷大幅度扰动。

(6) 燃烧不稳时应及时投油或等离子点火系统助燃。

11-72 锅炉冷态启动过程中，如何保护锅炉本体设备?

答:(1) 对水冷壁的保护：①按规程规定控制进水速度和水温；②维持燃烧的稳定和均匀；③严格控制升温升压速度；④建立启动最小给水流量和启动压力；⑤系统进行冷态、热态清洗。

(2) 对过热器的保护：①初期控制过热器进口烟温；②在升压过程中控制出口汽温不超限；③旁路的控制。

(3) 对再热器的保护：采用一级大旁路系统必须控制再热器进口烟温，投入炉膛烟温进行监视控制，否则再热器可能超温。

(4) 省煤器的保护：建立启动最小给水流量，防止沸腾汽化。

(5) 空气预热器保护：加强空气预热器吹灰。

11-73 锅炉启动过程中过热器为何易损坏? 如何保护?

答:在启动过程中，尽管烟气温度不高，管壁却有可能超温。这是因为启动初期，过热器管中没有蒸汽流过或蒸汽流量很小，立式过热器管内有积水，在积水排除前，过热器处于干烧状态。另外，这时的热偏差也较明显。因此启动过程中过热器易损坏。

为了保护过热器管壁不超温，在流量小于额定值10%时，必须控制炉膛出口烟气温度不超过管壁允许温度。手段是限制燃烧或调整炉内火焰中心位置。随着压力的升高，蒸汽流量增大，过热器冷却条件有所改善，这时可用限制锅炉过热器出口汽温的办法来保护过热器，要求锅炉过热器出口汽温比额定温度低50～100℃。手段是控制燃烧率及排汽量，也可调整炉内火焰中心位置或改变过量空气系数。但从经济性考虑是不提倡用改变过量空气系数的方法来调节汽温的。

11-74 锅炉常用保养方法有哪几种？

答：(1) 湿法保护。湿法保护是锅炉停炉后，锅炉汽水系统和外界严密隔绝，用具有保护性的水溶液充满锅炉受热面，防止空气中的氧进入锅炉内。有联氨法、氨液法、保持给水压力法、蒸汽加热法、碱液化法、磷酸三钠和亚硝酸混合溶液保护法。

(2) 干法保护。干法保护是经常使锅炉内表面处于干燥状态，达到防腐蚀的目的。有烘干法（带压放水）和干燥剂法。如充氮保护法、余热烘干法、钝化加热炉放水法、干空气吹扫保护法等。

11-75 停用锅炉保养方法的选择原则是什么？

答：停用锅炉应根据其参数和机组类型、停炉时间的长短、停用后有无检修工作、环境条件来确定。

(1) 对于大容量锅炉，直流锅炉因对水质要求高，故只能选择联氨、液氨和充氨法等。汽包锅炉则可使用非挥发性药品。中、低压锅炉一般使用磷酸钠。

(2) 对停炉时间短的锅炉，一般采用蒸汽压力法。对停炉时间较长的锅炉，可采用干式或加联氨、充氨保护。

(3) 在采用湿式保护时，应考虑冬季防冻的问题。其余各类方法若现场不具备条件，亦不宜采用。

11-76 停炉保养的基本原则是什么？

答：锅炉停炉保养的目的主要是为了防止或减轻锅炉受热面管的腐蚀，基本原则是：

(1) 阻止空气进入汽水系统。

(2) 保持停用后锅炉汽水系统金属表面的干燥（保持停用锅炉汽水系统内表面相对湿度小于20%）。

(3) 受热面及相应管道内壁形成钝化膜，以隔绝空气。

(4) 金属内壁浸泡在保护剂溶液中。

11-77 火力发电厂锅炉停炉后如何进行保养？

答：锅炉的停炉后保养方法分为干态保养和湿态保养。干态保养是将锅炉本体内的水汽全部放空并进行干燥；湿态保养是采取对炉本体部分不放水并加药保养。

（1）锅炉停用时间少于2天，不需采取任何保护方法。

（2）锅炉停用时间在3～5天内，对省煤器水冷壁及汽水分离器采取加药湿态保护，对过热器部分采取干燥保护。

（3）锅炉停时间在5天以上，锅炉的省煤器、水冷壁、过热器、再热器等采取热炉放水、余热烘干、抽真空法保养。

11-78　停炉保养的主要操作步骤是什么？

答：（1）锅炉熄火后，当汽水分离器压力下降至1～2MPa、分离器入口水温达到200℃左右时，停送、引风机，关闭送、引风机挡板，封闭炉膛。

（2）关闭旁路系统。

（3）迅速开启水冷壁、省煤器进口集箱放水门，带压将水排空。

（4）4h后开启水冷壁、省煤器、过热器、再热器的排空气门，排除系统内的水蒸气，待系统压力跌至0MPa后，开启旁路抽真空，将剩余湿汽排尽。

（5）保持上述工况闷炉（机组A、B级检修闷炉12h，机组C、D级检修闷炉4h）后容许开启送、引风机挡板，投引风机冷却，对加氧锅炉则适当延长时间甚至不开引风机冷却。

（6）待水冷壁温度下降后，由化学专业通知检修拆下省煤器水冷壁进口集箱疏水阀阀芯，由化学专业通入加有气相缓蚀剂的压缩空气进行辅助保养。

11-79　冬季停炉后如何防冻？

答：（1）检查投入有关设备电加热或汽加热装置，由热工投入热工仪表加热装置。

（2）备用锅炉的人孔门、检查孔及有关风门、挡板应关闭严密，防止冷风侵入。

（3）锅炉各辅助设备和系统的所有管道，均应保持管内介质流通，对无法流通的部分应将介质彻底放尽，以防冻结。

（4）停炉期间，应将锅炉所属管道内不流动的存水彻底放尽。

11-80 锅炉主要的热损失有哪几种？哪种热损失最大？

答： 主要有排烟热损失、化学未完全燃烧热损失、机械未完全热损失、散热损失、灰渣物理热损失。其中排烟热损失最大。

11-81 什么是正平衡效率和反平衡效率？如何计算？

答：（1）用被锅炉利用的热量与燃料所能放出的全部热量之比来计算出的热效率，叫做正平衡效率。

计算公式：[锅炉蒸发量×（蒸发焓－给水焓）] /每小时燃料消耗量×燃料低位发热量

（2）通过各项热损失，求得锅炉的效率，叫做反平衡效率。

计算公式：[100－(排烟热损失＋化学不完全燃烧热损失＋机械不完全燃烧热损失＋锅炉散热损失＋锅炉灰渣物理热损失)]/100×100%

11-82 锅炉方面的经济小指标有哪些？

答： 锅炉方面的经济小指标有：热效率、过热汽温度、再热汽温度、过热汽压力、排污率、烟气含氧量、排烟温度、漏风率、灰渣和飞灰可燃物含量、煤粉细度和均匀性、制粉单耗、点火及助燃用油量等。

11-83 简述降低锅炉启动能耗的主要措施。

答：（1）锅炉进水完毕后，加温炉水，预热炉墙，缩短启动时间。

（2）正确利用启动系统，充分利用启动过程中的排汽热量，尽可能回收工质减少汽水损失。

（3）加强运行人员的技术力量，提高启动质量，严格按照启动曲线启动。

（4）单元机组采用滑参数启动方式。

（5）加强燃烧调整，保证启动时燃烧的完全和经济。

（6）合理技改，采用先进技术，如“少油点火燃烧器”、“富集型燃烧器”、“开缝纯体燃烧器”等。

11-84 锅炉升压过程中膨胀不均匀的原因是什么？热力管道为什么要装有膨胀补偿器？

答：升压过程中投入的燃烧器和油枪数目少，火焰充满度差，炉内各部分温度不均匀，水冷壁的吸热不均，各水冷壁管的水循环不一致，就出现膨胀不均的现象。某些管道或联箱在通过护板或导架、支吊架及其他杂物阻碍，膨胀时受阻，产生较大的热应力，所以对膨胀量大的热力管道，要装有膨胀补偿装置，补偿不满足要求的管道，以使热应力不超过允许值。

11-85 尾部受热面的低温腐蚀是怎样产生的？

答：燃料中的硫燃烧生成SO_2，SO_2与烟气中的氧结合生成SO_3，当受热面的温度低于烟气的露点时，烟气中的水蒸气与SO_3组合生成硫酸蒸汽，凝结在受热面上，造成受热面的低温腐蚀。

11-86 锅炉烟囱冒黑烟的主要原因及防范措施是什么？

答：主要原因：

（1）燃油雾化不良或油枪故障，油嘴结焦。

（2）煤粉燃烧不完全。

（3）总风量不足。

（4）配风不佳，缺少根部风或风与油雾的混合不良，造成局部缺氧而产生高温列解。

（5）烟道发生二次燃烧。

（6）启动初期炉温、风温过低。

防范措施：

（1）点火前检查油枪，清除油嘴结焦，提高雾化质量。

（2）油枪确保已进入燃烧器，且位置正确。

（3）保持运行中的供油量、回油压力和燃油的黏度指标正确。

（4）及时适当地送入根部风，调整好一、二次风，使油雾与空气强烈混合，防止局部缺氧。

（5）尽可能地提高风温和炉膛温度。

11-87 锅炉启动过程中如何防止蒸汽温度骤降？

答：（1）锅炉启动过程中要根据工况的改变，分析蒸汽温度的变化趋势，应特别注意对过热器中间点及再热蒸汽减温后温度的监视，尽量在蒸汽温度变化之前做调整工作。

（2）一级减温水一般不投，即使投入也要慎重，二级减温水不投或少投，视各段壁温和汽温情况配合调整，控制各段壁温和蒸汽温度在规定范围内，防止大开减温水，使汽温骤降。

（3）防止汽轮机调门开得过快，进汽量突然大增，使汽温骤降。

（4）燃烧调整上力求平稳、均匀，以防引起汽温骤降，确保设备安全经济运行。

11-88　什么是直流锅炉的启动压力？启动压力高对机组有何影响？

答：直流锅炉、低循环倍率锅炉和复合循环锅炉启动时，为保证蒸发受热面的水动力稳定性所必须建立的给水压力，称为启动压力。

直流锅炉启动时一般不是一开始就在工作压力下工作，而是选择某一较低的压力，然后再过渡到工作压力。启动压力的高低，关系到启动过程的安全性和经济性。

启动压力高，汽水密度差小，对改善蒸发受热面水动力特性、防止蒸发受热面产生脉动、减小启动时的膨胀量都有好处。但启动压力高，又会使给水泵电耗增大，加速给水阀门的磨损，并引起较大的振动和噪声。

11-89　什么是启动流量？其大小对启动过程有何影响？确定启动流量的原则是什么？

答：直流锅炉、低循环倍率锅炉和复合循环锅炉启动时，为保证蒸发受热面良好冷却所必须建立的给水流量（包括再循环流量），称启动流量。

直流锅炉一点火，就要需要有一定量的工质强迫流过蒸发受热面，以保证受热面得到可靠的冷却。启动流量对启动过程的影响：

（1）启动流量的大小，对启动过程的安全性、经济性均有直接影响，使受热面的冷却和水动力的稳定性难以保证。

（2）启动流量越大，流经受热面的工质流速较高，这除了保证有良好的冷却效果外，对水动力的稳定性和防止出现汽水分层流动都有好处，但启动流量过大，将使锅炉的启动时间增大。

确定启动流量的原则是：在保证受热面可靠冷却和工质流动稳定的前提下，启动流量应尽可能小一些。一般启动流量约为锅炉额定蒸发量的25%～30%。

11-90 锅炉停炉分哪几种类型？其操作要点是什么？

答：根据锅炉停炉前所处的状态以及停炉后的处理，锅炉停炉可分为如下几种类型：

(1) 正常停炉。按照计划，锅炉停炉后要处于较长时间的备用，或进行大修、小修等。这种停炉需按照降压曲线，进行减负荷、降压，停炉后进行均匀缓慢的冷却，防止产生热应力。停机时间超过7天时应将原煤仓的煤磨完。

(2) 热备用停炉。按照调度计划，锅炉停止运行一段时间后，还需启动继续运行。这种情况锅炉停下后，要设法减小热量散失，尽可能保持一定的汽压，以缩短再次启动时的时间。

(3) 紧急停炉。运行中锅炉发生重大事故，危及人身及设备安全，需要立即停止锅炉运行。紧急停炉后，往往需要尽快进行检修，以消除故障，所以需要适当加快冷却速度。

11-91 锅炉滑参数停用的特点和注意事项分别是什么？

答：特点：

(1) 充分利用锅炉余热发电。

(2) 利用温度逐渐降低的蒸汽使汽轮机部件得到比较均匀的和较快的冷却。

(3) 可以缩短从停机到开机的时间。

注意事项：

(1) 停炉前全面吹灰一次。

(2) 及时调整燃料量和风量，保持燃烧稳定。

(3) 油枪投入后应投入空气预热器连续吹灰，注意排烟温度以防尾部烟道发生二次燃烧，同时停运电除尘。

(4) 严格控制降温降压速度，避免波动太大。一般主汽压力下降不大于0.05MPa/min，主汽温、再热汽温度下降不大于1.5℃/min。

（5）汽温要保持50℃以上的过热度。防止汽温大幅度变化，尤其使用减温水降低汽温时更要特别注意。

（6）为防止汽轮机停机后的汽压回升，应使锅炉熄火时的负荷尽量降低。

（7）锅炉熄火时应上水至较高水位，防止水位下降过快。

（8）当空气预热器进口烟温在150℃以上时，应注意监视。

（9）停炉后应严密关闭各风门挡板，冬季停炉还要做好防寒防冻措施。

11-92 简述如何进行锅炉的燃烧调整。

答：（1）风量的调整。及时调整送、引风机风量，维持炉膛压力正常；炉膛出口的过量空气系数，应根据不同燃料的燃烧试验确定，保证最佳过量空气系数；各部漏风率符合设计要求。值班人员应确知炉前燃料的种类及其主要成分（挥发分、水分、灰分、燃油黏度）、发热量和灰熔点等，不同燃料通过调整试验确定合理的一、二、三次风率，风速，风压，达到配风要求，保证炉内燃烧工况良好。当锅炉增加负荷时，应先增加风量，随之增加燃料量；反之锅炉减负荷时应先减少燃料量，后减少风量，并加强风量和燃料量的协调配合。

（2）燃料量的调整。配直吹式制粉系统的锅炉，负荷变化不大时，通过调整运行中制粉系统的出力来满足负荷的要求；负荷变化较大时，通过启、停制粉系统的方式满足负荷要求。

（3）煤粉燃烧器组合方式的调整。对配中间储仓式制粉系统的锅炉，煤粉燃烧器应逐只对称投入或停用；对配直吹式制粉系统的锅炉，各煤粉燃烧器的煤粉气流应均匀。高负荷运行时，应将最大数量的煤粉燃烧器投入运行，并合理分配各煤粉燃烧器的供粉量，以均衡炉膛热负荷，减小热偏差；低负荷运行时，尽量少投煤粉燃烧器，保持较高的煤粉浓度。煤粉燃烧器投用后，应及时进行风量调整，确保煤粉燃烧完全。

（4）当煤质较差、负荷较低和燃烧不稳时，应及时投油稳燃，防止锅炉灭火，保证锅炉安全经济运行。

（5）定期检查燃烧器、受热面的运行情况，若有结渣、堵灰和污染现象，及时调整，采取措施予以消除。

11-93 配有直吹式制粉系统的锅炉如何调整燃料量？

答：配有直吹式制粉系统的锅炉，由于无中间储粉仓，它的出力大小将直接影响到锅炉的蒸发量，故负荷有较大变动时，即需启动或停止一套制粉系统运行。在确定启停方案时，必须考虑到燃烧工况的合理性及蒸汽参数的稳定。

增加负荷时应先增加引风量，再增加送风量，最后增加燃料量；降负荷时相反。若锅炉负荷变化不大，则可通过调节运行的制粉系统出力来满足负荷要求。当锅炉负荷增加，应先开启磨煤机的进口风量挡板，增加磨煤机的通风量，以利用磨煤机内的存粉作为增加负荷开始时的缓冲调节，然后再增加给煤量，同时相应地开大二次风门。反之当锅炉负荷降低时，则应减少磨煤机的给煤量和通风量及二次风量，必要时投油助燃。负荷变化较大时，通过启、停制粉系统的方式满足负荷要求。

11-94 简述运行中锅炉受热面超温的主要原因及运行中防止受热面超温的主要措施。

答：主要原因：运行中如果出现燃烧控制不当、火焰上移、炉膛出口烟温高或炉内热负荷偏差大、风量不足燃烧不完全引起烟道二次燃烧、局部积灰、结焦、减温水投停不当、启停及事故处理不当等情况都会造成受热面超温。

主要措施：

（1）要严格按运行规程规定操作，锅炉启停时应严格按启停曲线进行，控制锅炉参数和各受热面管壁温度在允许范围内，并严密监视及时调整，同时注意汽包、各联箱和水冷壁膨胀是否正常。

（2）要提高自动投入率，完善热工表计，灭火保护应投入闭环运行，并执行定期校验制度。严密监视锅炉蒸汽参数、流量及水位，主要指标要求压红线运行，防止超温超压、满水或缺水事故发生。

（3）应了解近期内锅炉燃用煤质情况，做好锅炉燃烧的调整，防止汽流偏斜，注意控制煤粉细度，合理用风，防止结焦，减少热偏差，防止锅炉尾部再燃烧。加强吹灰和吹灰器的管理，防止受热面严重积灰，也要注意防止吹灰器漏水、漏汽和吹坏受热面管子。

(4) 注意过热器、再热器管壁温度监视，在运行上尽量避免超温。保证锅炉给水品质正常及运行中汽水品质合格。

11-95 为什么锅炉在运行中应经常监视排烟温度的变化？锅炉排烟温度升高一般是什么原因造成的？

答：因为排烟热损失是锅炉各项热损失中最大的一项，一般为送入热量的6%左右。排烟温度每增加12～15℃，排烟热损失增加1%，同时排烟温度可反应锅炉的运行情况，所以排烟温度是锅炉运行中最重要的指标之一，必须重点监视。

使排烟温度升高的因素如下：

(1) 受热面结垢、积灰、结渣。

(2) 过量空气系数过大。

(3) 漏风系数过大。

(4) 燃料中的水分增加。

(5) 锅炉负荷增加。

(6) 燃料品质变差。

(7) 制粉系统的运行方式不合理。

(8) 尾部烟道二次燃烧。

11-96 什么是低氧燃烧？有何优点？

答：为了使进入炉膛的燃料完全燃烧，避免和减少化学和机械不完全燃烧热损失，送入炉膛的空气总量总是比理论空气量多，即炉膛内有过量的氧。例如，当炉膛出口过量空气系数 α 为1.31时，烟气中的含氧量为5%；当 α 为1.17时，含氧量为3%。根据现有技术水平，如果炉膛出口的烟气含氧量能控制在1%（对应的过量空气系数 α 为1.05）或以下，而且能保证燃料完全燃烧，则属于低氧燃烧。

低氧燃烧有很多优点，首先可以有效地防止和减轻空气预热器的低温腐蚀。其次低氧燃烧使烟气量减少，不但可以降低排烟温度，提高锅炉效率，而且使送、引风机的电耗下降，受热面磨损减轻。

11-97 锅炉受热面有几种腐蚀？如何防止受热面的高、低温腐蚀？

答： 锅炉受热面的腐蚀有承压部件内部的炉内腐蚀、机械腐蚀和高温及低温腐蚀四种。

高温腐蚀的防止：

（1）提高金属的抗腐蚀能力。

（2）组织好燃烧，在炉内创造良好的燃烧条件，保证燃料迅速着火、及时燃尽，特别是防止一次风冲刷壁面，使未燃尽的煤粉尽可能不在结渣面上停留，合理配风，防止壁面附近出现还原性气体等。

（3）降低燃料中的含硫量。

（4）确定合适的煤粉细度。

（5）控制管壁温度。

低温腐蚀的防止：

（1）燃料脱硫。

（2）提高空气预热器入口空气温度。

（3）燃烧采用高温低氧方式。

（4）采用耐腐蚀的玻璃、陶瓷等材料制成空气预热器。

（5）把空气预热器“冷端”的第一个流程与其他流程分开。

11-98 直流锅炉启动前为何需进行循环清洗？如何进行循环清洗？

答： 直流锅炉运行时没有排污，给水中的杂质除少部分随蒸汽带出外，其余将沉积在受热面上。另外，机组停用时受热面内部还会因腐蚀而生成少量氧化铁。为清除这些污垢，直流锅炉在点火前要用温度约为104℃的除氧水进行循环清洗。

首先清洗给水泵前的低压系统，清洗流程为：凝汽器→凝结水泵→除盐装置→轴封加热器→低压加热器→除氧器→凝汽器。在水质合格后，再清洗高压系统，其清洗流程为：凝汽器→凝结水泵→除盐装置→轴封加热器→低压加热器→除氧器→给水泵→高压加热器→锅炉→启动分离器→凝汽器。

11-99 结焦对锅炉汽水系统的影响是什么？

答：（1）引起过热蒸汽温度偏高。在炉膛大面积结焦时会使炉膛吸热大大减少，炉膛出口烟温过高，使过热器传热强化，造成过热蒸汽温度偏高，导致过热器管超温。

（2）破坏水循环。炉膛局部结焦以后，使结焦部分水冷壁吸热量减少，循环流速下降，严重时会使循环停滞而造成水冷壁管爆破事故。

（3）降低锅炉出力。水冷壁结焦后，会使蒸发量下降，成为限制出力的因素。

11-100　运行过程中为何不宜大开、大关减温水门，更不宜将减温水门关死？

答：运行过程中，汽温偏离额定值时，是由开大或关小减温水门来调节的。调节时要根据汽温变化趋势，均匀地改变减温水量，而不宜大开大关减温水门，这是因为：

（1）大幅度调节减温水，会出现调节过量的现象，即原来汽温偏高时，由于猛烈增加减温水，调节后会出现汽温偏低的现象；接着又猛烈减少减温水，汽温又会偏高。结果使汽温反复波动，控制不稳。

（2）大幅度调节减温水会使减温器本身，特别是厚壁部件（水室、喷头）出现交变温差应力，以致使金属疲劳，本身或焊口出现裂纹从而造成事故。

（3）汽温偏低时，要关小减温水门，但不宜轻易地将减温水门关死。因为减温水门关死后，减温水管内的水不流动，温度逐渐降低，当再次启用减温水时，低温水首先进入减温器内，使减温器承受较大的温差应力。这样连续使用，会使减温器端部、水室或喷头产生裂纹，影响安全运行。为此，减温水停用后如果再次启用，应先开启减温水管的疏水门，放净管内冷水后，再投减温水，防止低温水进入减温器。

11-101　锅炉给水母管压力降低、流量骤减的原因有哪些？

答：（1）给水泵故障跳闸，备用给水泵自启动失灵。

（2）给水泵液力耦合器内部故障。

（3）给水泵调节系统故障。

(4) 给水泵出口阀故障或再循环门开启。

(5) 高压加热器故障，给水旁路门未开启。

(6) 给水管道破裂。

(7) 除氧器水位过低或除氧器压力突降使给水泵汽化。

(8) 汽动给水泵在机组负荷骤降时，出力下降或汽源切换过程中故障。

11-102　汽压变化对汽温有何影响？为什么？

答：当汽压升高时，过热蒸汽温度升高；汽压降低时，过热汽温降低。这是因为当汽压升高时，饱和温度随之升高，则从水变为蒸汽需消耗更多的热量。在燃料量未改变的情况下，由于压力升高，锅炉的蒸发量瞬间降低，导致通过过热器的蒸汽量减少，相对蒸汽吸热量增大，导致过热汽温升高，反之亦然。

上述现象只是瞬间变化的动态过程，定压运行在汽压稳定后汽温随汽压的变化与上述现象相反。主要原因为：

(1) 汽压升高时过热热增大，加热到同样主汽温度的每千克蒸汽吸热量增大，在烟气侧放热量一定时主汽温度下降。

(2) 汽压升高时，蒸汽的比定压热容 c_p 增大，同样蒸汽吸收相同热量时，温升减小。

(3) 汽压升高时，蒸汽的比体积减小，容积流量减小，传热减弱。

(4) 汽压升高时，蒸汽的饱和温度增大，与烟气的传热温差减小，传热量减小。

11-103　造成受热面热偏差的原因是什么？

答：造成受热面热偏差的原因是吸热不均、结构不均、流量不均。受热面结构不一致，对吸热量、流量均有影响，所以，通常把产生热偏差的主要原因归结为吸热不均和流量不均两个方面。

吸热不均方面：

(1) 沿炉宽方向烟气温度、烟气流速不一致，导致不同位置的管子吸热情况不一样。

(2) 火焰在炉内充满程度差，或火焰中心偏斜。

（3）受热面局部结渣或积灰，会使管子之间的吸热严重不均。

（4）对流过热器或再热器，由于管子节距差别过大，或检修时割掉个别管子而未修复，形成烟气走廊，使其邻近的管子吸热量增多。

（5）屏式过热器或再热器的外圈管，吸热量较其他管子的吸热量大。

流量不均方面：

（1）并列的管子，由于管子的实际内径不一致（管子压扁、焊缝处突出的焊瘤、杂物堵塞等），长度不一致，形状不一致（如弯头角度和弯头数量不一样），造成并列各管的流动阻力大小不一样，使流量不均。

（2）联箱与引进、引出管的连接方式不同，引起并列管子两端压差不一样，造成流量不均。

11-104　漏风对锅炉运行的经济性和安全性有何影响？

答：不同部位的漏风对锅炉运行造成的危害不完全相同。但不管什么部位的漏风，都会使气体体积增大，使排烟热损失升高，使引风机电耗增大。如果漏风严重，引风机已开到最大还不能维持规定的负压（炉膛、烟道），被迫减小送风量时，会使不完全燃烧热损失增大，结渣可能性加剧，甚至不得不限制锅炉出力。

炉膛下部及燃烧器附近漏风可能影响燃料的着火与燃烧。由于炉膛温度下降，炉内辐射传热量减小，炉膛出口烟温降低。炉膛上部漏风，虽然对燃烧和炉内传热影响不大，但是炉膛出口烟温下降，漏风点以后的受热面的传热量将会减少。对流烟道漏风将降低漏风点的烟温及以后受热面的传热温差，因而减小漏风点以后受热面的吸热量。由于吸热量减小，烟气经过更多受热面之后，烟温将达到或超过原有温度水平，会使排烟热损失明显上升。

综上所述，炉膛漏风要比烟道漏风危害大，烟道漏风的部位越靠前，其危害越大。空气预热器以后的烟道漏风，只使引风机电耗增大。

11-105　凝汽式火力发电厂生产过程中都存在哪些损失？分别用哪些效率表示？

答：(1) 锅炉设备中的热损失。表示锅炉设备中的热损失程度或表示锅炉完善程度，用锅炉效率来表示，符号为 η_{gl}。

(2) 管道热损失。用管道效率来表示，符号为 η_{gd}。

(3) 汽轮机中的热损失。汽轮机各项热损失是用汽轮机相对效率 η_{ni} 来表示。

(4) 汽轮机的机械损失。用汽轮机的机械效率来表示，符号为 η_{j}。

(5) 发电机的损失。用发电机效率 η_{d} 来表示。

(6) 蒸汽在凝汽器的放热损失。此项损失与理想热力循环的形式及初参数、终参数有关，用理想循环热效率 η_{r} 来表示。

11-106 论述锅炉的热平衡。

答：锅炉的热平衡是指燃料的化学能加输入物理显热等于输出热能加各项热损失。

根据火力发电厂锅炉设备流程可分为输入热量、输出热量和各项损失。

(1) 输入热量。

1) 燃料的化学能：燃煤的定压低位发热量。

2) 输入的物理显热：燃煤的物理显热和进入锅炉的空气带入的热量。

3) 转动机械耗电转变为热量：一次风机（排粉机）、钢球磨煤机（中速磨煤机）、送风机、强制循环泵等耗电转变的热量，这部分电能转换为热能在计算时将与管道散热抵消。

4) 油枪雾化蒸汽带入的热量：当锅炉正常运行时，油枪是退出运行的，这部分热量可以不计。

因此锅炉正常运行时，输入热量为燃料的化学能加输入的物理显热。

(2) 输出热量。

1) 过热蒸汽带走的热量计算公式为

$$Q_{gq}=D_{gq}(h_{gq}-h_{gs})\ \text{kJ/h}$$

式中 D_{gq}——过热蒸汽流量，kg/h；

h_{gq}——过热蒸汽焓，kJ/kg；

h_{gs}——给水焓，kJ/kg。

2）再热蒸汽带走的热量计算公式为

$$Q_{zq}=D_{zq}(h_{zq}''-h_{zq})\ \mathrm{kJ/h}$$

式中 D_{zq}——再热蒸汽流量，kg/h；

h_{zq}''，h_{zq}——再热器的出入口蒸汽焓，kJ/kg。

3）锅炉自用蒸汽带走热量计算公式为

$$Q_{zy}=D_{zy}(h_{zy}-h_{gs})\ \mathrm{kJ/h}$$

式中 D_{zy}——锅炉自用蒸汽量，kg/h；

h_{zy}——锅炉自用蒸汽的焓，kJ/kg。

4）锅炉排污带走热量计算公式为

$$Q_{pw}=D_{pw}(h_{b}-h_{gs})$$

式中 D_{pw}——排污水量，kg/h；

h_{b}——汽包压力下的饱和水焓，kJ/kg。

（3）锅炉各项热损失。

1）锅炉排烟热损失。

2）干烟气热损失。

3）水蒸气热损失（空气带入水分，燃煤带入水分，氢气燃烧生成水分）。

4）化学未完全燃烧热损失（CO，CH_4）。

5）机械未完全燃烧热损失：包括飞灰可燃物热损失和灰渣可燃物热损失。

6）散热损失：锅炉本体及其附属设备散热损失。

7）灰渣物理热损失。

11-107 简述火力发电厂汽水损失的组成部分和降低汽水损失的措施。

答：火力发电厂的汽水损失分为内部损失和外部损失两部分：

（1）内部损失：

1）主机和辅机的自用蒸汽消耗。如锅炉受热面的吹灰、轴封外漏蒸汽等。

2）热力设备、管道及其附件连接处不严所造成的汽水泄漏。

3）热力设备在检修和停运时的放汽和放水等。

4）经常性和暂时性的汽水损失。如锅炉排污水箱的蒸发、除氧器的排汽、锅炉安全阀动作，以及化学监督所需的汽水取样等。

5）热力设备启动时用汽或排汽，如锅炉启动时的排汽，主蒸汽管道和汽轮机的暖管、暖机等。

（2）外部损失：

火力发电厂外部损失的大小与热用户的工艺过程有关，它的数量取决于蒸汽凝结水是否可以返回电厂，以及使用汽水的热用户对汽水污染情况。

降低汽水损失的措施：

（1）提高检修质量，加强堵漏、消漏，压力管道的连续尽量采用焊接，以减少泄漏。

（2）采用完善的疏水系统，按疏水品质分级回收。

（3）减少主机、辅机的启停次数，减少启停中的汽水损失。

（4）减少凝汽器的泄漏，提高给水品质，降低排污量。

11-108　降低锅炉各项热损失应采取哪些措施？

答：（1）降低排烟热损失：应控制合理的过量空气系数；减少炉膛和烟道各处漏风；制粉系统运行中尽量少用冷风和消除漏风；应及时吹灰、除焦，保持各受热面，尤其是空气预热器受热面清洁，以降低排烟温度；送风进风应尽可能采用炉顶处热风或尾部受热面夹皮墙内的热风。

（2）降低化学不完全燃烧热损失：主要保持适当的过量空气系数，保持各燃烧器不缺氧燃烧，保持较高的炉温并使燃料与空气充分混合。

（3）降低机械不完全燃烧热损失：应控制合理的过量空气系数；保持合格的煤粉细度；炉膛容积和高度合理，燃烧器结构性能良好，并布置适当；一、二次风速调整合理，适当提高二次风速，以强化燃烧；炉内空气动力场工况良好，火焰能充满炉膛。

（4）降低散热损失：要维护好锅炉炉墙金属结构及锅炉范围内的

烟、风管道，汽水管道，联箱等部位保温。

(5) 降低排污热损失：保证给水品质，降低排污率。

11-109 从运行角度看，降低供电煤耗的措施主要有哪些？

答：(1) 运行人员应加强运行调整，保证蒸汽压力、温度和再热器温度、凝汽器真空等参数在规定范围内。

(2) 保持最小的凝结水过冷度。

(3) 充分利用加热设备和提高加热设备的效率，提高给水温度。

(4) 降低锅炉的各项热损失，例如调整氧量、煤粉细度向最佳值靠近，回收可利用的各种疏水，控制排污量等。

(5) 降低辅机电耗，例如及时调整泵与风机运行方式，适时切换高低速泵，合理用水，降低各种水泵电耗等。

(6) 降低点火及助燃用油，采用较先进的点火技术，根据煤质特点，尽早投入主燃烧器等。

(7) 合理分配全厂各机组负荷。

(8) 确定合理的机组启停方式和正常运行方式。

11-110 锅炉效率与锅炉负荷间的变化关系如何？

答：在较低负荷下，锅炉效率随负荷增加而提高，达到某一负荷时，锅炉效率为最高值，此为经济负荷，超过该负荷后，锅炉效率随负荷升高而降低。这是因为在较低负荷下当锅炉负荷增加时，燃料量风量增加，排烟温度升高，造成排烟热损失 q_2 增大；另外锅炉负荷增加时，炉膛温度也升高，提高了燃烧效率，使化学不完全燃烧热损失 q_3 和机械不完全燃烧热损失 q_4 及炉膛散热损失 q_5 减小，在经济负荷以下时 $q_3+q_4+q_5$ 热损失的减小值大于 q_2 的增加值，故锅炉效率提高。当锅炉负荷增大到经济负荷时 $q_2+q_3+q_4+q_5$ 热损失达最小，锅炉效率提高。超过经济负荷以后会使燃料在炉内停留的时间过短，没有足够的时间燃尽就被带出炉膛，造成 q_3+q_4 热损失增大，排烟热损失 q_2 总是增大，锅炉效率也会降低。

11-111 汽轮机高压加热器解列对锅炉有何影响？

答：给水温度降低，炉膛的水冷壁吸热量增加，在燃料量不变的情况下使炉膛温度降低，燃料的着火点推迟，火焰中心上移，辐射吸热量减少；若维持锅炉的蒸发量不变，则锅炉的燃料量必须增加；引起炉膛出口烟气温度升高，汽温升高，同时在电负荷一定的情况下，汽轮机抽汽量减少，中、低压缸做功增大，减少了高压缸做功，造成主蒸汽流量减少，对管壁的冷却能力下降，进一步造成汽温升高；因高压缸抽汽量的减少，致使再热器进出口压力上升，从而限制了机组的负荷，一般规定高压加热器解列汽轮机出力不大于额定出力的90%；给水温度降低，使尾部省煤器受热面吸热增加，排烟温度降低，容易造成受热面的低温腐蚀。

11-112 FSSS的基本功能有哪些？

答：（1）主燃料跳闸（MFT）。

（2）点火前及熄火后炉膛吹扫。

（3）燃油系统泄漏试验。

（4）具有自动点火、远方点火和就地点火功能。

（5）油、粉燃烧器及风门控制管理。

（6）火焰监视和熄火自动保护。

（7）机组快速甩负荷。

（8）辅机故障减负荷。

（9）火焰检测器冷却风管理。

（10）报警及监视屏显示。

11-113 FSSS系统由哪几部分组成？各部分的作用是什么？

答：（1）主控屏。包括运行人员控制屏和就地控制屏，屏上设置所有的指令及反馈器件，指令器件用来操作燃料燃烧设备，反馈器件可监视燃烧的状态。

（2）现场设备。包括驱动器和敏感元件。驱动器中典型的有阀门（燃油）、电动机（风门、给煤机、给粉机、磨煤机）等驱动器，作用是分别控制各辅机、设备的状态。敏感元件包括限位开关、压力开关、温度开关、火焰检测信号等，作用是反映驱动器的位置信息，及反映各种参数和状态。

（3）逻辑系统。它是整个炉膛安全监控系统的核心，该系统根据操作盘发出的操作指令和控制对象传出的检测信号进行综合判断和逻辑运算，得出结果后发出控制信号用以操作相应的逻辑控制对象。逻辑控制对象完成操作动作后，经检测由逻辑控制系统发出返回信号送至操作盘，告诉运行人员执行情况。

11-114 锅炉 MFT 是指什么？动作条件有哪些？

答：锅炉 MFT 是指锅炉主燃料跳闸，即在保护信号动作时控制系统自动将锅炉燃料系统切断，并且联动相应的系统及设备，使整个热力系统安全地停运，以防止故障的进一步扩大。

以下任一条件满足，MFT 保护动作：

（1）两台送风机全停。

（2）两台引风机全停。

（3）两台空气预热器全停。

（4）两台一次风机全停。

（5）炉膛压力极高。

（6）炉膛压力极低。

（7）汽包水位极高。

（8）汽包水位极低。

（9）三台炉水循环泵全停。

（10）锅炉总风量低于 30%B-MCR。

（11）燃料失去。

（12）全炉膛灭火。

（13）失去火检冷却风。

（14）手按 MFT 按钮。

（15）汽轮机主汽门关闭。

11-115 锅炉 MFT 动作现象有哪些？MFT 动作时联动哪些设备？

答：锅炉 MFT 动作现象：

（1）MFT 动作报警，光字牌亮。

（2）MFT 首出跳闸原因指示灯亮。

（3）锅炉所有燃料切断，炉膛灭火，炉膛负压增大，各段烟温下降。

(4) 相应的跳闸辅机报警。

(5) 蒸汽流量、汽压、汽温急剧下降。

(6) 机组负荷到零，汽轮机跳闸主汽门、调速汽门关闭（大机组），旁路快速打开。

(7) 电气逆功率保护动作，发变组解列，厂用电工作电源断路器跳闸，备用电源自投成功。

MFT 动作自动联跳下列设备：

(1) 一次风机停。

(2) 燃油快关阀关闭，燃油回油阀关闭，油枪电磁阀关闭，高能点火器打火退出。

(3) 磨煤机、给煤机全停。

(4) 汽轮机跳闸，发电机解列，旁路自投。

(5) 厂用电自动切换备用电源运行。

(6) 电除尘停运。

(7) 吹灰器停运。

(8) 汽动给水泵跳闸，电动给水泵应自启。

(9) 过热器、再热器减温水系统自动关闭。

(10) 各层助燃风挡板置于吹扫位置，控制切为手动。

(11) 送风调节和引风调节切换至手动状态。

11-116　启动电动机时应注意什么？

答：(1) 如果接通电源开关，电动机转子不动，应立即拉闸，查明原因并消除故障后，才可允许重新启动。

(2) 接通电源开关后，电动机发出异常响声，应立即拉闸，检查电动机的传动装置及熔断器等。

(3) 接通电源开关后，应监视电动机的启动时间和电流表的变化。若启动时间过长或电流表电流迟迟不返回，应立即拉闸，进行检查。

(4) 在正常情况下，厂用电动机允许在冷态下启动两次，每次间隔时间不得少于 5min；在热态下启动一次，只有在处理事故时，才可以多启动一次。

(5) 启动时发现电动机冒火或启动后振动过大，应立即拉闸，停机检查。

(6) 如果启动后发现转向错误，应立即拉闸，停电，调换三相电源任意两相后再重新启动。

11-117 简述转动机械滚动轴承发热原因。

答：(1) 轴承内缺油。

(2) 轴承内加油过多，或油质过稠。

(3) 轴承内油脏污，混入了小颗粒杂质。

(4) 转动机械轴弯曲。

(5) 传动装置校正不正确，如对轮偏心、传动带过紧，使轴承受到的压力增大。

(6) 摩擦力增加。

(7) 轴承端盖或轴承安装不好，配合得太紧或太松。

(8) 轴电流的影响，由于电动机制造上的原因，磁路不对称，在轴上感应了轴电流而引起涡流发热。

(9) 冷却水温度高，或冷却水管堵塞流量不足，冷却水流量中断等。

11-118 简述如何对冷却水系统流量开关、流量监视器进行检查，及冷却水系统的冲洗方法。

答：装有冷却水流量开关和冷却水流量监视器的冷却水系统，流量开关动作检查试验应在转动机械启动前进行。其试验方法是：将冷却水入口手动阀关闭，冷却水中断，冷却水流量开关应有关闭的动作声音，说明流量开关正常，然后将冷却水入口手动阀开启。直接观察监视器内挡板张开角度或长键条摆动，当流量开关关闭，冷却水中断时，监视器内挡板关闭或长键条不动。

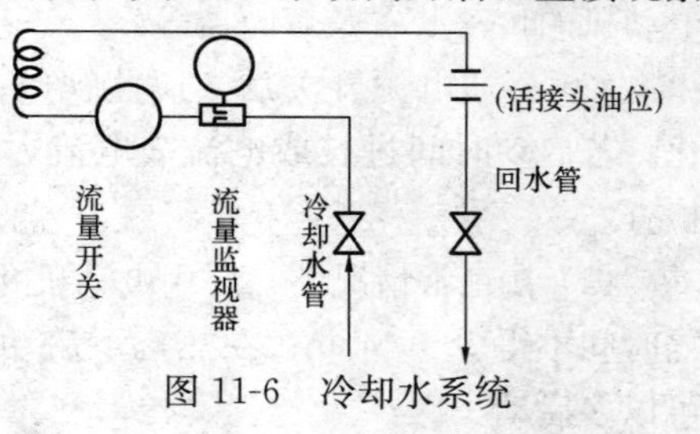

图 11-6　冷却水系统

冷却水系统运行中冲洗方法，冷却水系统见图 11-6。

(1) 拆开回水管上活接头

向外侧放水。

（2）关闭回水管上的阀门。

（3）冲洗冷却水管。

（4）冲洗结束后，开启回水管上阀门。

（5）恢复回水管上油位接头。

11-119 简述选择润滑油（脂）的依据。

答：（1）选用黏度较小的润滑油。负荷较小、转动速度高的转动设备。

（2）选用黏度较大的润滑油。负荷较大、转动速度低的转动设备，间歇性或冲击力较大的转动机械设备。

（3）选用高稠度的润滑脂。高速滚动轴承。

（4）选用低稠度的润滑脂。转速较低的轴承。

11-120 如何识别真假油位？如何处理假油位？

答：对于油中带水的假油位，由于油比水轻，浮于水的上面，可以从油位计或油面镜上见到油水分层现象。如果油已乳化，则油位变高，油色变黄。

处理方案：

（1）对于无负压管的油位计，若它的上部堵塞形成真空，产生假油位时，只要拧开油位计上部的螺帽或拨通空气孔，油位就会下降，下降后油位是真实值。

（2）对于油位计下部孔道堵塞产生的假油位，可以进行如下鉴别及处理：

1）若有负压管时，可以拉脱油位计上部的负压管（如是钢管可拧松连接螺帽），或用手卡住负压管，这时若油位下降，在下降以前的油位是真实值。

2）若无负压管或负压管已堵时，可以拧开油位计上部的螺丝或拉开负压管向油位计中吹一口气，油位下降后又复原，复原后的油位是真实值。

（3）对油位计上部与轴承端盖间有连通管而无负压管的油位计，若将连通管卡住或拔掉时油位上升，上升以前的油位是真实值。

(4) 对于带油环的电动机滑动轴承，可先拧开小油位计螺帽，然后打开加油盖时油位上升，则上升以前的油位是真实的。

(5) 因油面镜或油位计表面模糊，有结垢痕迹而不能正确判断油位时，可以采用加油、放油的方法，看油位有无变化及油质的优劣，若油位无变化，再把油面镜拆开清洗，疏通上下油孔。

11-121 简述炉水 pH 值变化对硅酸的溶解携带系数的影响。

答：当提高炉水中 pH 值时，水中的 OH^- 浓度增加，硅酸与硅酸盐之间处于水解平衡状态。反应式为

$$SiO_3^{-2} + H_2O = HSiO_3^- + OH^-$$

$$HSiO_3^- + H_2O = H_2SiO_3 + OH^-$$

使炉水中的硅酸减少，随着炉水中 pH 值的上升，饱和蒸汽中硅酸的溶解携带系数减小；反之，降低炉水中 pH 值，炉水中的硅酸增多，饱和蒸汽中硅酸的溶解携带系数将增大。

11-122 简述锅炉热控及仪表电源中断的现象及处理方法。

答：现象：

(1) 电动执行机构指示灯灭，开度指示表回零，无法对设备进行电动摇控操作。

(2) 光字牌报警热控电源失去。

(3) 热控系统不能正常工作，调节控制系统失灵。

(4) 热控电源失去，仪表指示异常。

(5) 键盘和鼠标操作失灵。

(6) 锅炉可能燃烧不稳，甚至灭火。

处理方法：

(1) 将自动切换为手动。

(2) 热控电源部分失去时，主要参数有监视手段时维持机组稳定运行，尽量减少不必要的操作，联系热工人员，恢复电源。

(3) 锅炉尚未灭火，应尽量保持机组负荷稳定，同时监视就地水位计、压力表，并参照有关参数值，加强运行分析，不可盲目操作。

(4) 迅速恢复电源，否则应请示停炉。

(5) 部分热控电源中断期间严密监视主要运行参数的变化，当运行参数越限，又无调整手段，威胁机组安全运行时，应紧急停机、锅炉灭火。

(6) 热控电源全部失去后，应紧急停炉，确认锅炉灭火，锅炉燃料全部切断，严密监视就地汽包水位计显示在正常范围内，否则手动操作调整。

11-123 屏式过热器为什么易超温?

答: (1) 屏式过热器的区域的烟气温度高，管壁与管内工质的温差大（可达100～120℃），工作条件恶劣。

(2) 屏式过热器中紧密排列的各U型管受到的辐射热和所接触的烟气温度有明显差别，并且内外管圈长度不同会导致蒸汽流量的差别，因此平行工作的各U型管的吸热偏差较大，有时管与管之间的壁温差可达80～90℃。

(3) 屏式过热器最外圈U型管工质行程长、阻力大、流量大，又受到高温烟气的直接冲刷，接受炉膛辐射热的表面积较其他管子大许多，工质焓增大，极易超温烧坏。

11-124 平行烟气挡板的两大特性是什么?

答: (1) 挡板的流量特性。即烟气流量随烟气挡板开度的变化特性。

(2) 挡板的热力特性。即再热汽温随烟气挡板开度的变化特性。

11-125 选用中间点温度的目的是什么?

答: 中间点温度是微过热蒸汽的温度，能比较迅速地反映出机组有关工况的变化，以中间点温度为参考及时调节相关参数，从而使主汽温度保持稳定，以避免使用反应相对滞后的过热器出口温度调节而带来较大扰动。总之是为了保证水冷壁的安全和燃水比控制的灵敏性。

11-126 直流锅炉主调节信号有哪些?

答: 直流锅炉主调节信号即被调参数或被调量。主调节信号主要有：过热器后的烟温、锅炉蒸发量、过热器出口压力、各级过热器出口温度、中间点温度。

11-127 简述锅炉启动过程的冷态清洗范围。

答：冷态清洗范围：凝汽器—凝结水泵—化学水处理—低压加热器—除氧器—给水泵—省煤器—水冷壁—分离器储水罐—361阀—大气式疏水扩容器或凝汽器。

11-128 说明直流锅炉湿态转干态过程的注意事项。

答：（1）必须带负荷250MW，高压加热器投入。

（2）转干态时，保持给水量不变，给水量850～900t/h，缓慢增加燃料量，增加燃料量一次不能加太多，防止出现超温。

（3）严密监视储水罐水位、361阀开度、中间点温度的过热度。随着燃料量缓慢增加，储水罐水位缓慢下降，360阀逐渐关小，储水罐水位低于500mm，停炉水循环泵，中间点温度开始出现过热度。

（4）当储水罐水位到0mm时，361阀全关，此时过热度在5～10℃，即认为锅炉已转干态运行。禁止过热度上升太高，产生大量蒸汽。当过热度超过15℃时，适当增加给水。

（5）锅炉转直流后，注意燃料—给水协调增加，控制好锅炉燃水比，同时机组增带负荷。

（6）锅炉转直流后，中间点过热度升高过快时，可适当增加给水量，给水不宜加太多，防止中间点过热度消失，储水罐见水，又返回湿态。这样会造成干态湿态反复转换，361阀频繁开启，引起波动，甚至顶棚过热器进水，造成水冲击。

（7）转干态结束后，应及时投入361阀暖管系统。

11-129 锅炉燃油系统跳闸（OFT）保护有哪些？

答：（1）锅炉MFT。

（2）燃油跳闸阀关闭。

（3）所有油枪电磁阀关闭。

（4）OFT复位后10min内无油枪电磁阀打开（未投粉时）。

（5）燃油跳闸阀位置不对应（OFT复位后未开或OFT后未关）。

(6) 当任一油枪电磁阀打开时燃油母管压力低于 0.64MPa。
(7) 手动 OFT。

11-130 何时锅炉启动不需热态清洗?

答: 点火后水冷壁出口温度大于 190℃ 时则不进行热态清洗。

11-131 正常停运锅炉何时记录膨胀?

答: 应分别在 50%、30%、20%负荷和停炉熄火后记录膨胀指示。

11-132 煤水比控制温度用什么作为修正?

答: (1) 顶棚过热器出口蒸汽温度。
(2) 屏式过热器出口蒸汽温度。
(3) 一、二级减温水流量偏差。

11-133 停炉后何时才能停运火检风机?

答: 空气预热器入口烟温低于 50℃时，停运火检风机。

11-134 百万机组锅炉启动注意事项有哪些?

答: (1) 锅炉启动过程中，严格控制分离器、储水罐等厚壁元件温升率小于或等于 2℃/ min。
(2) 汽轮机启动后，要防止主汽、再热汽温度波动，严防蒸汽带水。
(3) 投油期间应定期检查炉前燃油系统正常，保持空气预热器连续吹灰。
(4) 当炉膛出口烟温达到 540℃时炉膛烟温探针报警，当炉膛出口烟温达到 580℃时烟温探针自动退出，否则手动退出。
(5) 投用燃烧器应按燃烧设备厂家推荐顺序进行。
(6) 锅炉启动时，按照油枪启动、停运的顺序进行。
(7) 在锅炉启动过程中化学应定期检测给水、蒸汽品质。
(8) 投运油枪尽量使同一层油枪全部投运，保证锅炉热负荷分布均匀。
(9) 燃料量、给水量的调整应均匀，以防储水罐水位，主汽、再热汽温度，炉膛负压波动过大。

(10) 锅炉启动过程中，要注意监视空气预热器各部参数的变化，防止发生二次燃烧，当发现出口烟温不正常升高时，投入空气预热器连续吹灰和进行必要的处理。

(11) 要注意监视炉膛负压、送风量、给煤机等自动控制的工作情况，发现异常及时处理。

(12) 要注意监视燃烧情况，及时调整燃烧，使燃烧稳定，特别是在投停油枪及启停磨煤机时。

(13) 锅炉启动和运行中，应注意监视过热器、再热器的壁温，严防超温爆管。

(14) 全停油后，燃油系统应处于循环备用状态，就地检查所有油枪均已退出炉膛。

(15) 大修后、长期停运后或新机组的首次启动，要严密监视锅炉的受热膨胀情况。从点火直到带满负荷，做好膨胀记录，发现问题及时汇报。在下列情况应记录膨胀指示：

锅炉上水前、后，以及过热蒸汽压力值分别为0.50、1.50、13、26.25MPa时，检查锅炉膨胀情况，若发现膨胀不均，应调整燃烧。若膨胀异常大，应停止升压，查明原因，待消除后继续升压。

11-135 规程对锅炉停运后的冷却是如何规定的？

答：(1) 锅炉熄火6h后，打开风烟系统有关风烟挡板，使锅炉自然通风冷却。

(2) 锅炉熄火18h后，启动引、送风机维持30%B-MCR风量对锅炉强制通风冷却。

(3) 停炉前提高分离器水位，尽可能保持炉水循环泵运行。

(4) 22～26h后，二次风温度和环境温度差小于85℃，旋转水冷壁温和环境温差小于80℃，可破坏水封。

(5) 过热器出口汽压降至0.8 MPa时，打开水冷壁各放水门和省煤器各放水门，锅炉热炉放水。

(6) 当锅炉受热面有抢修工作或其他原因需将锅炉快速冷却降压时，可采用以下方法：

1）采用滑参数停机，尽可能降低主、再汽温。

2）锅炉熄火吹扫后停运所有引、送风机，关闭烟气系统挡板闷炉，4h后打开风烟系统有关挡板建立自然通风。

3）熄火6h后启动引、送风机保持30%MCR风量强制通风冷却。

4）若锅炉受热面爆破，泄漏严重，锅炉熄火吹扫完停运一组引、送风机，保持30%MCR风量进行强制冷却。

5）锅炉熄火吹扫后，若要立即进行强制通风冷却，应经总工批准。

6）应尽可能维持储水罐水位，并保持炉水循环泵运行直至放水。

7）用过热器疏水控制降压速度。当过热器出口汽压降至0.1MPa时，打开水冷壁各放水门、省煤器各放水门和过、再热汽空气门，将炉水放尽。

11-136　锅炉正常停运有哪些注意事项？

答：（1）锅炉燃油期间应就地检查油枪燃烧稳定。磨煤机、油枪停运后应进行吹扫。

（2）严格按照停炉曲线减燃料量减负荷，防止大幅度减燃料量和烧空仓时总煤量大幅度变化。

（3）锅炉在投油期间空气预热器应连续吹灰。

（4）在减负荷过程中，应加强对风量、中间点温度、储水罐水位及主蒸汽温度的监视和调整。

（5）滑停过程中要严密监视锅炉的膨胀情况。做好膨胀记录，发现问题及时汇报。应分别在50%、30%、20%负荷和停炉熄火后记录膨胀指示，若发现膨胀不均，应调整燃烧。

（6）负荷低于40%可切为单台汽动给水泵运行，负荷低于25%给水切至旁路运行。

（7）滑停过程中汽轮机、锅炉要协调好，降温、降压不应有回升现象。停用磨煤机时，应密切注意主汽压力、温度、炉膛压力的变化。注意汽温、汽缸壁温下降速度，汽温下降速度严格符合滑停曲线要求。汽温在5min内急剧下降50℃，应打闸停机。

（8）控制主蒸汽、再热蒸汽始终要有50℃以上的过热度。过热度接近50℃时，应开启主蒸汽、再热蒸汽管道疏水门，并稳定汽温。

(9) 严格按照规定的负荷进行干湿态转换，干湿态转换严格执行操作卡，严禁来回切换，炉水循环泵运行后严密监视分离器水位和顶棚过热度，防止炉水循环泵跳闸和顶棚进水事故发生。

(10) 若锅炉热备用，吹扫完成后解列炉前燃油系统，停止送、引风机，关闭所有风烟挡板闷炉。

(11) 锅炉熄火后，应严密监视空气预热器进、出口烟温，发现烟温不正常升高和炉膛压力不正常波动等再燃烧现象时，应立即采取灭火措施。

(12) 空气预热器入口烟温低于150℃时，可停止空气预热器运行；空气预热器入口烟温低于50℃时，停止火检风机。

(13) 在低压缸排汽温度降至50℃以下，开式水系统停运及其他用户停运后停最后一台炉水循环泵。

11-137 锅炉热态启动点火前如何建立上水和启动流量?

答: (1) 锅炉上水建立启动流量前，汽水系统已按“锅炉热态进水检查操作卡”检查，开启高温再热器出口疏水门，检查再热器压力应为“0”。

(2) 锅炉上水的水质合格，除氧器已连续加热，并尽可能维持给水温度在100℃以上。

(3) 启动电动给水泵后，根据省煤器、水冷壁、汽水分离器的工质温度和金属温度的温降控制给水流量，当温降速度小于2.0℃/min，水冷壁出口各金属温度的偏差不超过50℃时，可逐步增加给水流量至758t/h。

(4) 给水流量维持在758～770t/h进行炉膛吹扫，吹扫完成即复置MFT继电器，锅炉点火。

(5) 上水至分离器水位12m以上，启动炉水循环泵运行，调节361阀进行开式循环冲洗，可依据水质情况调节放水量，并调节锅炉循环水量在760～780t/h之间。

11-138 锅炉投运第一套制粉系统有什么规定?

答: (1) 在采用投燃油启动方式的启动过程中，启动初期采用油

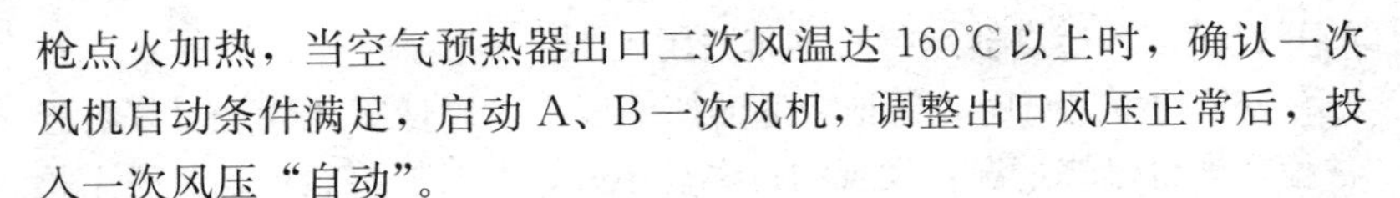

枪点火加热，当空气预热器出口二次风温达160℃以上时，确认一次风机启动条件满足，启动A、B一次风机，调整出口风压正常后，投入一次风压“自动”。

(2) 启动一台密封风机，检查密封风压正常，投入另一台密封风机备用。

(3) 当采用等离子无油启动方式时，锅炉吹扫完毕后即可启动一次风机，一次风压正常后投入磨煤机暖风器。

(4) 通知除灰脱硫值班人员做好投运除渣、除灰、脱硫系统的准备工作。

(5) 启动磨煤机，当等离子磨煤机入口一次风温达180℃以上时，可以启动给煤机点火。

(6) 制粉系统投入后，调整煤粉与燃油的燃烧比例，监视并调整炉内燃烧状况。注意汽水分离器出口蒸汽过热度在正常范围内。

(7) 制粉系统投入后，通知除灰脱硫值班员将除渣、除灰、脱硫系统投运，如有异常及时汇报值长。

11-139 如何防止锅炉燃烧器烧坏？

答：(1) 磨煤机运行时，合理控制一次风压力和磨煤机出口温度在规程规定范围之内。当煤质较差，挥发分较低时，可以采用相对较低的一次风压和较高的磨煤机出口温度，以使煤粉气流着火点提前，有利于煤粉的完全燃烧；当煤质较好，挥发分较高时，可以采用较高的一次风压和较低的磨煤机出口温度，以使煤粉气流着火点推迟，有利于防止燃烧器喷口周围结焦。

(2) 磨煤机运行时，定期测量煤粉管温度，防止煤粉管道堵塞或出粉不畅，使煤粉气流着火点提前，烧损燃烧器。

(3) 磨煤机停运时，必须将磨煤机和煤粉管道彻底吹空，以免煤粉管道内积粉燃烧，烧坏燃烧器和有关设备。

(4) 磨煤机跳闸查明事故原因并消除后，必须尽快启动，以便继续运行或烧空系统内煤粉；如果不能启动磨煤机，也必须投入相应油枪，吹空煤粉管道内积粉。

(5) 燃烧器停运后，及时开启相应燃烧器冷却风门，检查冷却风门开启正常，燃烧器运行时将其关闭。

（6）油枪运行时，保证合适的燃油压力，以使雾化燃烧良好，经常检查油枪燃烧情况，发现油枪燃烧不好，及时退出运行，并联系检修处理。

（7）油枪备用时，应经常检查油枪及其油系统，防止油枪漏油燃烧，烧坏燃烧器。

（8）加强受热面吹灰及合理配风，防止燃烧器周围结焦。

11-140　为什么锅炉上部垂直水冷壁温度高？如何防止其超温？

答：锅炉上部垂直水冷壁温度高的直接原因是制粉系统运行方式不合理，最上层两台磨煤机运行，造成炉膛火焰中心上移，且上部火焰集中度高，上部垂直水冷壁吸热量增加，管壁温度升高。尤其是低负荷时，只有四套制粉系统运行，上层制粉系统出力所占比例增大，对上部垂直水冷壁壁温的影响更大。

防范措施：

（1）合理安排制粉系统运行方式，低负荷时尽量安排中、下层磨煤机运行，严禁最上层两台磨煤机同时运行，以降低上部垂直水冷壁管壁温度，减少不必要的系统切换，造成锅炉运行工况扰动。

（2）为降低炉膛火焰中心，可以减小上层制粉系统出力，增加下层制粉系统出力。

（3）适当降低分离器过热度。

（4）根据需要，合理调整上层燃尽风门开度，为降低火焰中心，应尽量保持较小的燃尽风门开度。一般情况下，燃尽风门开度在20％～30％。

（5）坚持定期吹灰制度，保持受热面清洁，防止受热面积灰结焦。

11-141　锅炉运行调整的目的有哪些？

答：（1）确保各主要参数在正常范围内运行，及时发现和处理设备存在的缺陷，充分利用计算机的监控功能使机组安全、经济、高效地运行。

（2）调整燃烧，使其满足机组负荷的要求。

(3) 保持炉内燃烧工况良好，各受热面清洁，降低排烟温度，减少热损失，提高锅炉效率。

(4) 保持稳定和正常的汽温汽压。

(5) 均衡给煤、给水，维持正常的煤水比。

(6) 保持合格的炉水和蒸汽品质。

(7) 合理安排设备、系统的运行方式，及时调整运行工况，使机组在安全、经济的最佳工况下运行。

11-142 锅炉汽温调整是如何规定的?

答: (1) 在稳定工况下，过热汽温在35%～100%B-MCR、再热汽温在50%～100%B-MCR负荷范围时，保持稳定在额定值，其允许偏差均在±5℃之内。

(2) 过热器的蒸汽温度是由煤水比和两级喷水减温来控制的。煤水比控制温度用顶棚过热器出口蒸汽温度、屏式过热器出口蒸汽温度以及一、二级减温水流量偏差作为修正。

(3) 一级减温器在运行中起保护屏式过热器作用，同时也可调节低温过热器左、右侧的蒸汽温度偏差。二级减温器用来调节高温过热汽温度及其左、右侧汽温的偏差，使过热蒸汽出口温度维持在额定值。

(4) 正常运行时，再热蒸汽出口温度是通过调整低温再热器和省煤器烟道出口的烟气调节挡板来调节。对于煤种变化的差异带来的各部分吸热量的偏差，通过调整烟气分配挡板的开度，可稳定地控制再热蒸汽温度。

(5) 汽温“自动”投入时加强监视，发现异常或事故工况时要及时解除自动，手动进行调整。

(6) 再热器喷水流量控制：再热器喷水流量控制在通常的负荷下，设定为再热蒸汽温度+α℃，在出现紧急情况如再热蒸汽温度异常高时使用。

(7) 再热器喷水量过多，再热器入口温度可能会降到饱和温度以下，应根据再热器入口蒸汽压力，确定饱和温度设定值，在再热器入口蒸汽的过热度降低时，限制温度偏差，使再热器喷水调节阀往全闭方向动作。

(8) 当锅炉出现 MFT 动作或蒸汽中断时，检查再热器喷水调节阀是否已经关闭，否则手动关闭。

(9) 为了减少减温器的热应力，应注意：负荷大幅度上升时，为防止再热器的喷水延迟，应下调喷水设定值，但在负荷变化很微小时，应锁定设定值的转换，以免喷水阀频繁地开启、关闭。一旦减温水调节阀打开，应待其蒸汽温度稳定后再关闭。

11-143　机组负荷调整是如何规定的?

答：(1) 调整机组负荷时应兼顾汽压，防止汽压大幅度波动。升负荷时应先增加风量再增加燃料量；减负荷时应先减少燃料量再减少风量。任何情况下，都要保证风量大于燃料量。

(2) 调整机组负荷时，应根据运行磨煤机的负荷情况决定磨煤机台数，以保证燃烧良好且磨煤机在稳定、经济工况下运行。

(3) 保持热负荷分配均匀，保证运行磨煤机一次风量 60%～80%。若运行磨煤机的一次风量低至 40%，燃烧不稳时，应及时投入该层油枪助燃。

(4) 升降负荷时，应严格控制好煤水比，防止煤水比严重失调造成汽压和汽温大幅度的波动。

(5) 启/停给水泵、启/停磨煤机、启/停风机等重大操作应分开进行。

(6) 锅炉负荷允许的变化速率：

1) 当 50%～100%B-MCR 时：±5%B-MCR/min。

2) 当 30%～50%B-MCR 时：±3%B-MCR/min。

3) 当 30%B-MCR 以下时：±2%B-MCR/min。

4) 负荷阶跃：大于 10%汽轮机额定功率/min。

11-144　锅炉燃烧调整是如何规定的?

答：(1) 锅炉运行时应了解燃煤、燃油品种及有关工业分析，根据燃料特性及时调整燃烧，保证燃烧器的配风比率、风速、风温等符合设计要求，一次风率为 20%，二次风率为 80%，一次风速为 22～28m/s，保持锅炉排烟温度和烟气中的氧量在规定的范围内。

(2) 正常运行时，需保持炉内燃烧稳定，火焰呈光亮的金黄色，火焰不偏斜、不刷墙，具有良好的火焰充满度。正常运行中发现燃烧不稳定应及时投油助燃。

(3) 运行制粉系统各自动控制应投入，注意检查火焰监测器和燃烧器套筒挡板、磨煤机一次风关断挡板、分离器出口挡板的运行状态。定期就地检查各燃烧器、二次风箱、风门运行情况，发现问题及时联系处理。

(4) 锅炉负荷变化时，及时调整风量、煤量、给水量以保持汽温、汽压的稳定。增负荷时，先增加风量，后增加给煤量。减负荷时，先减少给煤量，后减少风量，其幅度不宜过大，尽量使同层煤粉量一致。负荷变化幅度大时，调整给煤量不能满足要求时，采用启、停磨煤机的方法。

(5) 正常运行时，同一层标高的前后墙燃烧器应尽量同时运行，不允许长时间出现前后墙燃烧器投运层数差为两层及以上运行方式。

(6) 正常运行时，应将炉膛负压、风量、氧量投入自动控制。正常运行炉膛负压维持－100Pa。

(7) 锅炉运行中，炉前燃油系统应处于良好备用状态。

(8) 为减少漏风，锅炉运行过程中，炉膛各人孔门、观察孔应处于严密关闭状态。

(9) 经常观察锅炉是否结焦，发现有结焦情况，及时调整燃烧；如果结焦严重，采取措施无效，应汇报有关领导，并联系锅炉检修进行处理。

11-145　直流锅炉如何控制煤水比？

答：(1) 煤水比增加时，温度 T 升高；煤水比降低时，温度 T 降低。

(2) 煤水比的自动调节一般采用以水为主的调节方式，即保持燃料不动，改变给水量。

(3) 煤变化的影响，如图 11-7 所示（其他条件不变的情况下）。

(4) 水变化的影响，如图 11-8 所示（其他条件不变的情况下）。

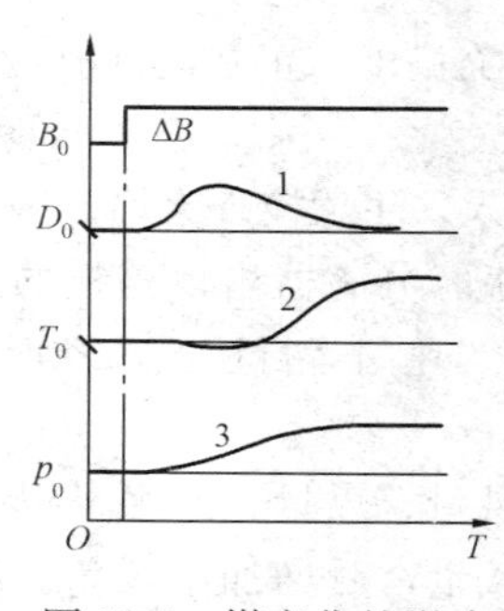

图 11-7 煤变化的影响
B_0—给煤量；D_0—给水流量；T_0—主汽温度；p_0—主汽压力

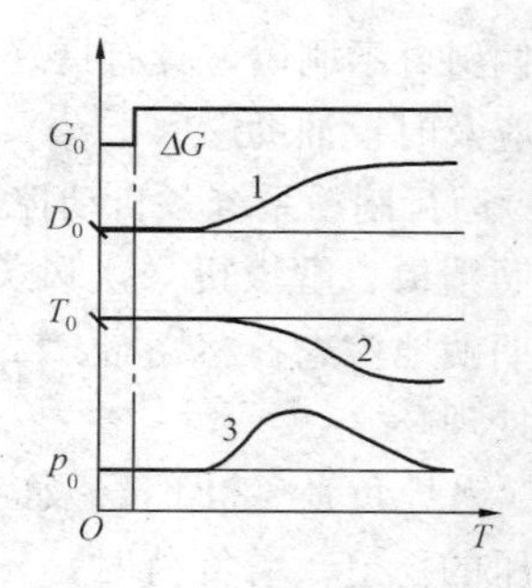

图 11-8 水变化的影响
G_0—蒸汽流量；D_0—给水流量；T_0—主汽温度；p_0—主汽压力

11-146 投入自动调度系统（ADS）的允许条件有哪些?

答:（1）协调方式无 RB 动作且负荷指令大于 300MW。

（2）ADS 信号正常。

（3）没有负荷最大限制。

（4）没有负荷最小限制。

（5）ADS 投入允许。

11-147 百万直流锅炉干态转湿态、湿态转干态操作注意事项有哪些?

答:（1）湿态转干态。负荷在 200～289MW 时对储水罐水位进行负补偿，对应补偿值为 0～22m（在计算水位基础上减 0～22m）。当负荷高于 289MW 时，无论储水罐实际水位有多高，显示值都不会高于 6.5m。因此当负荷高于 289MW 时，如果水位显示为 6.5m，就无法判断真实水位，操作容易进入模糊状态，启动分离器出口无过热度，这说明转干态过程水量过大，燃料量不足，很容易造成蒸汽带水，此时应密切监视顶棚出口蒸汽温度。操作注意事项如下：

1）湿态转干态应控制在 289MW 负荷以下完成，以 260MW 开始转换为宜。

2）稳定给水流量在最小流量以上，以 820t/h 为宜，上下有调节余量，给水旁路调节阀投自动，360 阀投自动（注意 360 阀开度应保证炉水循环泵出口流量大于 240t/h，否则 360 阀不能进行自动调节），361 投阀自动。

3）开始转换时主汽压力在 9.0MPa 左右，因为在湿态转干态的过程中设计压力为 9.7MPa，此时增加燃料量较多，压力增长较快，会使压力高于正常值较多，对水位的修正作用增大，影响正常水位的显示。适当降低压力，也有助于过热度的产生。

4）转干态前提前增加燃料，但是要控制燃料总量，在转换过程中可采用增投油枪来实现快速增加燃料的目的。一般情况下 4t/h 煤对应 10MW 负荷。在转换前应多加煤，保持磨煤机高料位运行，从转换前至转换结束，共需增加煤量为 20t/h 左右，同时应配合缓慢增加磨煤机风量，确保燃料的均匀增加。

5）转换结束应以过热度为准，过热度为 10～15℃，且不宜反复。

6）在转换过程中，如果压力升高，不宜采用开大汽轮机调门带负荷的方法来降压，因为负荷对水位的修正作用大大超过压力对水位的修正。

7）转干态过程中要严密监视顶棚过热器温度，不可大幅下降。若出现这种情况，应适当降低给水量，开启顶棚过热器疏水、包墙疏水，手动开大 361 阀增大疏水（361 阀电动门在储水罐水位小于 3m 时联关）。

8）转换过程应及时停运炉水循环泵，确保炉水循环泵不汽化，转换前就地监视炉水循环泵的运行情况。

（2）干态转湿态。

1）负荷在 289MW 以上，储水罐水位为虚假水位，因此干态转湿态不宜在 289MW 负荷以上进行。在 320MW 左右时应控制过热度不宜过高。

2）干态转湿态应在负荷 260～300MW 时进行。转换前负荷、蒸汽参数、给水流量应保持稳定。若投油稳燃，应在转换前进行，尽量不在转换过程中投油。

3）给水旁路调门投自动，给水量约为 900t/h，过热器减温水控制汽温。361阀投自动。

4）逐渐减少燃料量，整个转换过程约需减煤量20t/h，同时配合减小磨煤机风量，以利于降低热负荷，随着机组负荷的降低，监视过热度缓慢下降。

5）当过热度降至0℃时，机组负荷降至289MW为最佳，此时储水罐开始见水。否则过热度在机组负荷289MW以下时控制至0℃，这样能确保蒸汽不带水。

6）转换过程中应稳定主汽压力9.7MPa，随着燃料量的减少，压力降低，可采用关小汽轮机调门的方法稳定主汽压力，但负荷不可大幅下降，因为负荷对储水罐水位的修正作用较大。

7）储水罐水位5m以上，可启动炉水循环泵运行，同时根据储水罐水位缓慢打开360阀，控制流量至240t/h以上，可投入360阀自动。注意360阀开度不能过快，否则容易造成因储水罐水位低跳炉水循环泵。

8）适当减少减温水，防止过热、再热汽温下降过快。

9）在转换过程中严密监视省煤器入口给水流量应大于最小给水流量。

11-148　主给水旁路调门与主给水电动门如何切换？

答：当负荷在160～200MW时，应进行主给水旁路调门与主给水电动门切换。目前因主给水电动门无中间暂停功能，为确保安全，切换需在就地进行，远方与就地密切联系，注意给水流量的变化。每次操作主给水电动门应控制在5%开度。

（1）主给水旁路调门切至主给水电动门。

1）切换时应维持机组负荷160～200MW、燃烧稳定。

2）将主给水旁路调门自动解除，给水泵投自动。

3）缓慢开启主给水电动门，逐渐关小主给水旁路调门，注意给水流量稳定。

4）当主给水电动门全开时，给水旁路调门可以全关。主给水电动门在缓慢开启的过程中，应注意给水泵在可调范围内。

（2）主给水电动门切至主给水旁路调门。

1）切换时应维持机组负荷160～200MW、燃烧稳定。

2）将给水泵自动投入，检查主给水旁路调门全关，且在手动位置。

3）缓慢开启主给水旁路调门至全开位，两门并列运行。此时注意给水泵汽轮机有调节余量（最小转速为2650r/min）。

4）逐渐关闭主给水电动门直至全关，密切注意机组给水流量稳定。

5）主给水电动门全关后，逐渐关小主给水旁路调门，当关至60%开度时，给水流量稳定，解除给水泵自动，投入主给水旁路调门自动。

11-149 机组整个启动过程中，主汽压力有哪些控制方式？

答：（1）小于15%负荷，高压旁路控制主汽压力（湿态方式）。

（2）15%～25%负荷，燃料控制主汽压力（湿态方式）。

（3）负荷大于29%，锅炉输入（风、煤、水）控制主汽压力（干态方式）。

（4）在湿态时，主汽压力控制切除，锅炉主控指令（BID）由修正后的给水流量产生。

（5）在干态时，主汽压力控制采用锅炉跟踪方式（BF）或协调控制系统（CCS）。

11-150 主汽温、再热汽温调整有哪些注意事项？

答：（1）转直流前，采用燃烧与减温水和烟气挡板相结合的调节方法，与汽包锅炉基本相同。

（2）转直流后，以给水量、过热度和煤水比调节汽温，喷水作为微调和辅助手段，同时把喷水作为调节屏式过热器和末级过热器壁温不超温的手段，用烟气挡板控制初级过热器和低温再热器壁温，用再热器减温水控制高温再热器壁温。

（3）直流运行中，保持煤水比是稳定汽温的前提，但由于燃料特性在不断改变，所以还应以各级过热器进出口温度的变化趋势作为主要监视参数，以过热度为提前判断的依据，分析汽温走向，提前调整。

（4）参数为10MW负荷，对应4.2t煤、24t给水。出现给水泵汽轮机跳闸，磨煤机跳闸情况时，若在手动，应按上述比例迅速调整给水燃料平衡，稳定汽温。

（5）应注意过热器二级控制有交叉，即A侧喷水控制B侧高温过热器汽温。再热烟气挡板调节A侧控制B侧汽温。

11-151 机组运行应特别注意哪些工况？

答：（1）负荷急剧变化。

（2）蒸汽参数或真空急剧变化。

（3）汽轮机内部有不正常的声音。

（4）系统发生故障。

（5）自动不能投入。

11-152 热态清洗注意事项有哪些？

答：（1）当分离器中产生蒸汽时，汽轮机旁路阀应处于自动状态。

（2）由于水中的沉积物在190℃时达到最大，因此升温至190℃时应进行水质检查，检测水质时停止锅炉升温升压。

（3）热态清洗时，清洗水全部排至凝汽器。

（4）锅炉点火后，应注意出现汽水受热膨胀导致储水罐水位突然升高的现象，应保证361阀能正常控制储水罐水位。

（5）热态清洗过程中炉水循环泵再循环管路流量维持在20%BMCR，360阀全开。

（6）锅炉点火后，应打开顶棚出口集箱及后包墙下集箱疏水阀进行短时间的排水，确保该处无积水。

11-153 机组滑参数运行时，主蒸汽流量指示偏离实际流量的原因是什么？

答：主蒸汽管道上的流量计为差压流量计，所测得的是容积流量。滑参数运行时主蒸汽压力低，蒸汽容积密度小，故在相同的质量流量时，容积流量偏大。

11-154 如果回转式空气预热器的烟气侧出入口氧量分别为5%和3%，该空气预热器的漏风率大致是多少？是否合格？

答：$(O_{2出}-O_{2入})\times 90/(21-O_{2出})=(5-3)\times 90/(21-5)=11.25$，合格。

11-155 机组采取滑压运行的经济效益从何而来？

答：(1) 在机组低负荷时，降低蒸汽压力，便于维持稳定的蒸汽温度，虽然蒸汽的过热焓因压力下降而降低，但饱和蒸汽焓上升较多，总焓值明显升高，这是滑压运行经济效益的主要来源。

(2) 给水压力相应降低，给水泵转速降低，减少了给水泵的能量消耗和寿命消耗。

(3) 汽压降低，汽温不变时，汽轮机各级容积流量、流速近似不变，可保持内效率不下降。

(4) 高压缸各级和高压缸排汽温度有所升高，有利于保证再热汽温度，从而改善循环效率。

11-156 风机运行中主要监视的内容及正常停止的顺序分别是什么？

答：风机运行中的主要监视内容有：

(1) 轴承的润滑、冷却情况和温度的高低。

(2) 通过电流表来监视风机负荷，不允许超负荷运行（即超过额定电流）。

(3) 监视运行中的振动、噪声有无异常。

风机正常停止的顺序为：

(1) 关闭进风调节挡板。

(2) 按规定停止电动机。

(3) 风机停止后，可停止轴承冷却水。

11-157 管道投入运行时的注意事项有哪些？

答：(1) 管道投入前开启空气门，将管内空气全部排出，防止空气积存在管内腐蚀管壁和引起空气振动。

(2) 必须暖管，暖管时要缓慢，防止加热过快，使其热应力过大。

(3) 暖管时开启疏水门，放掉存水和暖管过程中蒸汽遇冷凝结成的水，这些水若被蒸汽带走，会产生严重水冲击，使管道发生振动。

（4）监视管道膨胀是否正常，支吊架是否完好。

11-158　1000MW 机组额定参数运行过程中，出现主汽压力上升、温度下降原因是什么？如何处理？

答：原因：给水量增加的结果，给水压力升高的同时，喷水量增加。

处理：同时减少给水量和喷水量。

11-159　调整过热蒸汽的汽温有哪些方法？

答：（1）调整过热汽温一般以喷水减温为主，作为细调手段，减温器为两级布置，以改变喷水量的大小来调整汽温的高低。

（2）可以通过调节二次风的开度，以及总风量等改变火焰中心位置作为粗调手段，以达到汽温调节的目的。

11-160　低氧燃烧有什么优、缺点？

答：优点：

（1）低氧燃烧能减少硫矸的含量，使烟气的露点大大降低，可有效地减轻尾部受热面腐蚀和积灰。

（2）引、送风机的电耗会下降。

缺点：

（1）低氧燃烧时化学和机械不完全燃烧热损失会增加。

（2）燃烧程度下降。

（3）降低了锅炉热效率。

（4）破坏燃烧稳定性。

11-161　缩短锅炉启动时间应从哪些方面着手？

答：（1）尽量保持设备完好。

（2）合理组织和安排启动。

（3）将旁路系统投入，尽量避免跳机时跳炉。

（4）重新修改炉吹扫和启动磨煤机条件。

11-162　影响锅炉飞灰、炉渣可燃物的因素有哪些？在实际运行

中是如何降低飞灰、炉渣可燃物的？

答：影响因素：

（1）煤质：挥发分、发热量、含炭量、灰分、水分等都会影响。

（2）煤粉细度。

（3）锅炉结构、燃烧器。

（4）运行调节：风量、风温、风速及配风情况。

（5）炉内的结焦、积灰情况。

方法：

（1）配合燃料将燃煤调整到最佳状况。

（2）根据煤质情况将煤粉细度、风量、磨煤机出口温度调整到最佳工况。

（3）根据炉内结渣、积灰情况决定吹灰部位和吹灰次数。

（4）经常检查分析燃烧、飞灰及炉渣可燃物的情况，并及时调节。

（5）改变磨煤机运行方式及磨煤机的煤量。

11-163　机组计划大修，请列出锅炉从打闸后到空气预热器全停各阶段的主要过程。

答：（1）检查确认锅炉 MFT 动作正确，磨煤机、一次风机、密封风机已经联跳。

（2）对锅炉进行吹扫后停止引、送风机，关闭风门挡板对锅炉进行封炉。

（3）隔离炉前燃油系统。

（4）投入锅炉快冷，快冷结束后停止给水泵，锅炉热炉放水进行保养。

（5）停炉 8～10h 后开启烟风挡板，锅炉进行自然冷却。

（6）通知除灰破坏炉底水封。

（7）停炉 16～18h 后启动引风机对锅炉进行强制冷却。

（8）当空气预热器入口烟温小于 150℃时，停止空气预热器。

11-164　运行中影响燃烧经济性的因素有哪些？

答：运行中影响燃烧经济性的因素是多方面的、复杂的，主要的有以下几点：

（1）燃料质量变差，如挥发分下降，水分、灰分增大，使燃料着火及燃烧稳定性变差，燃烧完全程度下降。

（2）煤粉细度变粗，均匀度下降。

（3）风量及配风比不合理，如过量空气系数过大或过小，一、二次风风率或风速配合不适当，一、二次风混合不及时。

（4）燃烧器出口结渣或烧坏，造成气流偏斜，从而引起燃烧不完全。

（5）炉膛及制粉系统漏风量大，导致炉膛温度下降，影响燃料的安全燃烧。

（6）锅炉负荷过高或过低。负荷过高时，燃料在炉内停留的时间缩短；负荷过低时，炉温下降，配风工况也不理想，因此负荷过高或过低都影响燃料的完全燃烧。

11-165　机组启动阶段，暖管的目的是什么？暖管速度过快有何危害？

答：暖管的目的：通过缓慢加热使管道及附件（阀门、法兰）均匀升温，防止出现较大温差应力，并使管道内的疏水顺利排出，防止出现水击现象。

暖管时升温速度过快，会使管道与附件有较大的温差，从而产生较大的附加应力。另外，暖管时升温速度过快，可能使管道中疏水来不及排出，引起严重水击，从而危及管道、管道附件以及支吊架的安全。

11-166　启动阶段和正常运行中，炉水和蒸汽质量指标有哪些？各有什么要求？

答：（1）炉水质量标准：二氧化硅≤0.25mg/L，氯离子＜1mg/L，磷酸根0.5～3mg/L，pH值（25℃）为9～10，总含盐量≤20mg/L。

（2）启动阶段过热蒸汽质量：钠离子≤20μg/L，二氧化硅≤50μg/L，铁离子≤50μg/L，铜离子≤10μg/L，导电率≤1.0μS/cm。

（3）正常运行：钠离子≤10μg/L，二氧化硅≤20μg/L，铁离子

≤20μg/L，铜离子≤5μg/L，导电率≤0.3μS/cm。

11-167 锅炉点火前吹扫的条件有哪些?

答: 锅炉点火前必须对炉膛进行吹扫，吹扫开始时必须满足以下条件，吹扫过程中吹扫条件任意一条失去，则认为吹扫失败，吹扫计时中断，排除故障后重新开始吹扫并重新计时。

(1) 所有油枪三用阀关闭。

(2) 所有给煤机停运。

(3) 所有磨煤机停运。

(4) 两台一次风机停运。

(5) 两台空气预热器运行。

(6) 所有辅助风挡板开启。

(7) 无锅炉跳闸指令。

(8) 风量大于30%，且无吹扫跳闸新信号。

(9) 燃油快关阀关闭。

(10) 炉膛压力不高。

(11) 炉膛压力不低。

(12) 任一组引、送风机在运行。

(13) 燃油泄漏试验完成。

11-168 锅炉熄火后的吹扫条件有哪些?

答: (1) 所有给煤机停运。

(2) 所有磨煤机停运。

(3) 所有油枪三用阀关闭。

(4) 燃油快关阀关闭。

(5) 风量大于30%。

(6) 所有火检“无火焰”。

11-169 锅炉MFT后如何进行锅炉吹扫?

答: (1) 若不是由送风机和引风机跳闸引起的锅炉MFT时，不能跳闸送风机和引风机。若此时炉膛总风量大于30%B-MCR风量，则立即将所有二次风门调到全开的吹扫位置，并将炉膛总风量逐渐调到30%～40%B-MCR吹扫风量进行炉膛吹扫。若此时炉膛总风量小于30%B-MCR风量，则在5min后将所有二次风门调到全开的吹扫位置，并将炉膛总风量逐渐调到30%～40%B-MCR吹扫风量。炉膛吹扫时间不得少于5min。

（2）若是送风机和引风机跳闸引起的锅炉MFT时，应延时一定时间再缓慢打开跳闸风机的挡板，并保持打开状态不少于15min。锅炉MFT 1min后将所有二次风门调至全开的吹扫位置，待风机恢复正常后应按正常的吹扫程序对炉膛进行吹扫。

11-170　机组运行中控制锅炉NO_x排放有哪些措施？

答：（1）由于热力型NO_x是空气中的N_2在高温下氧化而生成的，在炉膛温度小于1350℃的情况下是不会产生的，因此锅炉低负荷情况下热力型NO_x几乎为零。在高负荷工况下，若锅炉采用固态排渣，炉膛中心温度基本控制在1500℃左右，对此类型NO_x的控制主要是降低炉膛中心温度、降低燃烧器摆角和平均分配每台燃烧器负荷。

（2）燃料型NO_x是由于燃料燃烧时空气中的N_2和燃料中的碳氢离子团如CH等反应生成，它在整个NO_x排放中所占的比例较大，为此控制NO_x主要是控制此类型的NO_x，目前运行控制主要手段是采用燃尽风控制，燃尽风控制方法为在锅炉负荷在75%～100%采用线性控制，在100%全开燃尽风。

（3）燃烧器风量配置采用分段配置，减少下层燃烧器出口二次风量，适当提高上层燃烧器风量。在锅炉无结焦的情况下，可在下部燃烧器采用部分缺氧燃烧。整个二次风控制采用倒宝塔型方式。

（4）控制燃料中氮的含量，采用低氮、低硫煤。

11-171　锅炉低负荷运行稳燃措施有哪些？

答：当锅炉负荷低于400MW运行时，应视作低负荷运行，在低负荷运行期间，必须注意：

（1）加强对仪控自动装置运行情况的监视，若自动不灵敏，应及时改为手动，并做好记录。加强对炉膛火焰、负压、汽温、汽压及功率的监视，做好事故预想，防止炉膛因热负荷较低而熄火。

(2) 低负荷运行应及时了解入炉煤种，挥发分不应小于27%。若天气不好，要求加仓煤尽量干燥，保证入炉煤全水分小于17%。

(3) 低负荷运行期间应及时通知油泵值班员，若油压自动调节不稳定，应及时切至手动调节，确保油压在3.5MPa左右和油枪随时可投用。

(4) 低负荷运行锅炉采用滑压运行方式。

(5) 锅炉低负荷运行期间，若燃烧不稳定应及时投油，不得冒险节油。投油前应注意磨煤机运行层次，并应保证油枪有3/4火焰证实。防止投油不当发生MFT。

(6) 低负荷运行期间，氧量应控制在6%，磨煤机一次风调节挡板自动调节不正常时，可用手动调节或采用停运一台磨煤机方法控制一次风量不要过大。

(7) 根据负荷确定磨煤机运行台数。若当负荷需要三台磨煤机运行时，应保持有两台相邻的磨煤机运行，且给煤机负荷应大于50%，另一台给煤机作为调节。若负荷低于50%，可采用两台相邻磨煤机运行，禁止磨煤机隔层运行。

(8) 低负荷运行期间若减负荷，应控制减负荷速率小于1.1%/min。

(9) 低负荷运行时，磨煤机内煤量相对较少，振动较大，应通知巡检加强对磨煤机的检查。发现异常应及时调整或调换磨煤机运行。

(10) 低负荷运行时，禁止锅炉受热面吹灰。

(11) 低负荷运行时，应做好事故预想，若发生锅炉熄火，则按照MFT原则进行处理。

11-172 机组热（温）态启动和冷态启动有哪些区别?

答: (1) 部分辅助系统运行状态不同。

(2) 汽轮机、锅炉系统的冲洗不同，热（温）态时锅炉冷态冲洗可不进行，视锅炉水质情况而定。

(3) 升温升压速度不同。

(4) 汽轮机的冲转参数不同、升速速率不同、暖机时间不同。

(5) 蒸汽温度、蒸汽压力、机组负荷启动控制参数参考机组热

（温）态启动曲线。

（6）汽轮机胀差控制不同。

11-173 热（温）态启动过程中的注意事项有哪些？

答：（1）锅炉点火后，及时投用旁路系统，严格按升温升压率控制主蒸汽温度。

（2）机组热态（温态）启动时点火后再开启机侧主蒸汽管道疏水。

（3）汽轮机状况允许时，可以不进行中速暖机，汽轮机冲转、升速、并网，按缸温对应曲线进行，避免汽缸冷却而产生额外的热应力。

（4）热态启动为了防止对机组的冷却冲击，要加快启动速度。汽轮机冲转前锅炉应投入两台磨煤机运行，开大旁路，冲转的主、再热蒸汽至少有50℃的过热度。

（5）主机润滑油油温不低于38℃，否则投用主油箱电加热器。

（6）投轴封时，应注意轴封蒸汽温度与汽轮机缸温相匹配。

（7）汽轮机冲转前，必须确认汽轮机处于盘车状态或汽轮机还处于惰走阶段，严禁汽轮机在临界转速区域冲转升速。

（8）汽轮机冲转升速时，应严密监视高中压缸第一级金属变化率、高低压差胀、汽缸膨胀变化和机组振动情况。

11-174 大幅度手动进行给水调节时应如何处理？应注意哪些问题？

答：给水手动控制时，例如大幅降负荷等情况，有两种处理方法：

（1）保持两台给水泵运行：通过同时将两台汽动给水泵再循环调阀切手动，同步开大再循环调门至一定开度，同时通过给水总操，降低两台给水泵汽轮机出力。

（2）保持一台给水泵运行：通过开大一台给水泵再循环调阀并逐渐退出一台给水泵运行，这种情况应注意给水流量的匹配性。

注意以下问题：

（1）特定负荷和主汽压力与给水泵转速的对应关系。

（2）给水泵再循环调阀的流量特性。

（3）给水泵流量保护和主给水的保护配置。

（4）给水调节的滞后性和手动可调性。

（5）防止手动调节过程中给水泵发生抢水的情况。

（6）给水调节务必调整好煤、水匹配。

（7）避免给水的大幅波动或失调造成低汽温保护动作。

11-175　锅炉效率反平衡法的计算公式是什么？各项热损失影响幅度分别为多大？目前锅炉效率大概多高？

答：锅炉效率＝100％$-q_2-q_3-q_4-q_5-q_6$。

一般正常情况下影响幅度：q_2 为 4％左右；q_3 为 0％～1％；q_4 为 0.5％～1％；q_5 为 0％～0.2％；q_6 为 0％～0.2％。

正常燃烧工况锅炉实际效率均处于 92％～94％。

11-176　正常运行的锅炉，其效率主要体现在哪些指标上？

答：（1）q_2——进口风温 t_1，排烟温度 t_{py}，过量空气系数 α。

（2）q_3——不完全燃烧气体 CO，过量空气系数 α。

（3）q_4——炉渣、飞灰含炭量，过量空气系数 α，煤种、煤粉细度等。

11-177　影响发电煤耗的因素有哪些？

答：（1）负荷率。

（2）机组效率。

（3）主蒸汽温度。

（4）主蒸汽压力。

（5）真空。

（6）厂用电率。

（7）给水温度。

（8）高压加热器投入率。

（9）凝汽器端差。

（10）排烟温度。

（11）凝结水过冷度。

（12）低压加热器投入率。

11-178　影响锅炉效率的实际指标应如何控制？

答：（1）控制合理氧量。按照负荷对应曲线控制，即某负荷、某煤种对应一定的锅炉氧量。

（2）增加锅炉传热。主要是控制锅炉给水水质、给水温度、强化炉膛吹灰。

（3）强化锅炉燃烧。采取合理配风、配煤，不同负荷控制不同煤粉细度，控制合理的一次风压和一次风量等。

（4）控制锅炉出口 CO 量。主要是强化配风、配煤、提高磨煤机出口温度等。

（5）降低炉渣、飞灰含炭量。主要是强化配风，加强配煤等。

（6）降低空气预热器漏风率。主要是调整空气预热器间隙、加强锅炉吹灰等。

11-179　导致排烟温度高有哪些原因？降低排烟温度有什么方法？

原因：

答：（1）进入锅炉风量过大。

（2）空气预热器的漏风率。

（3）受热面结渣和积灰。

（4）磨煤机运行方式。

（5）给水温度。

（6）锅炉受热面的传热。

方法：

（1）在满足燃烧正常的条件下，应尽量减少送入锅炉的过量空气量，过大的过量空气系数，既不利于锅炉燃烧，也会导致排烟温度高。

（2）降低空气预热器的漏风率，特别是回转式空气预热器的漏风率。

（3）运行中应定期进行受热面吹灰和及时除渣，可减轻和防止积灰、结渣，保持排烟温度正常。

（4）合理地投、停不同层次的燃烧器，控制排烟温度，在锅炉各运行参数正常的情况下，一般应投用下层燃烧器，以降低炉膛出口温度和排烟温度。

（5）一般保持锅炉负荷不变情况下，锅炉给水温度降低会使排烟温度升高，因此要尽可能提高锅炉给水温度，可以通过优化高压加热器低压加热器、维持高压加热器低压加热器端差的方法。

11-180　锅炉燃烧优良判断标准有哪些？

答：（1）火焰情况：充满度，金黄色，不偏斜。

（2）排烟不冒黑烟，海水明渠不漂煤粉。

（3）炉膛宽度 O_2 偏差小于15％。

（4）受热面管屏吸热偏差小于1.15。

（5）锅炉排烟CO含量在标准以下：低于900MW在100mg/m^3以下，1000MW在300mg/m^3以下，1036MW在500mg/m^3以下。

（6）锅炉飞灰含炭量在标准以下：燃烧印尼煤（或接近印尼煤）小于0.7％，燃烧优混煤（或接近优混煤）小于1.5％。

（7）锅炉炉渣含炭量在标准以下：燃烧印尼煤（或接近印尼煤）小于0.7％，燃烧优混煤（或接近优混煤）小于1.5％。

（8）各环保指标合格：NO_x、SO_x、CO、粉尘等。

11-181　飞灰、炉渣含炭高有何危害？

答：（1）燃烧恶化。

（2）金属超温。

（3）二次燃烧。

（4）锅炉爆炸。

（5）锅炉效率明显下降。

（6）煤耗增大。

（7）GGH堵塞被迫停炉。

11-182　影响飞灰含炭量的主要因素有哪些？

答：（1）煤种影响。由于煤炭市场紧张及电煤价格的迅速上涨，实际燃用煤种变化频繁。燃煤的挥发分含量降低时，煤粉气流着火温度显著升高，着火热随之增大，着火困难，达到着火所需的时间变长，燃烧稳定性降低，火焰中心上移，炉膛辐射受热面吸收的热量减少，对流受热面吸收的热量增加，尾部排烟温度升高，排烟热损失增大。煤的灰分在燃烧过程中不但不会发出热量，而且还要吸收热量。灰分含量越大，发热量越低，容易导致着火困难和着火延迟，同时炉膛温度降低，煤的燃尽程度降低，造成的飞灰可燃物升高。灰分含量增大，炭粒燃烧过程中被灰层包裹，炭粒表面燃烧速度降低，火焰传播速度减小，造成燃烧不良，飞灰含炭量升高。

(2) 煤粉细度。合理的煤粉细度是保证锅炉飞灰含炭量在正常范围的主要因素之一，降低煤粉细度是降低飞灰可燃物的有效措施。由于磨煤机高负荷时磨煤机高出力运行，导致运行中动态分离器转速偏低，影响了煤粉细度。有时煤可磨性较差，石子煤较多，大颗粒的石子煤在研磨件之间形成支撑，导致煤粉不能被磨细。一方面降低煤粉细度，煤粉过粗，单位质量的煤粉表面积越小，加热升温、挥发分的析出着火及燃烧反应速度越慢，因而着火越缓慢，煤粉燃尽所需时间越长，飞灰可燃物含量越大，燃烧不完全；另一方面提高煤粉的均匀性，也有利于煤粉的完全燃烧，较粗的煤粉若不能很好的与空气搅拌混合，将导致着火不好，燃烧时间较长，这也是影响飞灰可燃物的重要因素。

(3) 一次风速、一次风量的影响。对于燃烧烟煤锅炉推荐的一次风速为25～35 m/s，对于直吹式送粉系统，一次风速宜选下限，在变负荷时存在一次风速偏高的现象，一次风速过高带来的危害如下：

1) 直接导致煤粉气流的着火点偏远，着火推迟，燃烧过程缩短。既不利于稳燃，又影响了燃尽，使飞灰含炭量升高。

2) 一次风中较大的煤粉颗粒获得动能过大，飞出煤粉气流，落到周围缺氧区，影响燃尽。

(4) 一、二次风配合。二次风混入一次风的时间要合适。如果在着火前混入，则着火延迟；如果过迟混入，则着火后的燃烧缺氧。二次风瞬间全部混入一次风对燃烧也是不利的，因为二次风的温度大大低于火焰温度，大量低温的二次风混入则会降低火焰温度，燃烧速度减慢，甚至造成熄火。二次风速一般应大于一次风速。二次风速比较高时，才能使空气与煤粉充分混合；二次风速又不能比一次风速大太多，否则会迅速吸引一次风，使混合提前，影响着火。总之，二次风混入应及时而强烈，才能使混合充分，燃烧迅速而完全，从而降低飞灰含炭量。燃用低挥发分煤时，应提高一次风温，适当降低一次风速，选用较小的一次风率，这对煤粉的着火燃烧有利。燃用高挥发分煤时，一次风温应低一些，一次风速高一些，一次风率大一些。有时有意使二次风混入一次风的时间早一些，将着火点推后，以免结渣或烧坏燃烧器。

（5）磨煤机出口风粉混合物温度。对于澳洲煤、俄罗斯煤、较低挥发分的印尼煤，磨煤机出口风粉混合物温度正常运行时应控制在80℃左右，由于夏季雨天较多，加上煤质变化频繁，燃煤水分含量高，磨煤机出口温度经常在60～80℃之间摆动，有时甚至低于60℃运行，风粉混合物温度降低必将导致煤粉着火推迟，煤粉燃尽程度差，导致飞灰含炭量上升。

（6）磨煤机运行方式的改变。磨煤机运行方式直接影响到炉膛温度，炉膛内的火焰集中程度，火焰中心位置。如果锅炉存在再热器喷水量很大的现象，炉膛火焰中心较大修前明显后移，在配风不合理的情况下，部分燃料未燃尽便随烟气离开炉膛，导致飞灰含炭量增加。

（7）负荷及煤种的变化。机组频繁大幅度变负荷波动，由于风量跟踪调整具有滞后性，短时的煤粉过粗影响燃烧完全，长负荷过快时，送风量跟踪不上，炉膛氧量只有2%～2.5%，导致煤粉短时的缺氧燃烧，同样影响燃烧的完全性。同时煤种变化又影响磨煤机的出力，煤种可磨性差时，很容易导致飞灰含炭量上升。

11-183　降低锅炉飞灰含炭量的措施有哪些？

答：（1）变煤种控制。当煤质变好时，着火迅速，反应速度快，易于燃尽。对于使用较高挥发分燃煤的火力发电厂，飞灰含炭量可以很容易地控制在2%左右。所以要从源头上加以控制，尽量使用设计煤种或与设计煤种接近的煤种，以确保燃烧稳定，某火力发电厂锅炉设计燃烧煤种为烟煤，不同烟煤的燃烧方法存在很大差异，变煤种燃烧控制有很大的节能空间，为适应燃烧各种煤种需要，磨煤机的各种参数控制见表11-2。

表 11-2 不同煤种下磨煤机重要参数控制表

煤种	印尼煤	神华、同优	俄罗斯煤	澳大利亚	哥伦比亚
磨煤机风煤比	2.0～2.3	1.8～2.0	1.8～2.0	1.9～2.2	1.8～2.0
磨出口温度（℃）	75 以上	77～85	77～85	75 以上	75～80
动态分离器转速（r/min）	850 以上	1000 以上	1000 以上	850 以上	1100 以上
一次风率（%）	21～25	约 21	约 21	21～25	约 21
石子煤排放	石子煤量少	多，需要加强排放		较少	较多

平时做好磨煤机定期检查调整工作，确保磨煤机能保证出力，加强运行磨煤机石子煤的排放，确保磨煤机运行畅通，有利于改善煤粉均匀度。在挥发分低时要尽量提高磨煤机出口温度，例如挥发分低的印尼煤也可以提至 80℃。煤湿时给煤量不宜过高，煤很湿时给煤量高于 75t/h，会使飞灰可燃物含量大幅上涨。

（2）最佳氧量控制。当燃煤热值低于表中热值，总煤量达到表中煤量，特别是高负荷时，值班员要进行燃烧调整，调平锅炉燃烧，尽可能降低 CO。煤质越差，所需送风量越高。以额定负荷为例，设计煤耗 375t/h，总风量 3400t/h，锅炉尾部烟气氧量控制在 2.75%，能确保 CO 小于 400mg/m^3，随着煤质变差，风量要求不断增大，以确保燃烧所需氧量。

（3）合适风煤比。对于难烧的煤种，适当降低风煤比，以预防燃烧器喷口烧损事故。在降低风煤比的同时，应控制磨煤机的最低一次风量不能低于 90t/h。通常燃用高热值的煤种（水分低）时，要适当降低磨煤机的风煤比，应将风煤比控制在 1.8～2.0，不超过 2.0，尽可能地降低一次风量，有利于煤粉在炉内燃尽。

（4）控制合适的煤粉细度。锅炉燃烧对煤粉细度敏感性也较强，尤其是煤粉的燃尽度。一方面，煤粉细度的减小会使煤粉更加容易燃尽，飞灰和炉渣可燃物含量也减少，燃烧更加充分，可减少未完全燃烧热损失。另一方面，由于煤粉粒径减小，煤粉着火提前，使得排烟温度也能降低，从而使锅炉排烟热损失减少。所以通过合理地调节制粉系统的运行方式，尽可能提高动态分离器的转速，维持理想的煤粉细度。变煤种的燃烧方法要加以区分，分别控制，对于燃用接近设计煤种的煤，如神华、同优、优混、俄罗斯、哥伦比亚煤，由于煤的水分低，磨煤机的干燥出力会大幅上升，应尽可能的降低磨煤机一次风量，并提高动态分离器转速至1000r/min以上。同时，启动磨煤机时及时提高动态分离器转速，禁止大幅加煤加风。

(5) 燃尽阶段供给充足的氧气。锅炉运行中保持足够的氧量至关重要。由于燃尽风平时未投入自动，在加负荷时应提前手动干预，以控制机组飞灰可燃物及CO含量。燃烧难燃煤质时，可以合理调整燃尽风门，确保煤粉燃尽。合理调整燃尽风。燃烧印尼煤时要关小燃尽风，提高风箱压力，燃烧神华煤时可适当开启燃尽风，确保尾部燃尽。

(6) 控制炉内空气动力场稳定、均匀。高负荷时段，可以采用倒宝塔型配风来压住火焰，不使火焰上飘，减缓了烟气的流速，延长了煤粉在炉内的停留时间。这相当于增加了煤粉的燃烧时间，对燃尽有利。

(7) 调整火焰中心不偏斜。由于百万机组炉膛尺寸大，火焰偏离炉膛中心，在炉内充满度不好，风粉掺混不理想，部分煤粉飘离燃烧区域，导致燃烧不充分。对此可以通过合理的配风来加以调节，尽量使炉膛出口两次氧量趋于一致。

(8) 优化磨煤机运行方式及配煤方式。

(9) 合适的风量。同一负荷下，过大的风量势必造成飞灰可燃物增加。同时，停运磨煤机吹扫风量适量即可（80t/h），风量太大会导致飞灰可燃物高。

11-184　冷态启动过程锅炉侧重点注意事项有哪些?

答: (1) 锅炉启动过程中，严格控制厚壁元件温升率小于或等于2℃/min，主要以水冷壁金属壁温及出水温升率为参考点。

(2) 汽轮机冲转后，要防止主蒸汽、再热蒸汽温度波动，严防蒸汽带水。

(3) 锅炉点火后应加强空气预热器、脱硝、脱硫吹灰，主汽压力

（大于5MPa时）、温度满足时要及时切至主汽，确保吹灰压力及效果。

（4）启动过程要严格监视水冷壁各部温升情况，如果发现温差太大应停止升温升压，待查明清楚后再升温。应注意监视过热器、再热器的壁温，严防超温爆管。

（5）并网8h后严格控制汽水品质。

（6）严格控制升温升压速度，防止升温太快损坏炉管。严禁大幅增加燃料量导致升温升压过快。

（7）在启动炉水循环泵前，应确保炉水循环泵高压注水管路已经清洗完毕，水质合格，并注水正常后才能启动。

（8）应做好360阀、给水旁路调门和总给水流量之间的配合控制，防止因360阀循环流量大幅变化而导致锅炉给水保护动作。

（9）控制好煤水比，启动过程要维持足够的给水流量，防止锅炉过快转入直流运行。

（10）在炉水循环泵启动以后，由于给水温度的上升，应保持一定的给水流量，以保证省煤器进口水的欠焓，防止省煤器产生沸腾。

（11）大修后、长期停运后或新机组的首次启动，要严密监视锅炉的受热膨胀情况。锅炉在上水前、后，以及过热蒸汽压力值分别为0.50、1.50、13、26.25MPa时，应记录膨胀指示，发现膨胀不均应调整燃烧。若膨胀异常大，应停止升压，查明原因，待消除后继续升压。

（12）加强燃烧监视和调整。

11-185　启动锅炉时如何防止锅炉爆燃？

答：（1）在锅炉初点火或运行中，发现油枪灭火后，应立即关闭供油系统供油，回油门，停止向锅炉供油，开启油枪蒸汽吹扫门，对油枪吹扫3min后关闭吹扫门。

（2）对炉膛内进行充分的通风时，禁止投入油枪、等离子点火系统、制粉系统。

（3）在没有对炉膛充分吹扫时，禁止投入油枪、等离子点火系统、制粉系统。

11-186　锅炉灭火的原因有哪些？

答：(1) 锅炉负荷太低，炉内温度低，燃烧不稳，但又没能及时投油助燃。

(2) 煤质变劣，如挥发分太低，灰分太大。

(3) 风量调整不当，如一次风速太大，风粉比例失调，过量空气系数太大。

(4) 炉膛负压过大。

(5) 炉膛大面积掉焦，使炉内扰动过大。

(6) 除灰、打焦时间太长，特别是低负荷时漏入大量冷空气或大量冲焦水造成炉膛温度下降。

(7) 炉管爆破，大量汽水喷入炉膛。

(8) 设备故障，如引风机、送风机、排粉机、一次风机跳闸或厂用电源失去。

(9) 制粉系统运行不稳定或爆炸。

11-187 防止锅炉灭火措施有哪些？

答：(1) 锅炉在启停制粉系统或进行其他会影响炉内燃烧工况的工作前，必须先征得值长同意，且操作中应尽量减少对燃烧工况的扰动。

(2) 严格控制煤粉细度，加强对煤位的监视确保向炉内提供所要求的煤粉。

(3) 视工况选择合理的一、二次风速、风压、风温确保煤粉着火和燃烧稳定。

(4) 合理调整风粉比例和一、二次风的配比等，组织好炉内的燃烧工况。

(5) 主值应随时掌握燃烧工况，注意煤质变化，加强监视和分析，发现异常应正确及时处理确保运行安全。

11-188 锅炉灭火有何现象？应注意哪些问题？

答：现象：

(1) 炉膛负压突然增大，一、二次风压降低，工业电视及就地看火孔看不到火焰，火焰监视装置报警。

(2) 汽温、汽压下降。对于直流锅炉机组，汽轮机机械保护动作停机，汽压会出现短暂的升高。

(3) 灭火保护正确动作后，所有制粉系统全部跳闸，油枪来油速断阀关闭并闭锁。

注意问题：锅炉灭火后严禁继续向炉内给粉、给油、给气，切断一切燃料。灭火保护不能正确动作时，应及时手动切断所有燃料的供应，并作好防误措施。严防灭火“打炮”扩大事故。

11-189 锅炉正常停炉熄火后应做哪些安全措施?

答: (1) 继续通风 5min，排除炉内可燃物，然后停止送、引风机运行，以防由于冷却过快造成汽压下降过快。

(2) 停炉后采用自然泄压方式控制锅炉降压速度，禁止采用开启向空排汽等方式强行泄压，以免损坏设备。

(3) 停炉后当锅炉尚有压力和辅机留有电源时，要对锅炉机组加以监视。

(4) 为防止锅炉受热面内部腐蚀，停炉后应根据要求做好停炉保护措施。

(5) 冬季停炉还应做好设备的防寒防冻工作。

11-190 简述锅炉紧急停炉的处理方法。

答: 当锅炉符合紧急停炉条件时，应通过显示器台面盘上的紧急停炉按钮手动停炉，MFT 动作后，立即检查自动装置是否按下列自动进行动作，否则应进行人工干预。

(1) 切断所有的燃料（煤粉、燃油）。

(2) 联跳一次风机、一次风机出口挡板关闭。

(3) 磨煤机、给煤机全部停运。

(4) 所有燃油进油、回油快关阀，调整阀，油枪快关阀关闭。

(5) 汽轮机、发动机跳闸。

(6) 全部静电除尘器跳闸。

(7) 全部吹灰器跳闸。

(8) 将引、送风机的风量自动控制且为手动调节。

(9) 检查关闭一、二级过热器减温水隔离门及调整门，并将过热汽温度控制切为手动。

（10）检查关闭再热器减温水隔离门及调整门，并将再热汽温度控制切为手动。

（11）两台汽动给水泵均应自动跳闸，电动给水泵应启动，否则应人为强制启动。

（12）进行炉膛吹扫，MFT 复归（MFT 动作原因消除后）。

（13）若故障可以很快消除，应做好锅炉极热态启动的准备工作。

（14）若故障难以在短时间内消除，则按正常停炉处理。

11-191　锅炉尾部烟道二次燃烧有哪些现象？

答：（1）二次燃烧处烟温、工质温度突然不正常地升高。

（2）引风机投自动时，引风机动叶动作频繁、开度增大，引风机手动时烟道及炉膛负压剧烈变化并偏正，严重时烟道防爆门动作打开。

（3）从引风机轴封和烟道不严密处向外冒烟或喷火星。

（4）烟色监视仪指示发生异常变化，排烟温度不正常地升高。

（5）如果二次燃烧现象发生在空气预热器部位时，则一、二次风温亦将不正常地上升，回转式空气预热器电流指示晃动，严重时外壳烧红，转子与外壳可能有金属摩擦声。

（6）对于 UP 型直流锅炉，如果二次燃烧现象发生在省煤器处，则有可能造成省煤器出口工质汽化，使水冷壁各垂直管屏的流量分配遭到破坏，水冷壁管或管屏出口工质温度可能超限。

（7）当二次燃烧现象发生在过热器或再热器部位时，将出现过热汽温或再热汽温不正常地升高的现象。

11-192　锅炉尾部烟道二次燃烧的原因及处理方案是什么？

答：烟道内可燃物的沉积，主要由以下原因形成：

（1）煤种或运行工况变化过大时，燃烧调整不及时或调整不当。

（2）风量过小、煤粉过粗或自流、油枪雾化不良。

（3）锅炉低负荷运行、点火初期或停炉过程中，由于炉膛温度过低，燃料着火困难，燃烧过程长，飞灰可燃物含量较高，若当时烟气流速很低，极易发生烟气中可燃物的沉积。

（4）发生紧急停炉时未能及时切断燃料。

（5）停炉后或点火前炉膛吹扫时间过短或吹扫风量过小；空气预热器吹灰气压（汽压）严重不足，吹灰介质无法穿透空气预热器受热面；运行中烟道和空气预热器吹灰器长期故障或停止使用。

（6）带有SCR脱硝系统的锅炉，若氨逃逸严重，导致空气预热器部分堵塞，使之更易黏附烟气中的固态物质，此时，若飞灰可燃物过高，空气预热器易积聚可燃物。

烟道二次燃烧的处理：

（1）发现烟气温度不正常地升高时，应立即查明原因改变不正常的燃烧方式，并加强对空气预热器和烟道蒸汽吹灰，及时消除可燃物在烟道内的二次燃烧。若已影响到参数变化时，应即调整，设法尽快恢复正常。

（2）当达到烟道内可燃物二次燃烧的紧急停炉条件时，应即手动MFT紧急停炉。发生烟道内可燃物二次燃烧时紧急停炉的处理方法和要求除以下不同点外，其余与常规紧急停炉相同。

1）立即停用所有引风机、送风机，严密关闭风烟系统的所有风门、挡板，炉膛和烟道各门、孔，保持炉底及烟道各灰斗水封正常，使燃烧室及烟道处于密闭状态，严禁通风。开启蒸汽灭火装置或利用蒸汽吹灰器向燃烧室、烟道及空气预热器内喷入蒸汽进行灭火。待各点烟温明显下降，均接近喷入的蒸汽温度并稳定1h后，方可停止蒸汽灭火或蒸汽吹灰设备。小心开启检查门进行全面检查，确认烟道内燃烧已熄灭无火源后，方可开启风烟系统的风门、挡板，启动引风机和送风机保持30％额定风量对燃烧室和烟道进行吹扫，吹扫时间不少于10min。

2）停炉后回转式空气预热器应继续运行，必要时应采用电动或手动盘车装置使转子继续保持转动，以防止空气预热器停转后发生变形损坏。

3）若引风机处烟温过高或发现轴封处冒烟、喷火星时，在引风机停用后应设法使引风机定期转动，防止引风机叶轮或主轴变形。

4）由于二次燃烧现象发生，使省煤器、空气预热器处烟温不正常地升高时，为防止省煤器管系、空气预热器受热面的损坏，应在停炉后对省煤器、空气预热器进行小流量通水冷却，以确保省煤器管系、空气预热器受热面的安全。

5）锅炉在发生过尾部烟道内可燃物二次燃烧事故后，只有待二次燃烧现象确已不再存在，并按规定要求通风吹扫完毕，经进入烟道复查设备确无损坏时，锅炉方可重新启动。

11-193 从设备角度上如何防止锅炉尾部烟道二次燃烧？

答：（1）在检修后封门前确认尾部烟道杂物已被彻底清理干净。

（2）定期检查火灾报警装置、消防喷淋水管、空气预热器吹灰装置，确保使用完好。

（3）空气预热器热点监视装置应调试正常，安装位置要合理、覆盖，能正常投入，并定期检查设备检测是否正常。

（4）燃油系统要安装燃油滤网以防油枪堵塞，确保雾化良好。

（5）尾部烟道不存在积灰死角。

（6）省煤器、脱硝、空气预热器灰斗排灰必须畅通。

（7）完善空气预热器保护逻辑。

11-194 从运行角度上如何防止锅炉尾部烟道二次燃烧？

答：（1）加强制粉系统和燃烧系统设备检查维护，对影响制粉系统运行的设备缺陷应坚决予以消除，防止未完全燃烧的煤粉积在尾部受热面或烟道上，产生积粉自燃。

（2）锅炉点火时应严格监视油枪雾化情况，合理配风，保证油枪雾化良好，燃烧完全。若油枪点不着，应及时关闭油阀，检查原因，并进行处理，防止未燃烧的油类进入尾部烟道，产生尾部二次燃烧。

（3）带等离子点火装置的磨煤机上煤一定要上收到基挥发分大于30%的煤种。

（4）带等离子点火装置的磨煤机出口阀应为单控，以实现等离子断弧后将其出口阀关闭，严禁断弧运行。

（5）锅炉启动前和停炉后，要严格按规定维持30%MCR以上风量，对进行炉膛进行吹扫不少于5min，在启动过程要加强对尾部烟道进行蒸汽吹灰。

（6）空气预热器排烟温度不正常持续升高，是可能发生二次燃烧的开始，应立即隔离该侧空气预热器，将密封装置提至最高，投入对空气预热器吹灰，加强灭火，并调整燃烧，直至温度下降。

(7) 当排烟温度达250℃时，发现有异常火迹时应立即停炉，并投入消防水进行灭火。

(8) 若发现空气预热器因火灾停转，应投入气动马达，若挡板隔绝不严或转子盘不动，应立即停炉。气动马达投运不了应进行手动盘车。

(9) 机组在启动过程中要对空气预热器和脱硝系统进行连续吹灰，要用测温仪测量工作吹灰器温度确保吹灰器工作正常。

(10) 吹灰蒸汽应具有一定过热度，防止吹灰蒸汽带水吹灰。锅炉负荷大于25%额定负荷时至少每8h吹灰一次，当回转式空气预热器烟气侧压差超标或低负荷煤、油混烧时应增加吹灰次数。

(11) 无特殊情况，锅炉不允许长时间低负荷燃油或煤油混烧；若发生了锅炉较长时间低负荷燃油或煤油混烧，可以利用停炉时机对回转式空气预热器受热面进行检查，重点是检查中层和下层传热元件，若发现有结垢时要碱洗。

(12) 锅炉停炉1周以上时必须对回转式空气预热器受热面进行检查，若有存挂油垢或积灰堵塞严重的现象，应及时清理并进行通风干燥。

(13) 锅炉每次大修后启动前，必须进行空气预热器碱洗，水清洗和干燥后方可进行。干燥时间应在4h以上。具体方法按运行规程制定的碱洗方法执行。

(14) 投用油枪时，应严密监视燃烧情况，当发现雾化不好，燃烧不良冒黑烟时，应立即停运查明原因。若系油枪堵塞应通知维修人员进行清洗。

(15) 纯烧油期间，应维持较大的氧量（建议控制在7%～16.8%），保证燃油烧尽。

(16) 纯烧油及油煤混烧期间，应加强脱硝SCR和空气预热器吹灰工作，以防可燃物存积于脱硝装置上及空气预热器换热片上。

(17) 停炉前及停炉后，至少进行两次空气预热器吹灰工作，以吹净换热片上存积的可燃物。

(18) 停炉后应继续维持空气预热器运行，待排烟温度低于120℃后方停止。若空气预热器主辅电动机发生故障不能运行时，应进行必要的人工盘车。

(19) 空气预热器的消防水及水冲洗系统应完善、可靠，随时处于备用状态。

(20) 启动时禁止提前投粉，制粉系统启动时要有足够的点火能量，投粉后不着火应立即停止给煤机运行，检查正常后再启动。

11-195 锅炉哪些辅机装有事故按钮？事故按钮在什么情况下使用？应注意什么？

答：送、引风机，一次风机，磨煤机，密封风机，灰浆泵，炉水循环泵等辅机均配有事故按钮。

在下述情况下，应立即按下事故按钮：

(1) 强烈振动、串轴超过规定值或内部发生撞击声。

(2) 轴承冒烟、着火，轴承温度急剧上升并超过额定值。

(3) 电动机及其附属设备冒烟、着火或水淹。

(4) 电动机转子与定子摩擦冒火。

(5) 危及人身安全（如触电或机械伤人）。

注意：按下事故按钮后应保持一段时间后再放手复位。

11-196 锅炉炉底水封失去如何处理？

答：(1) 立即解除机组协调，协调在 TF 方式下运行。

(2) 引风机切手动，炉膛负压调至 100～150Pa 运行。

(3) 立即投入等离子点火系统（或油枪）稳燃，打跳并保持 3 台磨煤机运行。

(4) 减小送风机出力，维持氧量在 5%～8%。

(5) 快速减负荷至 500MW 左右，维持排烟温度在 170℃以下。

(6) 加大过、再热器减温水量，若温度仍不能控制，将给水切手动，提高水煤比，但要防止转湿态。

(7) 将空气预热器密封装置紧急提升。

(8) 维持空气预热器、脱硝连续吹灰，防止尾部烟道二次燃烧。

(9) 关小停运煤层二次风门，关小燃尽风门，维持风箱压差（注意运行煤层二次风门仍要保持一定开度）。

（10）若排烟温度上升至180℃，开启烟气旁路挡板，检查脱硫系统跳闸。

（11）通知检查尽快关闭人孔门。

（12）汽轮机侧检查凝汽器、除氧器水位正常，汽轮机轴封温度压力正常，给水泵汽轮机供汽正常。

11-197　炉底水封恢复操作要点有哪些？

答：（1）抢修完毕，人孔门关闭后立即开启水封补水门、消防水门进行补水，以最快的速度对水封补水。

（2）提前加大送风量，保证水封的平稳投入。

（3）投入水封过程中，炉膛冷风减少，火焰中心下移，控制好给水，防止超温和低温。

（4）水封正常后，负压调至－100Pa，投入自动。

（5）燃烧稳定，退出等离子点火系统（或油枪）运行。

11-198　外界负荷骤减现象及处理方案是什么？

答：现象：

（1）锅炉汽压急剧上升，严重时安全门动作。

（2）蒸汽流量显著减少。

（3）电负荷突然减小或回零。

处理方案：

（1）手动切机组协调于手动位置，开大汽轮机调门，降低压力。

（2）若汽压上升不快，可降低给煤机转速，若汽压上升过快，可停止部分制粉系统运行，维持汽压温度。

（3）根据汽温情况，关小减温水门或解列减温器。

（4）监视汽压、汽温，调整燃烧，确保煤水比正常，随时准备带负荷。

（5）若锅炉汽压已超过安全门动作压力而其拒动时，若安全门无其他控制装置，应手动 MFT 紧急停炉。

11-199　锅炉炉膛严重结渣有什么现象？如何处理？

答：现象：

(1) 过、再热汽温明显上升，各壁温明显上升或超限。

(2) 减温水量大幅度增加。

(3) 各段烟温及排烟温度有所升高，炉膛出口两侧温差可能增大。

(4) 烟气氧量偏小或引、送风机电流上升。

(5) 火焰颜色呈白色并刺眼，炉膛温度升高。

(6) 经减负荷或燃烧调整，上述现象仍不能消失。

(7) 当炉膛掉大焦时，炉膛压力波动，燃烧不稳，火焰有剧烈晃动。

处理方案：

(1) 锅炉运行中应加强对减温水量变化、喷燃器摆角变化、炉膛出口温度、各段壁温的监视，发现异常应及时分析。

(2) 若发现汽温升高或减温水量增大，应及时检查炉底水封水位是否正常，否则应调整正常。

(3) 就地检查炉膛有否结渣，若结渣导致减温水大幅度增加或过热器、再热器管壁超温时，汇报值长，适当降低锅炉负荷运行，并加强对炉膛吹灰。

(4) 经上述处理无效时，应申请停炉处理。

11-200 炉膛爆炸产生的条件、原因是什么?

答：条件：

(1) 炉内和烟道内有大量的可燃物如煤粉、油蒸汽等。

(2) 进入炉内的空气和炉内可燃物混合恰好在爆炸浓度范围之内。

(3) 有火星和足够的热量，使炉内混合物温度升高到着火点，而引起爆炸。

原因：

(1) 停炉后，油系统未隔离或隔离不严密，有部分油枪油门关闭不严，燃油泵未停，使大量燃油经油枪漏入炉膛。

(2) MFT 动作后，一次风机未停，使磨煤机内残留煤粉大量吹进炉膛。

（3）启动初期，投粉提前，致使部分煤粉未燃，而存积于炉内。

（4）风煤配比不当，风量过小，部分煤粉无法燃烧而存积于炉内。

11-201 防止炉膛爆炸的主要注意事项有哪些？

答：（1）任何人不得随意解除 MFT 动作条件，必须有主管生产的厂长（或总工）批准才能修改保护条件。

（2）锅炉启动前，必须做 MFT 保护、连锁相关试验，且动作正常。

（3）锅炉点火前必须进行燃油系统泄漏试验，试验不合格禁止点火。

（4）锅炉点火、或锅炉灭火后重新点火必须严格执行炉膛吹扫（维持风量 30％以上，时间不小于 5min）。

（5）启动初期，不达投粉条件，不得提前投粉，以免煤粉未燃存积于炉内。

（6）运行中锅炉 MFT 动作后应立即确认所有燃料是否切断，否则人为切断（如停止一次风机、关燃油快关阀、停燃油泵等）。

（7）停炉后，应立即隔离燃油系统，就地察看燃油快关阀、各油枪油门是否关闭严密，必要时可停止燃油泵运行。

（8）锅炉运行过程要检查燃烧器燃烧情况，调整好配风，维持适当的风煤比，风量不宜过小，保证煤粉充分燃尽。

（9）磨煤机启动和运行时必须有足够的点火能量，点火能量不足或燃烧不稳要及时投油助燃（有等离子应启动等离子发生器）。

（10）投制粉系统时要考虑相邻制粉系统的点火能量能满足，尽可能地投相邻的制粉系统。

（11）制粉系统应将煤粉吹空后方可停运，以防下次启动时大量煤粉忽然进入炉膛。

（12）投运助燃油枪时应慎重，当发现已经灭火或有部分火嘴灭火，面临全炉膛灭火时，严禁投油助燃。

（13）由于两台引风机全跳导致的锅炉 MFT，必须开启所有辅助风门，保持5min以上的自然通风后才能启动风机。

11-202 防止锅炉炉膛爆炸事故发生的主要措施有哪些？

答：（1）加强配煤管理和煤质分析，并及时做好调整燃烧的应变措施，防止发生锅炉灭火。

（2）加强燃烧调整，以确定一、二次风量，一、二次风速，合理的过量空气量、风煤比、煤粉细度、燃烧器倾角或旋流强度及不投油最低稳燃负荷等。

（3）当炉膛已经灭火或已局部灭火并濒临全部灭火时，严禁投油助燃。在锅炉灭火后，要立即停止燃料（含煤、油、燃气、制粉乏气风）供给，严禁用“爆燃法”恢复燃烧。重新点火前必须对锅炉进行充分通风吹扫，以排除炉膛和烟道内的可燃物质。

（4）加强锅炉灭火保护装置的维护与管理，确保装置可靠动作；严禁随意退出火焰探头或连锁装置，因设备缺陷需退出时，应做好安全措施。热工仪表、保护、给粉控制电源应可靠，防止因瞬间失电造成锅炉灭火。

（5）加强设备检修管理，减少炉膛严重漏风、防止煤粉自流、堵煤；加强点火油系统的维护管理，消除泄漏，防止燃油漏入炉膛发生爆燃；对燃油速断阀要定期试验，确保动作正确、关闭严密。

（6）防止严重结焦，加强锅炉吹灰。

11-203 遇到哪些情况应请示停炉？

答：（1）炉水、蒸汽品质严重恶化，经多方处理无效时。

（2）锅炉承压部件泄漏无法消除而影响正常运行时。

（3）锅炉严重结渣、堵灰无法维持正常运行时。

（4）安全门动作后无法使其回座时。

（5）受热面金属壁温严重超温经多方调整无效时。

（6）所有汽包水位的远方指示器损坏时。

11-204 炉前燃油泄漏、着火的状态如何划分？分别如何应急处置？

答：（1）一级状态：炉前燃油管道起火；炉前燃油管道爆炸

起火。

（2）二级状态：炉前燃油管道大量漏油，遇有火种起火；炉前燃油区域设施起火。

（3）三级状态：炉前燃油管道泄漏。

一级状态处置：

（1）若炉前燃油着火则立即停止相关油泵运行。

（2）当班值班人员应立即拨打厂内消防电话，并通知消防人员。

（3）立即对相邻机组炉前燃油系统联络门进行隔离，防止事故扩大。

（4）若火势较小，则立即关闭炉前燃油进油手动门以及回油手动门，并进行扑救；若火势较大，则应撤出安全距离以外，协助消防人员扑救。

（5）若火势无法控制，应立即降低机组负荷或者停运机组。

（6）若燃油管道爆炸，立即调用泡沫消防车从燃油管道爆炸周围同时喷向火焰中心进行扑救。

（7）注意事项：

1）燃油系统火灾可使用：干粉灭火器、消防砂、二氧化碳灭火装置进行灭火。使用二氧化碳装置进行灭火时，应防止人员窒息。

2）防止发生次生环境污染事故。

3）灭火施救人员在灭火过程中要采取相应的个人防护措施，防止烧伤或因燃烧中产生的气体引起中毒、窒息。

二级状态处置：

（1）对破裂油管采取隔离措施或紧急停止燃油泵运行，减少漏油外泄；油流漏至或喷向高温物体，应尽力隔断。

（2）变更运行方式，停用、隔离火灾所涉辅机的电源。

（3）根据火情投入灭火施救力量，尽力将火源与设备隔断，扑灭火灾。

（4）炉前燃油区内设备起火时，立刻停用该设备并视火势情况，决定是否停用所有设备。

（5）若火势初起不危及人身，在专业消防人员到之前则使用泵房内消防器材灭火。

（6）在消防人员尚未到达时，为避免火势蔓延至炉前燃油其他区域，应立即打开各消防水喷淋，同时所有人员撤至安全距离之外，并等待消防人员。

（7）消防人员到达后，对消防人员讲明火情及燃烧物介质等情况，配合消防人员灭火。

（8）灭火施救人员在灭火过程中要采取相应的个人防护措施，防止烧伤或因燃烧中产生的气体引起中毒、窒息，防止触电。

三级状态处置：

（1）当发现炉前燃油管道漏油时，应立即查明漏油点，并将泄漏部位与系统隔离。

（2）根据漏点情况，采取停运设备运行的措施，及时清理积油和油污。

（3）停止周围一切明火作业，设置隔离带。

（4）进行泄压，而后由检修进行专业处理。

11-205 燃料上煤系统瘫痪时锅炉应急处理的原则是什么？

答：（1）了解各台炉各煤仓煤位，根据煤位—煤量曲线，如图11-9所示，估计机组能够维持运行的时间。

（2）汇报调度，申请减负荷，及时向厂里领导汇报，组织人员抢修，值长时刻了解检修进度。

（3）根据各煤仓煤位情况，决定各机组带负荷能力，考虑安全、尽量延长运行时间。

（4）掌握原煤仓存煤最大量和皮带上煤速度，如果原煤仓最大可达到约630t，每条皮带正常上煤速度为800～1200t/h。

（5）根据煤量（煤位）分配机组之间的负荷，保住高煤位机组，确保不要导致全厂被迫停炉。

（6）计算燃油罐储油量，估算燃油量的燃用时间，决定是否购买燃油，一般要求保持可用燃油500t以上。某厂带100MW负荷，存油500t可供6h运行，每台机组带80MW负荷，每h用油30t/h，耗油速度60t/h，每个油罐存油300t可供5h运行。

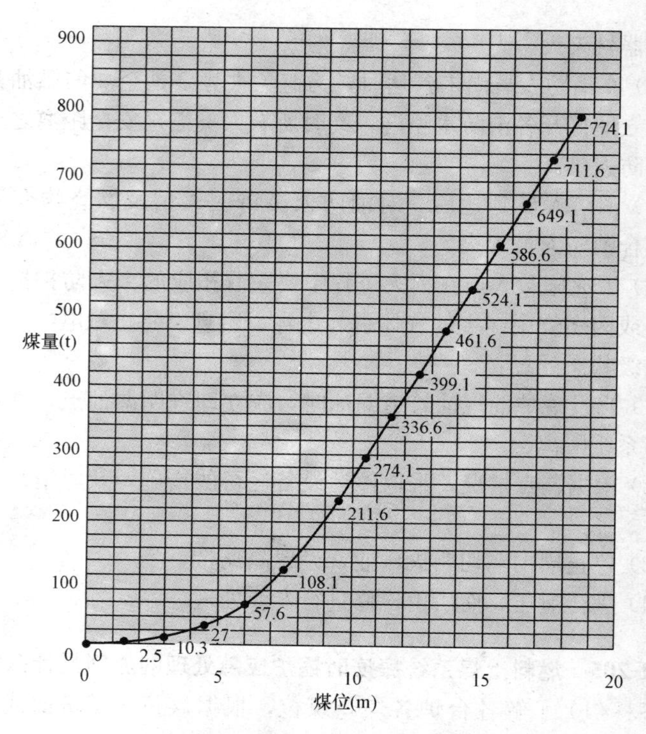

图 11-9 煤位—煤量曲线

11-206 燃料上煤系统瘫痪时锅炉如何处理?

答:(1) 当各煤仓煤位均高于 10m，且燃运消缺时间能在 4h 内完成时，机组负荷可以控制在 400MW 左右运行，主汽温、再热汽温度降至 580℃运行，降低磨煤机 A/E 煤量。

(2) 各煤仓煤位均低于 10m 时，且燃运消缺时间估计大于 4h 时，机组负荷降至 350MW 以下，并按以下处理:

1) 降负荷过程，逐步将主汽温度至 560℃以下，为锅炉全断煤滑参数至低负荷做准备。

2) 停运磨煤机 A 和 E，保持其他四台磨煤机 (B、C、D、F) 运行。

3) 将 C 和 D 中煤位较低的磨煤机煤量加至最大，尽量保证磨煤机不同时烧空。原则是先烧空低煤位煤仓，但必须考虑前后墙磨煤机的均匀对称。

4）启动主燃油泵，并试投所有油枪，试转备用主燃油泵。

5）由于A磨煤机没有运行，负荷小于400MW时必须投油助燃。

6）每0.5h记录各煤仓煤位参数，以便做及时调整磨煤机运行方式。

7）将361阀至凝汽器电动门开启。

（3）煤仓平均煤位低于6m，且每台炉煤仓只有4个及以下，燃料消缺时间估计大于4h时，机组立即转入湿态运行，并严格控制燃烧煤量，确保全投油时汽轮机胀差可控。

1）目标负荷降至100MW以下，做好全投油运行准备。

2）继续降低主汽温度至500℃左右，控制胀差在正常范围内。

3）若C/D磨煤机煤仓已经烧空，保持B/F磨煤机运行，并加大F磨煤机煤量，降低B磨煤机煤量，油助燃。

4）F磨煤机烧空后，启动E磨煤机运行，并保持E磨煤机最低煤量运行。若汽轮机受胀差影响负荷仍然无法降低时，B/E磨煤机都保持低煤量运行，投油维持负荷运行。

5）B磨煤机烧空后，启动A磨煤机运行，并保持最低煤量运行，等离子拉弧。根据胀差，逐渐降低负荷和E磨煤机煤量。

6）监视各煤仓煤位情况，尽量保证有2台磨煤机运行。

7）当负荷降至100MW以下时，可能只有A磨煤机有煤，若胀差都受控，可以退出部分油枪运行。若胀差不受控，降低A磨煤机煤量，增投油枪。

（4）皮带正常后，启动皮带恢复正常上煤，上煤以当前运行磨煤机优先。

参 考 文 献

［1］ 陈学俊，陈听宽. 锅炉原理. 北京：机械工业出版社，1991.
［2］ 黄新元. 电站锅炉运行与燃烧调整. 北京：中国电力出版社，2003.
［3］ 罗韶辉，李春宏，潘国清. 1000MW机组塔式锅炉再热汽温偏低的原因分析及调整. 热力发电，2012，11(3)：49-53.
［4］ 樊泉桂. 超超临界及亚临界参数锅炉. 北京：中国电力出版社，2007.
［5］ 周强泰. 锅炉原理. 北京：中国电力出版社，2009.
［6］ 车东光，华洪渊. 超超临界锅炉设计特点. 锅炉制造，2005，4(3)：5-9.
［7］ 王孟浩，王衡，郑民牛，杨淙煊. 超临界和超超临界锅炉运行中的几个问题. 热力发电，2010，2(11)：14-17.
［8］ 李铁，王军. 东方1000MW超超临界锅炉技术特点及性能. 东方电气评论，2009，01(10)：48-54.
［9］ 胡志宏，刘福国，王军，等. 超超临界1000MW机组直流锅炉的调试及运行. 热力发电，2009，05(21)：38-41.
［10］ 李永华，杨志军，等. 3033t/h超超临界压力锅炉制粉系统故障分析及改进措施. 发电设备，2009，06(02)：12-15.
［11］ 杨磊，李前宇，温志强. 超超临界1000MW机组锅炉运行参数控制研究. 热力发电，2011，06(15)：44-48.
［12］ 陈杰，姜波，丁杨. 1000MW超超临界锅炉高温腐蚀原因分析及防治对策. 热力发电，2012，05(13)：17-19.
［13］ 李贺，谢江，祁积满. 平海1000MW超超临界机组锅炉运行参数精细化控制. 热力发电，2013，05(21)：14-17.
［14］ 陈建生，等. 1000MW超临界机组辅机特点. 上海电力，2005，18(4)：369-373.
［15］ 何振东，华洪渊，等. 1000MW超超临界锅炉设计探讨. 东方电气评论，2005，02(11)：59-62.
［16］ 钱海平. 1000MW超超临界机组锅炉启动系统的特点及分析. 浙江电力，2007，04(22)：29-32.
［17］ 方联，许桂琴，王颖. 1000MW机组锅炉给水系统优化. 水利电力机

械，2007，10(31)：30-33.

[18] 殷尊. 超超临界1000MW机组锅炉水冷壁爆管原因分析 . 热力发电，2013，07(11)：43-46.

[19] 伍健伟，吕杰，等. 1000MW机组锅炉受热面超温原因分析及对策. 东北电力技术，2012，09(10)：18-20.

[20] 樊泉桂. 超超临界锅炉设计及运行. 北京：中国电力出版社，2010.